武汉大学优秀博士学位论文文库

大型地下洞室群地震响应与结构面控制型围岩稳定研究

Study on Seismic Response Analysis and Structural Plane-Controlled Stability of Surrounding Rock for Large Scale Underground Cavern Complexes

张雨霆 著

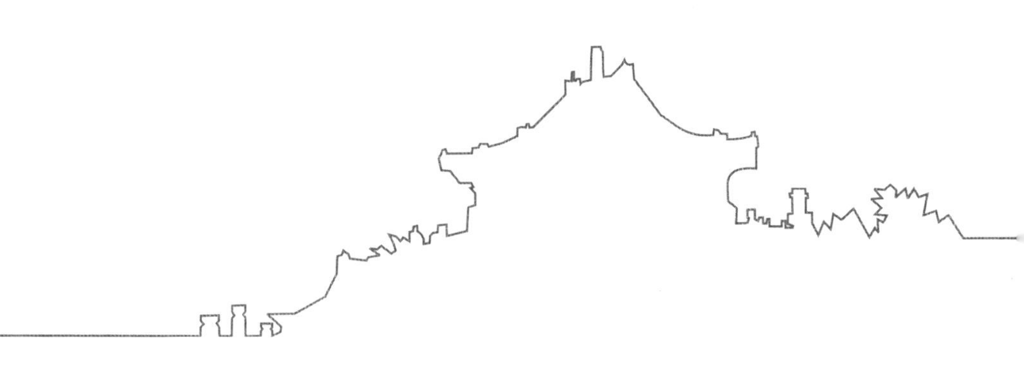

WUHAN UNIVERSITY PRESS
武汉大学出版社

图书在版编目(CIP)数据

大型地下洞室群地震响应与结构面控制型围岩稳定研究/张雨霆著.—武汉：武汉大学出版社,2014.1
武汉大学优秀博士学位论文文库
ISBN 978-7-307-12375-5

Ⅰ.大… Ⅱ.张… Ⅲ.水电站厂房—地下洞室—围岩稳定性—研究 Ⅳ.TV731.6

中国版本图书馆 CIP 数据核字(2013)第 313640 号

责任编辑:谢文涛　　责任校对:汪欣怡　　版式设计:马　佳

出版发行：**武汉大学出版社**　(430072　武昌　珞珈山)
(电子邮件：cbs22@whu.edu.cn　网址：www.wdp.com.cn)
印刷:湖北恒泰印务有限公司
开本：720×1000　1/16　印张:19.5　字数:276 千字　插页:2
版次:2014 年 1 月第 1 版　2014 年 1 月第 1 次印刷
ISBN 978-7-307-12375-5　定价:42.00 元

总　　序

创新是一个民族进步的灵魂，也是中国未来发展的核心驱动力。研究生教育作为教育的最高层次，在培养创新人才中具有决定意义，是国家核心竞争力的重要支撑，是提升国家软实力的重要依托，也是国家综合国力和科学文化水平的重要标志。

武汉大学是一所崇尚学术、自由探索、追求卓越的大学。美丽的珞珈山水不仅可以诗意栖居，更可以陶冶性情、激发灵感。更为重要的是，这里名师荟萃、英才云集，一批又一批优秀学人在这里砥砺学术、传播真理、探索新知。一流的教育资源，先进的教育制度，为优秀博士学位论文的产生提供了肥沃的土壤和适宜的气候条件。

致力于建设高水平的研究型大学，武汉大学素来重视研究生培养，是我国首批成立有研究生院的大学之一，不仅为国家培育了一大批高层次拔尖创新人才，而且产出了一大批高水平科研成果。近年来，学校明确将“质量是生命线”和“创新是主旋律”作为指导研究生教育工作的基本方针，在稳定研究生教育规模的同时，不断推进和深化研究生教育教学改革，使学校的研究生教育质量和知名度不断提升。

博士研究生教育位于研究生教育的最顶端，博士研究生也是学校科学研究的重要力量。一大批优秀博士研究生，在他们学术创作最激情的时期，来到珞珈山下、东湖之滨。珞珈山的浑厚，奠定了他们学术研究的坚实基础；东湖水的灵动，激发了他们学术创新的无限灵感。在每一篇优秀博士学位论文的背后，都有博士研究生们刻苦钻研的身影，更有他们的导师的辛勤汗水。年轻的学者们，犹如在海边拾贝，面对知识与真理的浩瀚海洋，他们在导师的循循善诱下，细心找寻着、收集着一片片靓丽的贝壳，最终把它们连成一串串闪闪夺目的项链。阳光下的汗水，是他们砥砺创新的注脚；面向太阳的远方，是他们奔跑的方向；导师们的悉心指点，则是他们最值得依赖的臂膀！

博士学位论文是博士生学习活动和研究工作的主要成果，也是学校研究生教育质量的凝结，具有很强的学术性、创造性、规范性和专业性。博士学位论文是一个学者特别是年轻学者踏进学术之门的标志，很多博士学位论文开辟了学术领域的新思想、新观念、新视阈和新境界。

据统计，近几年我校博士研究生所发表的高质量论文占全校高水平论文的一半以上。至今，武汉大学已经培育出18篇“全国百篇优秀博士学位论文”，还有数十篇论文获“全国百篇优秀博士学位论文提名奖”，数百篇论文被评为“湖北省优秀博士学位论文”。优秀博士结出的累累硕果，无疑应该为我们好好珍藏，装入思想的宝库，供后学者慢慢汲取其养分，吸收其精华。编辑出版优秀博士学位论文文库，即是这一工作的具体表现。这项工作既是一种文化积累，又能助推这批青年学者更快地成长，更可以为后来者提供一种可资借鉴的范式亦或努力的方向，以鼓励他们勤于学习，善于思考，勇于创新，争取产生数量更多、创新性更强的博士学位论文。

武汉大学即将迎来双甲华诞，学校编辑出版该文库，不仅仅是为百廿武大增光添彩，更重要的是，当岁月无声地滑过120个春秋，当我们正大踏步地迈向前方时，我们有必要回首来时的路，我们有必要清晰地审视我们走过的每一个脚印。因为，铭记过去，才能开拓未来。武汉大学深厚的历史底蕴，不仅仅在于珞珈山的一草一木，也不仅仅在于屋檐上那一片片琉璃瓦，更在于珞珈山下的每一位学者和学生。而本文库收录的每一篇优秀博士学位论文，无疑又给珞珈山注入了新鲜的活力。不知不觉地，你看那珞珈山上的树木，仿佛又茂盛了许多！

李晓红

2013年10月于武昌珞珈山

摘　　要

水力发电是我国能源供给的重要组成部分。我国西南地区是高地震烈度区，目前在建和待建的大型水电站多分布于西南地区的金沙江、雅砻江、澜沧江和大渡河等流域，且多采用地下式厂房。大型地下洞室群规模大，空间分布和洞室所赋存的地质条件都很复杂，一旦发生地震灾变，将严重影响国家的能源安全。目前，大型地下洞室群的地震响应分析方法和安全评判准则研究还很不充分，且缺乏系统性，因此研究大型地下洞室群的地震响应分析和围岩稳定评判方法具有重大的现实意义，有利于为实际工程提供智力支持。

本文围绕大型地下洞室群地震响应分析和围岩稳定评判中的几个关键问题，即大型地下洞室群的地震响应分析方法、动力计算的多尺度优化方法、结构面控制型围岩破坏分析方法和地震作用下地下洞室群围岩稳定评判方法展开了研究和探讨，提出了一系列方法，并编制了相应的计算分析程序，通过算例验证和实例应用证明了所提方法的有效性和可靠性，取得了良好的应用效果。本书主要包括以下几个方面的研究内容：

（1）在查阅大量岩体动态响应特性文献的基础上，总结了岩体在地震荷载作用下的动态响应规律，并以地下洞室为研究对象，通过数值计算，研究了地下洞室赋存岩体在地下荷载作用下的应变率分布规律，为动力分析时岩体物理力学参数的取值提供依据。在总结归纳岩体在地震荷载作用下的动态响应规律基础上，提出地下洞室地震响应分析的三维弹塑性损伤动力有限元方法，并将该方法应用于汶川地震震中映秀湾水电站地下洞室的震损分析。工程应用实例表明，数值计算成果的围岩拉裂区、地震过程中岩体的位移总体变化规律、洞室围岩特征部位的变形规律、围岩应力分布等指标，都与现场调查结论较为一致，可以大致解释在震害调查中所发现的各种震损现象。数值分析成果可信度高，且具备一定的代表性，为震后的加固和修复工作提供了参考。采用三维弹塑性损伤动力有限元方法对地下洞室地震响应问题进行概化和分析是合理可行的。

（2）针对大型复杂结构动力分析计算量大、耗时长的问题，提出了大型地下洞室群地震响应的多尺度优化分析方法。在时域尺度优化方面，提出了结构动力分析中实测强震加速度时域选取的优化算法，能够有效缩短计算采用的实测地震波持时，显著缩短动力计算时间；在空间尺度优化方面，提出了大型地下洞室群地震响应分析的动力子模型法和动力计算模型及合理截取范围的确定方法，使得洞室结构动力计算模型能够不建至地表，并缩减模型覆盖范围，有效地压缩了动力分析计算量。实例分析不仅验证了算法的有效性，也证明了算法的可靠性，为大型地下洞室群的地震响应提供了一个显著提升分析效率的实现途径。

（3）针对有限元方法尚不能有效地分析地质断层滑移、块体失稳等结构面控制型的围岩破坏问题，提出了基于有限元方法的结构面控制型围岩破坏分析方法。该方法由结构面建模、断层结构计算、块体识别和块体稳定评价 4 部分组成。首先，提出了基于单元重构的岩土工程复杂地质断层建模方法，实现了任意分布的复杂地质结构面的有限元快速建模；其次，提出了基于复合强度准则的薄层单元地质断层结构计算方法，实现了含地质断层结构的地下洞室围岩稳定性分析，能够通过计算得到的层面张开、滑移状态和层面滑动安全系数，评价地质断层对地下洞室的影响；然后，提出了基于有限元网格的地下洞室群三维复杂块体系统识别算法，能够在考虑地下洞室群复杂临空面组合的基础上，实现对洞周块体的搜索和不稳定块体的识别；最后，提出了考虑层面应力作用的块体稳定性分析方法，能够使块体的稳定性评价考虑周边围岩对其的挤压和剪切作用的影响，更符合地下洞室块体的实际情况。该基于有限元的结构面控制型围岩破坏分析可概括为“结构面建模—薄层单元计算—洞周块体搜索—考虑层面应力的块体稳定性评价”四个步骤，这些工作均在有限元模型基础上完成，形成了一套完整的分析地下洞室结构面控制型围岩破坏的方法。算例验证和与实际工程监测资料对比表明：这一套方法较为有效地实现了有限元方法对地质断层滑移和块体失稳评价等结构面控制型围岩破坏分析，为地下洞室围岩稳定分析提供一个新的思路。

(4) 针对地震作用下地下洞室围岩稳定评价的问题，提出了基于弹塑性损伤动力有限元的围岩稳定地震响应松动判据。采用围岩松动的概念，推导了围岩出现松动时的损伤系数阈值，可采用弹塑性损伤动力有限元分析计算成果来评价围岩在地震作用后的松动程度。然后，基于围岩地震响应分析的波动解法，探讨了地震作用下地下洞室群的整体稳定性评判方法，并对提出了震后加固措施效果的评价方法；结合结构面控制型围岩破坏的有限元分析方法，研究了地震作用对地下洞室地震断层结构和块体稳定的影响。

关键词：地下洞室群；地震响应；动力分析；优化方法；结构面；围岩稳定

Abstract

The hydropower industry plays an important role in the energy industry of China. The southwestern region of China is high seismic intensity zone. Currently there are many large scale hydropower plants distributing widely on the reaches of Jinshajiang River, Yalongjiang River, Lancangjiang River and Daduhe River, etc. Most of these plants, either under construction or scheduled to build, adopt underground-typed powerhouse. The large scale underground cavern complexes are characterized by their huge dimension, complex spatial layout and geological conditions. Once the underground caverns suffer earthquake disasters, the national energy security will be severely affected. At present, the study regarding to seismic response analysis methodology and relevant safety criterion is not sufficient and also lacks comprehensiveness. Therefore, the study of seismic response analysis as well as assessment of surrounding rock stability is attached with critical and practical significance. It also helps to provide actual projects with intellectual support.

This dissertation takes several critical issues, which constitute the study of seismic response analysis and assessment of surrounding rock stability in large scale underground cavern complexes, as the object of research. These issues are the seismic analysis methodology of large scale underground cavern complexes, the optimization of dynamic analysis in multi-aspect, the approach for analyzing structural plane-controlled stability of surrounding rock and its assessment method when underground cavern complexes are subjected to earthquakes. A series of methods are proposed and corresponding computational codes are programmed. The effectiveness and reliability of these proposed methods and developed codes are demonstrated by several validation examples and engineering cases, indicating that the application effects are favorable. The main contents of this dissertation are described as follows:

(1) Based on extensive reading of research findings in terms of dynamic response features of rock masses, the dynamic response laws of rock masses subjected to seismic load are summarized. Moreover, the underground caverns are specially taken as the research object to numerically investigate the distribution laws of strain rate under seismic impact. The numerical findings provide the dynamic analysis with valuing basis of mechanical parameters of rock masses. Based on the summary of dynamic response features of rock masses subjected to seismic load, the three-dimensional elasto-plastic damage dynamic finite element method (3D-EPD-DFEM) is proposed. This method is further applied to the seismic damage analysis of Yingxiuwan hydropower plant, which is in the epicenter area of Wenchuan M8.0 earthquake. The numerical results, including the tensile-crack area, the general variation law of surrounding rock displacement during earthquake process, the deformation features at typical area of surrounding rock, the stress distribution of surrounding rock, are all in favorable agreement with the in-situ investigation findings. Therefore, the numerical results help to explain many kinds of seismic damage appearances discovered in post-earthquake investigations. It is thus concluded that the analysis results derived from numerical approach is reliable and also typical for same projects. It provides the post-earthquake reinforcement and restoration with references. In a word, the application of 3D-EPD-DFEM in the generalization and analysis of seismic response of underground cavern complexes subjected to earthquake impact is rational.

(2) With focus on the issue of large amount of computation and considerable time-consuming expense, optimization algorithms in multi-aspect are presented for the seismic response analysis of large scale un-

derground cavern complexes. With respect to optimization of time domain aspect, the optimization algorithm for time domain selection of measured strong motion acceleration used in structural dynamic analysis is proposed. It is able to shorten the duration of measured strong motion data and therefore lower the computing time considerably. As for the optimization of spatial domain aspect, dynamic sub-model method and determination procedure of proper intercepted range of dynamic model is proposed for the seismic response analysis of large scale underground cavern complexes. It not only ensures that the earth's surface needs not to be modeled but also reduces the covering range of model, which greatly cuts down the computing amount of dynamic analysis. The case study validates the effectiveness and reliability of the proposed methodologies, thus providing the seismic response of large scale underground cavern complexes with a practical approach to enhance the efficiency of analysis.

(3) With focus on the issue that FEM currently lacks capacity to cope with the analysis of structural plane-controlled stability of surrounding rock, such as sliding of geological faults, instabilities of rock blocks, a set of methods are proposed to analyze surrounding rock failure, especially for the structural plane-controlled type. These sets of methods are based on FEM and have complete procedures. The proposed methods are composed by four parts. They are the modeling algorithm of structural planes, the calculation algorithm of fault structures, the identification algorithm of rock blocks and the evaluation of rock block stability. Firstly, the methodology for modeling of complex geological faults in geotechnical engineering based on element reconstruction is proposed. It provides a rapid way for FEM modeling of arbitrarily distributed complex geological planes. Secondly, the calculation algorithm of thin layer element-based geological faults structures is proposed considering composite strength criterion. It realizes the stability analysis of surrounding rock considering geological faults. It is able to obtain the state of bedding surface, such

as opening and sliding, and also employs the sliding safety factor of bedding surface to evaluate the influences of geological faults on underground caverns. Thirdly, the algorithm to identify three-dimensional complex rock block system in underground cavern complexes is proposed based on FEM mesh. It is able to take the complex combination of excavation surfaces into consideration and therefore realize the construction of rock blocks surrounding the caverns as well as the identification of instable blocks. Finally, the calculation method of block stability considering stress of bedding surfaces is proposed. It enables the evaluation of blocks to take the compression and shear influences of surrounding rock into account, which tallies better with the real situation of blocks. In summary, the above four steps of methods can be generalized as "modeling of structural planes-calculation of thin layer elements-identification of rock blocks-evaluation of rock stability considering stress of bedding surface". The introduced procedures constitute a complete system to analyze the structural plane-controlled stability of underground caverns. The validation examples and engineering cases prove the effectiveness of the proposed set of methodologies, providing the FEM analysis with a useful extension to cope with the structural plane-controlled surrounding rock stability.

(4) With focus on the evaluation of surrounding rock stability of underground caverns subjected to earthquake impact, the seismic response criterion of surrounding rock stability is proposed based on loosened concept and 3D-EPD-DFEM. Based on the concept of loosened surrounding rock, the threshold value of damage coefficient is deduced to determine rock loosening. It enables to take the numerical results of 3D-EPD-DFEM to evaluate the loosened range of surrounding rock after suffering the earthquake. Then, based the seismic response wave filed method, the method to evaluate the general stability of underground cavern complexes is discussed. Moreover, the assessment approach of post-earthquake reinforcement measures is proposed. Finally, based on the

proposed methods aiming to analyze the structural plane-controlled stability of surrounding rock, the influences of seismic load on geological faults and rock blocks are studied.

Keywords: underground cavern complex; seismic response; dynamic analysis; optimization method; structural plane; surrounding rock stability

目　　录

第1章 绪　论

1.1 选题背景和研究意义

1.1.1 地下工程的现状

21 世纪是人类掀起对地下空间开发热潮的时代[1~2]。进入新世纪，我国迈入了全面建设小康社会的新时期，国民经济各领域建设事业的不断进展，为地下工程的建设提供了前所未有的契机。以能源、交通、国防、市政等行业为重点的基础设施建设正在大规模铺开，出现了一大批水电站、抽水蓄能电站的地下厂房工程和铁路客运专线、高速公路的山岭隧道工程[3~5]。

水力发电是我国能源供给的重要组成部分。我国水能资源丰富，根据2003 年我国第四次水力资源普查结果，全国水力资源经济可开发装机容量达 4.06 亿 kW[6]，居世界首位，但水能资源的分布极不均衡。水电资源总量的四分之三集中分布在我国西南部的金沙江、大渡河、雅砻江、澜沧江和怒江等流域。自 20 世纪 90 年代至今，我国的水能资源开发正处于前所未有的高速建设期。数以十计的大型水电站正在建或待建，受到地形限制和其他因素的影响，这些地区的大型或特大型水电站，如龙滩、小湾、溪洛渡、向家坝、锦屏一级、锦屏二级、白鹤滩、水布垭、瀑布沟、糯扎渡、两河口等，必须采用地下厂房布置方式。这就在我国西南地区形成了为数众多的水电站地下洞室群。为满足电力系统调峰填谷的需要，华东、华北地区也规划建设了一大批高水头大容量的抽水蓄能电站，如西龙池、宝泉、张河湾、板桥峪、桐柏、泰安、琅琊山等，这些抽水蓄能电站一般也都是采用地下厂房布置方式。同时，随着新世纪国家西部大开发战略的实施，西部的铁路和公路路网建设事业也如火如荼，包括沪蓉高速公路、沪汉蓉高速铁路、川藏铁路在内的一大批重点工程都已开始建设，出现了为数众多的山岭隧道工程。这些地下工程的突出特点是洞室规模大、布置纵横交错、所处地质力学赋存环境复杂。这些地下工程的建设必然面临着一系列亟待研究解决的岩土工程问题[7~10]。

1.1.2 地震灾害概况

地震是危及人民生命财产和建筑物安全性的突发式自然灾害。从板块构造看，我国位于世界两大地震带，即欧亚地震带和环太平洋地震带的包围中，破坏性地震频发。我国地震自然灾害频发，据统计，1900 年至 2011 年，共发生 77 次震级在 7.0 以上的地震[11]。2008 年 5 月 12 日的四川省汶川 8.0 级地震，是新中国成立以来破坏性最强、波及范围最广且灾害损失最大的一次地震灾害，且造成了滑坡、泥石流和堰塞湖等严重次生地质灾害[12~15]。大地震波及西南和西北十省的 471 个县(市、区)，受灾人口 4 625 万人，失踪和死亡人数近 9 万人，经济损失达 8 451.4 亿元人民币[16]。2010 年 4 月 14 日的青海省玉树 7.1 级地震和 2011 年 3 月 10 日的云南省盈江 5.8 级地震，也造成了严重的人民生命和财产损失。从世界范围看，近年来的破坏性地震也呈频发趋势，仅印尼从 2004 年到 2010 年间就发生过 9 次震级超过 7 级的强震。此外，还有 2010 年的海地 7.0 级地震和智利 8.8 级地震，2011 年的新西兰基督城 6.3 级地震和日本东部 9.0 级地震。有学者认为[17]，虽然从地震记录资料的分析来看，进入 21 世纪后的地震活动总体正常，但是从短期(约以 10 年为计量单位的时段)来看，全球的地震活动正处于相对活跃的时期。

西南地区是我国的高烈度地震区，从我国的地震动参数区划图来看(见图 1-1)，西南和西北地区都是地震活动频发的地区。20 世纪至 2011 年，发生在云贵川藏地区的超过 7.0 级的强震就多达 18 次[11]。在短期全球地震活动较为活跃的背景下，位于西南强震地区的各种大型工程的地震安全问题就受到了更广泛的关注。

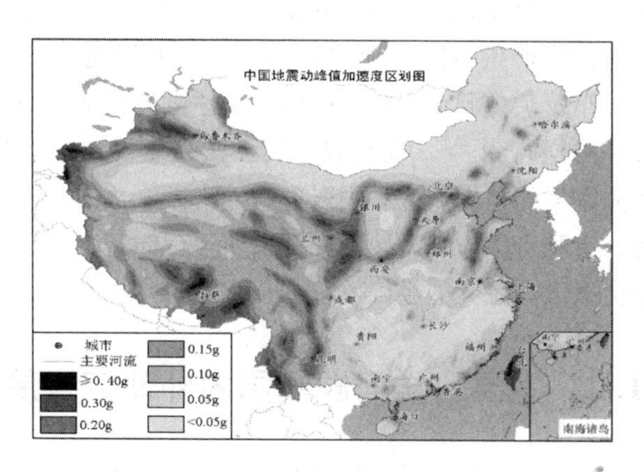

图 1-1 中国地震动参数区划图[18]

1.1.3 问题的提出

随着我国现代化建设事业不断深入，能源问题已成为制约我国社会经济发展的重要因素，也事关国家的经济安全[19]。作为可再生的清洁能源，水电能源具有不可替代的优势，其占我国能源比重也不断增加，随着金沙江、雅砻江和澜沧江等大江大河上数以十计的大型水电站完建投产，到 2020 年，常规水电装机容量将达到 3. 28 亿 kW，占全国电力总装机容量的 28. 5%[20]。这些水电站地下洞室的建设，其规模、速度和难度都是世界上独一无二的。但是，在地下空间开发取得重大成就的同时，也存在很多必须应对的问题。例如，位于强震区的地下洞室地震安全问题就亟待研究解决。纵观国内外的研究，受到工程条件的限制，目前对大型地下洞室群地震安全问题的研究成果还非常有限，且缺乏系统性。

2008 年汶川地震对位于震中地区水电站地下洞室造成了较为严重的震损，造成部分电站尾水洞塌方，直接导致了水电站机组发电中断，带来严重的人员和财产损失[21~23]。汶川地震距 1976 年的川北松潘 7. 2 级地震仅 30 多年[24]，在全球地震活动日益活跃和西南强震区地震活动本身就很频繁的背景下，必须充分考虑到未来数十年内再次发生强震的可能性。然而，一旦西南地区再次发生较大震级的地震，会对届时已经完建并投产的西南水电站地下洞室群产生重大影响，将严重威胁我国的能源安全。大型地下洞室群规模大，空间分布复杂，洞室所赋存的地质条件也很复杂，而且洞室开挖是一种不可逆行为[25]，发生破坏后无法恢复重建。因此，研究大型地下洞室群的地震响应和围岩稳定分析方法，为实际工程提供智力支持，有利于保障大型地下工程长期运行的安全稳定性，具有重大的社会意义和巨大的经济效益。

1.2 主要科学问题及国内外研究进展

1. 地震作用下地下洞室赋存岩体的动态响应特性和洞室围岩的扰动机制

地震荷载是一种动力荷载，它比爆破作用的持时长、荷载幅值小，且对作用对象形成重复加卸载效应，荷载属性较为独特。地下洞室深埋于山体内，其赋存岩体所处的地质力学赋存环境复杂，主要体现初始地应力场构造应力特征明显，在洞室开挖过程中进一步在洞周应力扰动区形成二次应力场，围岩应力状态复杂；岩体内结构面发育，不连续特征明显，岩体的强度主要被结构面控制。另外，地下洞室群彼此纵横交错，空间布置错综复杂，原岩被洞室开挖面切割后形成具有复杂临空面的围岩承载体，在施工开挖过程中，岩体参数因开挖卸荷和爆破等多重因素而被“劣化”，导致岩体承载能力的下降。因此，与地面建筑相比，地下洞室围岩受到地震作用的扰动机制存在显著差异。

可以看出，地震作用下地下洞室赋存岩体的动态响应特性与围岩的扰动机制，由地震荷载的独特属性和洞室围岩的复杂地质力学赋存环境决定。正确认识上述动态响应特性和扰动机制是研究地下洞室地震安全的基础性问题。应当在充分收集岩体相关动态实验数据、总结洞室复杂赋存环境规律的基础上，正确认识地下洞室群的地震响应机理，采用恰当的力学和数学模型对问题进行合理概化，提出适于地下洞室群地震响应特征的分析方法，使之既符合动力学的一般性规律也满足地下洞室群这一具体对象的特殊情况。

2. 大型复杂结构动力分析的高效计算方法

水电站地下洞室群规模巨大，对诸如此类的大型复杂结构进行地震响应分析必然涉及计算效率的问题，因为只有在规定时间内拿出的分析成果才具有实用价值和对实际工程的指导意义。岩体物理力学的不确定性是地下洞室乃至岩土工程分析的显著特征[26]，其表现为实际工程受到多重因素影响，岩体参数建议值往往是以数值取值范围形式给出。由于不同参数表征不同方面的岩体物理性质，其对计算结果的敏感性就不同，可能需要围绕某一或某几个参数反复调整，这样必然会降低数值分析的效率。同时，对实际工程进行优化时，常常会涉及多个方案多种工况的交叉对比分析，这也增加了工作量，增长了计算耗时。因此，针对大型地下洞室群地震响应分析，有必要给出行之有效的大型复杂结构动力分析高效计算实现途径。

3. 地下洞室群的围岩稳定分析方法

地下洞室群是在岩体中开挖而成的地下空间，洞室围岩的稳定性主要取决于岩体强度、地应力水平和结构面发育程度等因素。从众多大型地下洞室群的洞室开挖施工的实践来看，根据赋存地质环境应力水平和岩体自身完整性的影响强弱，工程岩体的主要破坏类型可分为应力控制型和结构面控制型[27]两种。目前，地下洞室的围岩稳定研究也大多围绕这两种岩体破坏形式，在测试技术更新、实测资料分析、相似工程类比、分析模型概化和数值算法改进等方面展开工作。

围岩的拉裂破坏、折断破坏(层状岩体)、剪切破坏和岩爆等[28]大多属于以应力控制为主的围岩破坏。这类岩体破坏实质上是岩石在复杂应力条件下发生的材料破坏。洞周开挖后的围岩应力状态主要取决于初始地应力、施工开挖爆破作用和洞室空间形状：初始地应力构造特征越强烈，原岩的应力状态就越复杂；施工开挖爆破效应越明显，围岩开挖扰动区范围内的应力调整幅度就越显著；洞室空间分布越复杂，围岩临空面附近就越有可能出现应力集中或松弛。节理岩体的界面破坏、围岩沿地质断层等结构面的滑动、块体失稳以及因结构面“张开”[28]而导致围岩变形过大等，属于以结构面控制为主的围岩破坏。这类岩体破坏的实质是岩体内部已有的和潜在的不连续界面，在外加荷载作用下，因自身物理力学参数要显著弱于岩石而表现出更为显著的结构反应，使得岩体在宏观上呈现出受到结构面强度控制的破坏特征。应注意到，地下洞室赋存环境的地质条件复杂性强，也存在同时具备上述两种围岩破坏形式共同特征的综合性破坏类型。在施工开挖等外部荷载驱动作用下，岩体的应力状态和结构面影响都可能成为围岩稳定的主要控制因素，使起主导作用的围岩破坏类型发生改变[29]。但总体来看，地下工程的围岩破坏类型可由这两种破坏形态所概括。

同时应当看到，上述以应力控制型和结构面控制型为代表的围岩破坏类型，是在总结以往洞室开挖经验基础上总结得到的。受限于大型地下洞室群震害资料稀少，有关地震作用下的洞室围岩的破坏形式尚无较充分的总结和归纳。然而，不论是哪种岩体破坏，也不论是洞室开挖工况还是地震作用工况，都是从洞室局部的失稳开始，保障地下洞室群的围岩稳定，实际上是首先保证洞室群局部稳定不出问题，才能进一步确保洞室群整体的稳定性。因此，分析地震作用对地下洞室群围岩稳定性的影响，首先应研究围岩稳定的分析方法，用以描述表征洞周围岩状态的各种特征指标在地震作用下的变化规律，从而进一步适用合理的判据，实现对地震作用影响下地下洞室群稳定性的评价。

4．地震作用下洞室群稳定判据

地下洞室群围岩稳定可分为整体稳定和局部稳定。地下洞室群整体稳定性评判目前尚未形成普遍接受的观点。这主要是由于对洞室整体稳定这一概念的理解尚存在不同的认识。在外界荷载作用下，洞室围岩破坏首先必然是在荷载效应最明显或洞室结构最薄弱的局部出现，若不加以工程加固措施控制，围岩破坏才会逐渐从小范围向大范围演变，最终形成洞室围岩的大面积区域性破坏，导致洞室无法继续施工、或无法继续服役。因此，本文认为，洞室的整体稳定性是洞室围岩能够在施工期持续保持其成洞形态、在运行期能够保障洞室正常服役状态的能力。即只要地下洞室群在施工期能够使后续开挖不持续展开，在运行期能够有效保护厂房内部机电设备，其整体稳定性就是有保障的。

地下洞室群整体稳定和局部稳定的关系揭示：保障地下洞室群的稳定，首先是保障洞周围岩在局部不出问题，才能确保洞室群整体的稳定性。洞室由局部失稳到整体失稳，是一个量变向质变的演化过程。要保障洞室围岩的整体稳定性，必须保证洞室的局部稳定始终位于可控范围内。从这个意义上讲，目前有关地下洞室围岩稳定的判据，大多都是针对洞室局部稳定的评判方法。所谓围岩稳定判据，可认为是在已知岩体的应力、应变或其他一些表征岩体状态指标的基础上，用于判定岩体进入不稳定状态（如破坏状态）需要满足的条件。因此，如果说围岩稳定分析方法是刻画了岩体在外荷作用下的内部应力应变等指标的量变特征，那么围岩稳定判据就是针对这些量变规律所确定的岩体由稳定状态向不稳定状态过渡的质变阈值。

立足于地下洞室群长期安全稳定运行和防灾减灾的要求，综合运用各种地下洞室群地震响应和围岩稳定分析成果，提出地震作用下洞室群围岩稳定安全评价方法，并借此作为依据评判加固地下洞室各种措施合理性和可靠性，服务于工程实际，是所有关联性研究工作的落脚点和根本价值所在。

综上，本文研究的主要科学问题以及其相互关系见图 1-2。

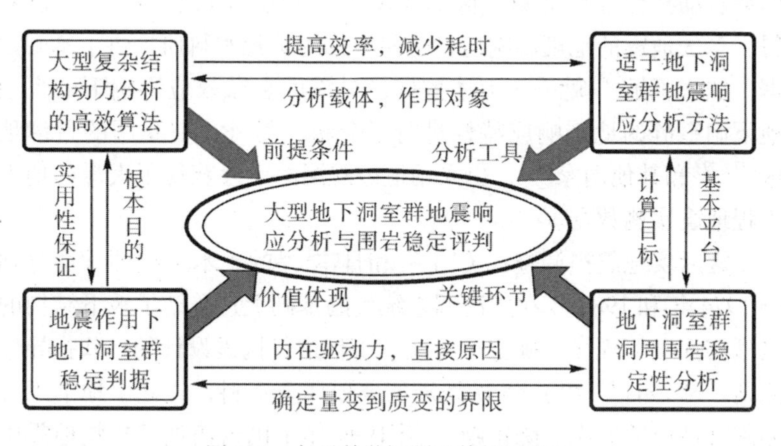

图 1-2　主要科学问题及其相互联系

1.2.1 地下洞室群地震响应分析的研究方法

地下洞室群的地震响应分析研究方法可归纳为三种，即原型观测法、模型试验法和数值分析法[30~32]。

1.2.1.1 原型观测

原型观测即为震时的地震观测和震后的实地震损调查。虽然受到观测时间、调查手段和条件的限制，仅通过一些震时的实测数据和震后的调查资料，难以完全揭示地下洞室的地震响应特性和震损机理等规律，但对于历经"原型破坏试验"的工程来讲，这样的实测数据和调查资料是反映地下洞室工程特性的第一手信息，具有不可复制的稀缺性，也是进一步展开地下洞室地震响应分析研究的基础。因此，许多地震多发的国家和地区一直把地下工程地震响应的原型观测作为一项基础性的工作长期持续地开展。

震时地震观测：美国加州的强震观测计划(California Strong Motion Instrumentation Program，CSMIP)[33~34]，是由政府部门负责管理的一个强震监测计划，该计划始于 1972 年。该计划由 6 个土工台阵组成，分别位于土层、基岩和土层-基岩场地，对 0 ~ 250m 深度内的地震动进行监测。此外，还有日本宫城县的细仓(Hosokura)矿设置的 8 个地震计[35]，对从地表至 400m 深度内的不同岩性的地震动特性进行量测。自 CSMIP 和细仓矿开始监测以来，已获得了多次地震的地震动响应，这些数据为工程和科研提供了基础数据。如张玉敏[36]就采用上述数据，对深度衰减效应影响下的大型地下洞室群的地震响应特性进行了分析。另外，在我国的台湾地区[37~39]和其他国家[40]，也采用地震观测的手段获得了大量的地下工程地震实测数据。

震后实地震损调查：美国[41]和日本[42]的土木工程师学会分别于 1974 年和 1988 年在广泛调查统计的基础上，总结了地下结构的典型震损破坏规律，确定了对地下工程进行抗震设计的一些指导性原则。Sharma[43]基于 85 次地震的震损调查资料，建立了地下工程的震害情况数据库。陈正勋[44]对 1999 年中国台湾地区集集地震中山岭隧道的震损类型和原因进行了分析。王瑞民[45]等对 1995 年日本阪神地震中的地铁站和隧道等地下结构的震害现象进行了分析。我国2008年汶川大地震对震中附近的建筑物造成了极大的影响[21~23]，肖明[46]对位于震中的水电站地下洞室震损情况进行了实地调查；李天斌[47]对重灾区内的公路隧洞震害进行了实地调研，总结了地下结构的震害现象。上述震损调查资料提供了地下洞室受地震作用影响程度的第一手信息，不但是震后加固修复工作的直接依据，也是检验各种地震响应分析成果合理性的实际参照，因此具有重要的工程价值。

1.2.1.2 模型试验法

模型试验是为研究特定建筑在地震作用下的结构响应特征，按研究对象制作缩小一定比例的模型，使之承受外加人造地震动作用的试验，主要分为人工震源、振动台和离心机振动台试验[48~49]。其中，振动台的试验成果较多。左熹[50]对近远场地震动作用下地铁车站结构的地基液化效应进行了振动台试验，研究地基液化效应对地基土-地铁车站结构体系地震反应的影响；周林聪[51]总结了地下结构地震反应规律，分析地下结构的变形机制，并重点分析上覆土层和竖向荷载对地下结构动力性态的影响；陈国兴[52]进行了土-地铁隧道动力相互作用的大型振动台模型试验。还有学者[53~55]对地面结构进行了振动台试验研究。可以看出，目前的振动台试验成果大多数是针对地面结构和浅埋地下结构的研究，还很少看到对水电站大型地下洞室的振动台试验报道。这是由于地下洞室规模和埋深都较大，洞周岩体地质力学赋存环境复杂，采用地质力学模型模拟存在一定困难，且人造地震波无法在模型的截断边界透射，这样会对试验结果造成影响。

1.2.1.3 数值分析法

随着计算机硬件和计算动力学理论的发展，数值分析方法在地下工程的地震响应分析中得到越来越广泛的应用。数值分析方法是在原型观测和模型试验所积累的基础上，对问题做出合理的概化，并在一定假定的前提下，提出数学和力学模型，采用计算力学的方法来研究洞室的地震响应规律。数值分析法能够从计算结果中直观地获取所研究对象在地震作用下的任意动力响应指标，可方便研究者基于计算成果进一步研究一系列延伸问题，如确定洞室的薄弱部位、解释实际震损现象、揭示洞室震损机理、评价加固措施合理性等问题，这是原型观测和模型试验方法较薄弱的方面。同时，数值分析法具有低成本、速度快、能够考虑多种因素影响的优势，目前已经成为研究地下洞室地震响应分析的重要手段。数值分析方法展开的研究，多从计算模型本构、计算算法和安全判据等方面展开。根据算法的不同，可分为波动解法和相互作用法[30~31,56]。波动解法以求解波动方程为基础，相互作用法以求解结构运动方程为基础。以下对两种方法的研究现状进行简要概括。

波动解法假设介质均匀、波型单一、入射波为平面波。其求解过程是根据波动方程求解地下结构与其周围介质中的波动场与应力场。根据所求地应力场的表达形式，可分为波动解析法和波动拟静力法。波动解析法多应用于圆形洞室的地震响应，即根据地震波的解析表达式，求得介质中的波动场叠加表达，再根据洞室临空面等边界条件求出应力和位移的解析表达。梁建文[57~58]研究了在 P 波和 SV 波入射条件下的洞室动力响应和应力集中的解析解。阎盛海[59]研究了圆形隧洞双层衬砌在 P 波作用下的动力反应特性。波动拟静力法多不考虑洞室对波动场的影响，根据地震 P 波和 S 波推导其在介质中传播时所产生的最大地震应力，再加载于结构，根据静力计算的方法求解洞室在波动应力极值作用下的地震响应。叶超等[60~61]采用波动拟静力法分别研究了小湾多岔圆形调压井衬砌结构和两河口地下洞室群洞周围岩在地震作用下的影响。

相互作用法基于结构动力学，以结构为主体求解其地震响应，地震波传播介质之间的相互作用采用弹簧-阻尼器进行描述[62]。根据其求解过程的不同，相互作用法可分为子结构法和直接法。子结构法首先计算地震波动场，再根据洞室覆盖的区域求解洞室的动力响应；直接法则是将地震波传播介质和地下洞室作为整体同时进行求解。相互作用法求解时，常采用有限元和有限差分等数值方法求解结构的运动方程。自汶川地震以来，许多学者采用基于相互作用法的通用软件或自编程序，对地下洞室进行了动力时程计算分析。隋斌[63]利用 $FLAC^{3D}$ 软件模拟了地震荷载作用下某地下洞室群围岩的动态响应，验证了 $FLAC^{3D}$ 用于地下洞室群动态响应分析的可行性；王如宾[64]基于 $FLAC^{3D}$，采用 1996 年丽江地震的剑川地震波，对金沙江两家人水电站地下厂房洞室进行动力时程响应分析；王涛[65]针对地震荷载作用下的围岩稳定性，对离散元动力计算方法的理论基础进行了探索；黄胜[66]采用 ABAQUS 分析了嘎龙拉隧道的地震动力响应并评估了抗震材料对隧道的减震效果；张志国分别采用隐式[67]和显式[68]求解方法，对地下洞室群地震灾变过程进行了三维弹塑性损伤动力有限元分析。

1.2.1.4 小结

综合上述有关地下洞室地震响应分析的研究成果可发现，与地面结构和浅埋地下结构的地震响应研究成果相比，深埋于地下的洞室群受到观测手段、实验条件限制，原型观测数据和模型试验成果尚不丰富；数值分析方法成果中，波动解多局限于截面形式简单、波形单一的分析，动力分析对岩体在地震荷载作用下的动态响应特性考虑较少，计算成果没有充分反映出地震作用对岩体参数的影响。大型地下洞室群深埋于山体内，这一类地下结构在 20 世纪八九十年代之前尚不多见，随着 20 多年来我国能源事业的进展，才逐渐在高山峡谷地区的水电站和华北、华南地区的抽水蓄能电站建设中出现。因此，受限于相关工程经验稀少，我国至今尚无针对大型地下洞室的专门抗震设计规范，只有水利水运[69]、公路[70]和铁路[71]等领域的一些行业规范中部分涉及了地下结构的抗震问题。同时，即便是指导大型地下洞室进行选型、布置、支护和施工等常规设计工作的规范，也尚未形成，迄今仅有设计院编制的设计导则[72]可供参考。可以看出，地下洞室的地震响应分析研究目前还处于起步阶段，很多问题有待研究解决。随着一大批地下洞室的建设铺开，地下洞室的地震响应分析的研究显得越来越迫切。

1.2.2 大型复杂结构动力分析高效计算的实现途径

水电站地下洞室群空间布局复杂且规模巨大，所建立数值分析模型覆盖范围大，为保证分析精度，工程所关心部位的网格应具有较小的尺寸，这就使得大型地下洞室群模型的规模庞大，进行洞室开挖模拟的静力分析工作就会面临较大的计算量。动力时程分析的时间总步数取决于输入结构的地震总持时和单位时步，往往包含了数百甚至上千的计算步。由于每一动力计算步实质上也是一次静力求解的过程，因此完成一次大型复杂结构的动力分析需要较长的时间，不利于结构抗震分析效率的提高。为提升大规模科学与工程的计算效率，研究人员进行过多种尝试，解决方案可大致分为两种思路：

第一种思路是不断改进计算机硬件制造工艺，提高计算核心CPU的处理速度。CPU主频是表征计算机运算速度的核心指标。自CPU问世以来，其主频就在不断提高，在2000年达到了1GHz，2001年达到2GHz，2002年达到了3GHz，但在其后至今，4GHz主频的CPU再未出现。新近由Intel公司研发的新型Harpertown CPU主频仅达到3.2GHz，每秒钟可进行2 500亿次运算。这主要是由于材料和生产工艺的限制，仅仅依靠提高CPU主频来加速运算的方式遇到较大瓶颈。

第二种思路是采用并行计算技术。当通过提高CPU主频来获取更高计算速度的“主频之路”走到尽头时，Inter、IBM和AMD等主要CPU供应商尝试通过其他途径进一步提升CPU效能，而增加CPU处理核心的数量成为最有效的方案。在这一背景下，多核处理器技术得到了飞速发展，目前由主要CPU供应商研发的多核处理器已经日益普及。在并行计算机系统和并行计算技术方面，美国自20世纪80年代以来，为满足大规模科学工程计算的需要，启动了三次重大研究计划[73]，极大地推动了相关技术的发展：包括“战略计算机计划”(Strategic Computer Plan)，研制出了每秒可进行10亿次运算的CRAY并行计算机；“高性能计算与通信”(High Performance Computing and Communications)计划，Inter公司于1996年12月成功研制出世界上首台峰值速度达到1万亿次的高性能计算机；“加速战略计算创新计划”(Accelerated Strategic Computing Innovation)，该计划分别可实现1万亿次、10万亿次、30万亿次和100万亿次的高性能并行计算机研发。上述并行计算技术着重于计算机硬件层面的研发和应用，针对岩土工程领域的特点，一些学者也在数学求解方法上进行了研究，提出了解决各种问题的并行计算方法。张汝清[74]对结构力学中并行分析方法进行了总结和展望，指出并行算法在科学计算中的重要地位；张永彬[75]研究了岩石破裂过程的并行计算方法；张友良[76]讨论了大规模有限元并行计算需要解决的并行策略、大量数据的分布存储、方程组迭代求解和程序实现等问题；曹露芬[77]研究了隧道施工与运输车辆动态耦合的并行计算方法。冯夏庭[78~81]、茹忠亮[82]、刘耀儒[83]、杜晔华[84]和吴余生[85]等学者对有限元算法、施工模拟和渗流分析等方面的并行计算做了研究，取得了可喜的成果。

可以看出，综合采用高性能的计算机和并行计算技术，固然能够提升包括地下洞室地震响应在内的动力分析计算效率。然而，高性能计算机成本较高，且地下洞室的地震响应动力计算也有体现其独有特点的个性方面。因此，研究适应于大型地下洞室群地震响应规律的动力分析优化算法，有助于进一步提升分析效率。

1.2.3　地下洞室群围岩稳定分析方法

地下洞室群围岩的稳定性分析一直是岩石力学研究的热点问题。主要的研究方法有岩石力学试验[86~87]、物理模型试验[88~90]、工程类比[91~92]、现场测试和监测[93~94]以及数值仿真分析等方法。数值分析方法能够适应各种复杂的岩体力学模型，模拟各种复杂的边界条件，在地下洞室围岩稳定分析中呈现出显著的生命力，是当前地下洞室群围岩稳定分析的主流研究手段。数值分析方法主要包括有限元法、有限差分法、块体单元法、边界元法、离散单元法、颗粒流法、数值流形元法和不连续变形分析法等。根据模拟对象的连续性假设分类，这些数值方法可分为连续介质力学法和不连续介质力学(DDA)法。连续介质力学方法以有限元法和有限差分法为代表，这些方法最先提出时并非基于岩土工程中的科学问题，而是被一些学者引入岩土工程领域[9,95~96]。有限元法提出较早，至今已经历了半个世纪的发展，基于有限元法的岩土工程研究成果非常丰富。然而，受到连续性假定和分析手段的限制，有限元法还不能对岩石力学中的典型不连续行为进行有效模拟。由此，不连续介质力学方法应运而生，这些方法以块体理论、离散元和DDA为代表，它们能够考虑岩体的不连续特性，具有很好的发展前景，但目前的研究成果和应用范围尚不及有限元法和有限差分法。

纵观基于有限元法和有限差分法的地下洞室围岩稳定研究成果，其主要思路大多是采用计算所得的围岩单元破坏区分布、围岩应力、围岩变形和能量等指标对围岩稳定进行分析和评价[97~101]。这些计算指标在大多数情形下只对应力控制型的围岩破坏有效，如围岩的剪切破坏、拉裂破坏和折断破坏等，而对结构面控制型破坏，如断层滑移、块体塌落和结构面“张开”等，却无能为力，受限于建模和算法因素，大多只能通过岩体参数弱化的方式来间接反映结构面的影响。这主要是由于连续介质力学分析方法在建模和算法方面对岩体的不连续特性考虑不够充分。一些学者针对断层等软弱夹层结构对洞室的影响进行了有限元法或有限差分法分析[102~105]，但多限于二维分析成果，以及断层的厚度、倾向、距洞室间距对洞室稳定影响的定性分析结论，对实际工程中在空间任意分布的结构面和复杂地下洞室而言，其指导价值显然被削弱。

从实际工程的监测来看[106]，地下洞室被结构面切割后，施工开挖时可在围岩临空面所监测到的位移绝大部分是结构面层面变形过大而引起的“张开位移”，洞周围岩在开挖荷载作用下产生的应变位移仅占很小一部分。为使有限元方法能够适应于这种结构面控制型的围岩破坏分析，有必要对有限元法在建模和算法方面进行完善，使之能够精确模拟复杂地质结构面和地下洞室的空间相互位置关系、能够较为合理地模拟结构面层面在外荷作用下的滑移、张开等破坏形态，最终实现岩体不连续特性的有效模拟。

1.2.4 地震作用下洞室群围岩稳定判据研究

地下洞室的围岩稳定判据主要可分为强度判据、极限应变判据和位移判据[107~108]。强度判据和极限应变判据的基础是岩石的强度理论。其中，强度判据以最大剪应力强度理论和最大正应力理论为基础。即根据选定的屈服准则，当岩体剪应力达到准则所规定的界限时，就认为岩体发生剪切破坏；对于洞室开挖后压应力过大的部位，当应力超过岩体的抗压强度时，也很可能发生破坏。极限应变判据以最大正应变强度理论为基础，当岩体的最大应变超过极限应变时，即认为岩体发生开裂破坏。上述两个判据多用于预测围岩的应力控制型破坏，而在评判块体塌落、结构面滑移等对结构面控制型破坏方面还显得不足。位移判据采用容许极限位移和位移变化率等指标对围岩稳定进行评判。这些围岩位移指标可通过数值计算[109]、模型试验[110]、现场监测[111]以及数学物理场插值[112]等手段获得。获得围岩位移后，可参照根据已建工程量测资料所总结归纳得到的推荐围岩位移阈值，作为依据位移评判围岩稳定性的基础。奥地利[113]、日本[114]、法国[115]、苏联[116]和我国[117]学者对位移阈值都进行过研究，提出了多种位移判据。这些位移判据虽然以大量实测数据和工程施工经验为基础，具有一定的代表性，但对于受到明显的结构面切割效应影响的地下洞室而言，这些判据就未必完全适用。采用基于统计数据和工程经验确定的位移判据固然是洞室围岩稳定评判的一个重要参考，但应当具体工程具体分析。因此，在研究适应于结构面控制型围岩破坏的有限元方法的同时，还应研究相应的结构面控制型破坏判据的问题。

应当看到，上述有关地下洞室群的围岩稳定判据，多针对洞室开挖施工过程的围岩稳定评判而提出。地震荷载的属性较为独特，其对围岩的作用机制与开挖爆破等施工荷载相比具有显著的区别。因此，上述围岩稳定判据是否适用于地震作用下的围岩稳定性评判是值得认真思考与研究的。

1.3　本书的研究内容与技术路线

在论述了大型地下洞室群地震响应分析和围岩稳定分析所涉及的主要科学问题，并综述国内外对于这些问题研究进展的基础上，本文进行了以下几个方面的研究：

(1) 根据相互作用法的地震响应分析原理，编制了三维有限元动力计算程序，详细论述了系统运动方程的集成、人工边界条件的设置、地震荷载的计算和输入以及运动方程的求解思路，并分析了结构地震响应分析时应注意的若干问题及相应的处理方法。同时，采用多组算例，验证了所编制程序的正确性和可靠性，为后文的分析工作的展开提供了计算平台。

（2）通过查阅大量岩体的动态响应特性文献，总结了岩体在地震荷载作用下动态响应规律，并以地下洞室为研究对象，通过数值计算研究了地下洞室赋存岩体在地下荷载作用下的应变率分布规律，为动力分析时岩体物理力学参数的取值方法提供了依据。在总结归纳岩体在地震荷载作用下动态响应规律的基础上，提出地下洞室地震响应分析的三维弹塑性损伤动力有限元方法，并将该方法应用于汶川地震震中映秀湾水电站地下洞室的震损分析。

（3）针对大型复杂结构动力分析计算量大、耗时长的问题，提出了大型地下洞室群地震响应的多尺度优化分析方法。该优化方法分别基于时域尺度优化和空间尺度优化展开。在时域尺度优化方面，提出了结构动力分析中实测强震加速度时域选取的优化算法；在空间尺度优化方面，提出了大型地下洞室群地震响应分析的动力子模型法和动力计算模型合理截取范围的确定方法。

（4）针对有限元方法尚不能对地质断层滑移、块体失稳等结构面控制型的围岩破坏进行有效分析的问题，提出基于有限元方法的结构面控制型围岩破坏分析方法。该方法由四部分组成：首先，提出了基于单元重构的岩土工程复杂地质断层建模方法；其次，提出了基于复合强度准则的薄层单元地质断层结构计算方法；再次，提出了基于有限元网格的地下洞室群三维复杂块体系统识别算法；最后，提出了考虑层面应力作用的块体稳定性分析方法。该基于有限元的结构面控制型围岩破坏分析可概括为“结构面建模—断层结构计算—洞周块体搜索识别—考虑层面应力的块体稳定性评价”四个步骤，形成了一个完整的结构面控制型围岩稳定分析体系。

(5)针对地震作用下地下洞室围岩稳定评价的问题，提出了基于弹塑性损伤动力有限元的围岩稳定地震响应松动判据。同时，基于围岩地震响应分析的波动解法，探讨了地震作用下地下洞室群的整体稳定性评判方法，并提出了对震后加固措施效果进行评价的方法；结合结构面控制型围岩破坏的有限元分析方法，研究了地震作用对地下洞室地震断层结构和块体稳定的影响。

本书的主要内容共分为 5 个部分，技术路线见图 1-3。

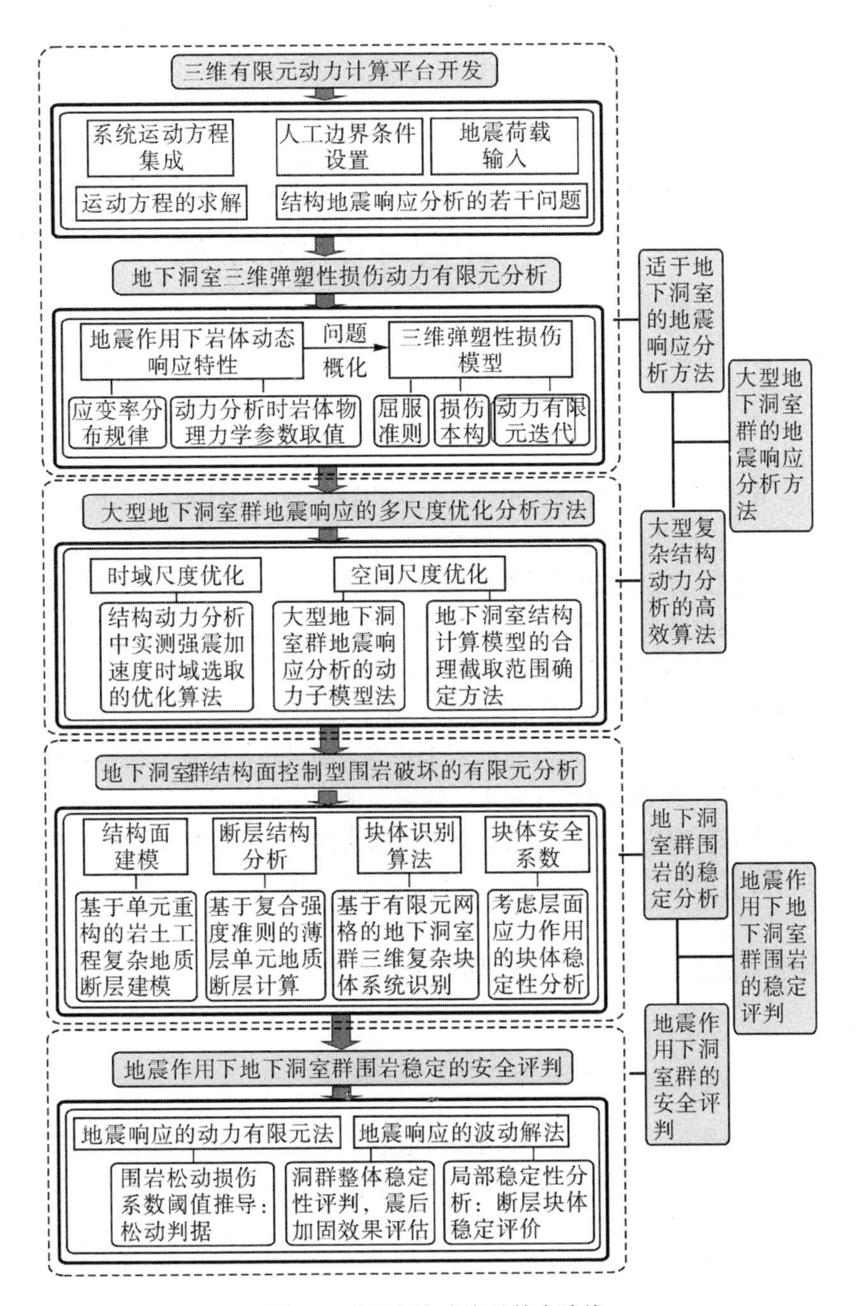

图 1-3　主要研究内容及技术路线

第 2 章　三维弹性有限元动力计算平台的开发

2.1 概　　述

正确可靠的计算分析平台，是采用数值分析方法解决地下洞室地震响应分析问题的基础。本章介绍了三维弹性有限元动力程序的开发过程，分别论述了系统运动方程的集成、人工边界条件的设置、地震荷载的计算和输入以及运动方程的求解问题。在此基础上，开发了三维弹性有限元动力计算平台，并给出了内源荷载输入和外源荷载输入的算例，验证了计算平台的正确性和可靠性。同时，针对结构地震响应分析的若干基本问题进行了阐述，包括地震波的选取、模型网格尺寸要求、强震监测数据的处理、地下洞室地震响应分析时输入地震波的折减和近场实测强震数据的方向变换问题进行了论述。

2.2 系统运动方程

2.2.1 动力平衡方程

大型地下洞室群结构被网格离散后，形成了包含了地下洞室群所在岩体区域的有限元模型。地下洞室群及其赋存近场岩土体可视为由多个质点构成的多自由度体系。有限元模型的动力平衡方程可表示为[118]

$$\{F_i\} + \{F_d\} + \{P(t)\} = \{F_e\} \tag{2-1}$$

式中：$\{F_i\}$ 、$\{F_d\}$ 和 $\{F_e\}$ 分别为该节点的惯性力向量、阻尼力向量和弹性力向量；$\{P(t)\}$ 为外力荷载向量[119]。

根据 Alembert 原理[120]，并考虑结构的黏滞阻尼，可得结构的运动方程为

$$[M]\{\ddot{\delta}\} + [C]\{\dot{\delta}\} + [K]\{\delta\} = \{P(t)\} \tag{2-2}$$

式中：$\{\ddot{\delta}\}$ ，$\{\dot{\delta}\}$ 和 $\{\delta\}$ 为加速度、速度和位移向量；$[M]$为质量矩阵；$[C]$为结构的阻尼矩阵。

2.2.2　单元刚度矩阵

对于弹性问题，质量矩阵$[M]$、阻尼矩阵$[C]$和刚度矩阵$[K]$与结构位移状态 $\{\delta\}$ 无关，故求这3个矩阵时，只需知晓有限元模型的几何信息及其各单元的材料特性。

单元的刚度矩阵为

$$[k]^e = \iiint [B]^{\mathrm{T}}[D][B]\mathrm{d}x\mathrm{d}y\mathrm{d}z \tag{2-3}$$

式中：$[D]$为弹性矩阵，由单元的材料参数确定；$[B]$矩阵为离散结构所选取的形函数$[N]$对整体坐标的偏导矩阵，由形函数$[N]$和单元节点的空间坐标信息确定，即

$$[B_i] = \left[\frac{\partial N_i}{\partial x} 0,\ 0 \frac{\partial N_i}{\partial y}, \frac{\partial N_i}{\partial y}\ \frac{\partial N_i}{\partial x}\right]^{\mathrm{T}} \tag{2-4}$$

2.2.3　单元质量矩阵

根据构造方式的不同，质量矩阵分为一致质量矩阵(或称协调质量矩阵)和集中质量矩阵[121]。在对结构进行离散的过程中，若采用与构造刚度矩阵相同的单元插值函数(即形函数)来构造质量矩阵，则为一致质量矩阵。若假定单元的质量集中在节点上，可推导出对角线矩阵，则为集中质量矩阵。集中质量法的主要优点是计算量较少，节省计算时间。一致质量法的优点在于：当单元规模相同时，一致质量法比集中质量法的计算精度高，因结构被细分而使单元数目增加时，一致质量法能够更快收敛于精确解[122]。本程序采用一致质量矩阵法构造结构的质量矩阵，则单元质量矩阵与式(2-3)类似，为

$$[m]^e = \iiint [N]^T \rho [N] \mathrm{d}x\mathrm{d}y\mathrm{d}z \tag{2-5}$$

式中：ρ 为单元的密度。

求得每个单元的刚度矩阵 $[k]^e$ 和质量矩阵 $[m]^e$ 后，即可根据有限元模型的节点编号信息，组成结构的总体刚度矩阵$[K]$和总体质量矩阵$[M]$。

2.2.4 单元阻尼矩阵

相比而言，结构的阻尼问题较为复杂。在地震波传播过程中，阻尼问题在宏观上表现为：结构在传递地震动能量的同时也消耗了部分能量；在微观上可理解为材料内部的摩擦耗能和结构内部潜在的接触面耗能[123]。由于结构波动过程中各种类型的能量耗散机理复杂，在一般情况下，实际结构在特定外荷载作用下能够产生多大的阻尼效应难以事先估计。本文采用瑞利阻尼(Rayleigh Damping)求取单元阻尼矩阵[124]：

$$[c]^e = \alpha [m]^e + \beta [k]^e \tag{2-6}$$

式中：α 和 β 为系数，通过选择合适的 α 和 β 系数，可使叠加后得到的阻尼比在较大的频率范围内基本保持定值，即与频率无关，可以基本上反映出岩土体的频率无关性。α 和 β 可根据式(2-7)计算：

$$\alpha = \xi\omega, \quad \beta = \xi/\omega \tag{2-7}$$

式中：ξ 为阻尼比，对于岩土体取值范围为 0.02～0.05；ω 为中心频率。

综上，与三维有限元静力计算相比，在构造系统运动方程时，动力计算仅需在静力分析的基础上分别根据式(2-5)和式(2-6)求取质量矩阵和阻尼矩阵。同时，根据瑞利阻尼的特点，可不需要专门计算和存储阻尼矩阵，这为三维有限元动力计算程序的开发带来了较大便利。

2.3 人工边界条件

2.3.1 基本概念与分类

波在传播到模型边界时，不论是固定端还是自由表面，都会产生向模型内部反射的波场，从而对关心部位结构的计算产生影响。若模型的跨度足够大，能够在给定的计算时间段内使得边界反射波不至影响所关心的结构，则能够回避这一问题[125]。然而这一处理方法显然不够经济，且仅对动力计算时间非常短的场合有效，如爆炸应力波的传播问题有效。地震过程持续时间较长，仅考虑延展模型范围的方法显然不适用。因此，在结构的动力分析中，尤其在求解地震波的传播问题时，为了使得波在计算模型有限域内的传播能够获得在实际无限域中传播效果，必须对有限元模型的边界进行一定的处理，即设置人工边界条件。

有关人工边界条件的研究成果可分为两大类：一是应力型的人工边界条件，如黏性边界[126]，黏弹性边界[127~133]等；二是位移型的人工边界条件，如透射人工边界[134~136]，旁轴近似人工边界[137~138]和自由场边界[139~140]等。应力型人工边界条件的实质是利用外行波场在边界处的位移，根据传播介质的应力-应变关系计算在人工边界上的作用力(黏性边界为阻尼力，黏弹性边界为阻尼力和弹性力)，从而在边界处抵消外行波场引起的作用力，达到外行波透射的效果。应力人工边界根据外行波场信息直接计算波在传播过程中的作用力，能够自然满足边界上的位移和力的平衡条件。位移型人工边界条件的实质是根据边界处位移的时程信息和空间分布规律，构造外插公式，直接在人工边界上给定位移条件。杜修力[141]对上述两种人工边界条件进行了对比研究，发现位移型人工边界存在高频失稳现象，也不便在既有有限元软件中实现。刘晶波[142]对应力型人工边界中的黏性边界和黏弹性边界进行了对比研究，发现黏弹性边界的精度高于黏性边界，且黏性边界会出现明显的位移漂移现象。综上，本程序采用黏弹性边界作为人工边界条件。

2.3.2　黏弹性人工边界原理

黏弹性边界是Deeks[127]在黏性边界的基础上提出的。黏性边界只能模拟散射波的透射，而无法反映无限地基的弹性恢复特性。黏弹性边界比黏性边界的阻尼器套筒新增了弹簧构件(见图2-1)，可以看出，二者并联形成了弹簧-阻尼器系统。由于黏弹性边界具有明确的物理概念，且易于在既有程序中实现，已经被一些规范和商业软件采用。

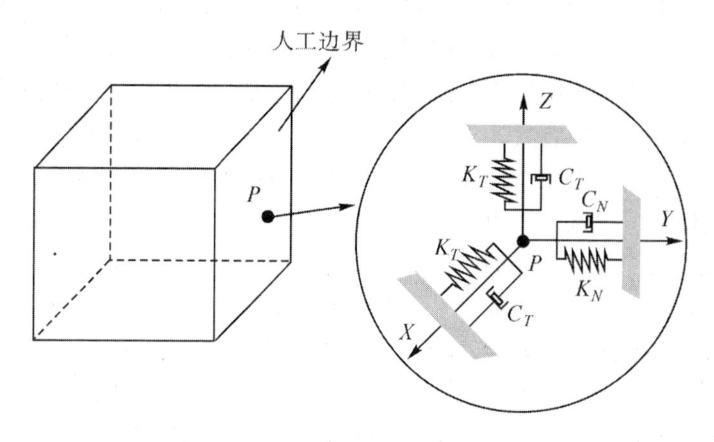

图 2-1　三维黏弹性人工边界弹簧阻尼元件示意

在三维问题中，可将波考虑为球面波，则根据球坐标系的球面波波动方程推导，黏弹性人工边界的弹簧-阻尼器元件系数为[143]

$$K_N = \alpha_N \frac{G}{R},\ C_N = \rho c_{\mathrm{P}} \tag{2-8}$$

$$K_T = \alpha_T \frac{G}{R},\ C_T = \rho c_{\mathrm{S}} \tag{2-9}$$

式中：K_N、K_T、C_N 和 C_T 分别为人工边界节点的法向刚度、切向刚度、法向阻尼和切向阻尼；c_{S} 和 c_{P} 分别为 P 波和 S 波波速；α_T 和 α_N 分别为切向与法向黏弹性人工边界的修正系数。大量的数值计算表明[144]，α_T 在 1.0 ~ 2.0，α_N 在 0.5 ~ 1.0 内一定范围内取值均可得到较好的结果，推荐取值为 $\alpha_T = 0.67$，$\alpha_N = 1.33$。对内源波动问题，R 为波源至人工边界的距离；对外源波动问题，R 为模型几何中心到当前人工边界节点所在平面的距离。

2.3.3　等效黏弹性边界单元与设置方法

黏弹性边界由于其自身的优势，已取得了广泛应用，商业软件也提供了相应的功能，如使用 ANSYS 进行动力分析时，模型单元可选用 SOLID45 块单元，弹簧-阻尼器单元可选用 COBIN14 单元[145]。然而，使用黏弹性边界时需要对模型边界进行专门的设置，这给动力分析程序的自主编制带来了一定难度。刘晶波[142]和谷音[144]对这个问题进行了研究，他们采用与离散结构计算区域相同的位移函数对黏弹性人工边界进行了离散，提出了一致黏弹性人工边界的概念，并在该概念的基础上，分别推导了二维和三维一致黏弹性人工边界单元的刚度及阻尼矩阵。同时，利用单元矩阵等效原理，将黏弹性人工边界转换为一种类似于普通有限元单元的形式，称为等效黏弹性边界单元，并通过算例验证了其合理性和精度，为动力分析程序编制中处理人工边界问题带来了极大的便利。本程序即进一步采用三维等效黏弹性边界单元模拟弹簧-阻尼器系统的黏弹性人工边界。

三维等效黏弹性边界单元的设置分为下述两个步骤：

(1)对建好的动力计算模型，将需要设置人工边界的边界面向外平推一层单元(见图 2-2)，并对人工边界单元最外层施加固定约束。平推单元厚度 h 的取值与模型单元尺寸量级相当，且在较大范围内取值都能取得良好的计算效果。

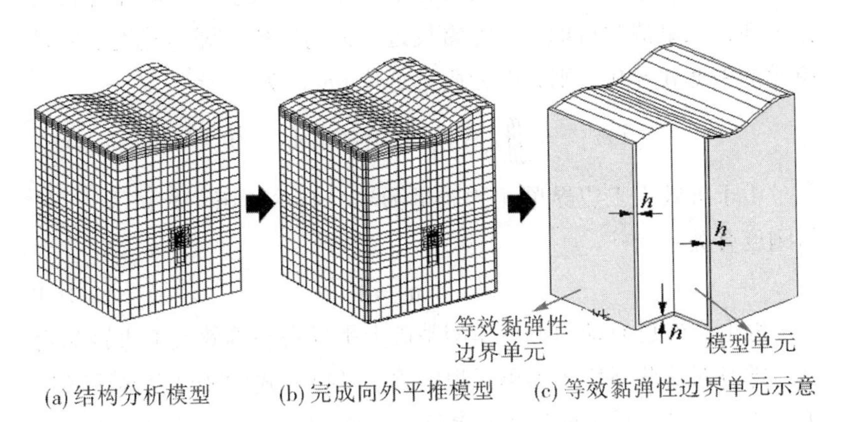

(a) 结构分析模型　(b) 完成向外平推模型　(c) 等效黏弹性边界单元示意

图 2-2　构造等效黏弹性边界单元的步骤

(2)根据内部单元参数按照式(2-10)～式(2-12)计算新增的人

工边界单元参数。

$$\bar{G} = hK_T = \alpha_T \frac{G}{R} \tag{2-10}$$

$$\bar{E} = \frac{(1+\bar{v})(1-2\bar{v})}{1-\bar{v}} hK_N = \alpha_N h \frac{G}{R} \frac{(1+\bar{v})(1-2\bar{v})}{1-\bar{v}} \tag{2-11}$$

$$\bar{\eta} = \frac{\rho R}{3G}\left(\frac{2c_S}{\alpha_T} + \frac{c_P}{\alpha_N}\right) \tag{2-12}$$

式中：$\bar{G}$、$\bar{E}$、$\bar{v}$ 和 $\bar{\eta}$ 分别为人工边界单元的等效剪切模量、等效弹性模量、等效泊松比和等效阻尼系数；h 为边界单元的厚度；ρ 为介质密度；G 为剪切模量。$\bar{v}$ 可根据式(2-13)取值：

$$\bar{v} = \begin{cases} \dfrac{\alpha - 2}{2(\alpha - 1)}, & \alpha \geqslant 2 \\ 0, & \text{其他} \end{cases} \tag{2-13}$$

式中：$\alpha = \alpha_N / \alpha_T$。

则等效人工边界单元的单元刚度矩阵 $[\bar{k}]^e$ 为

$$[\bar{k}]^e = \iiint [B]^{\mathrm{T}} [\bar{D}] [B] \mathrm{d}x\mathrm{d}y\mathrm{d}z \tag{2-14}$$

式中：$[\bar{D}]$ 为等效弹性矩阵。

等效人工边界单元的密度理论值为零，为使动力计算保持数值稳定性，在赋值时可取一个非常接近零值的正值，即等效人工边界单元的密度 $\bar{\rho} \approx 0$，则其单元质量矩阵 $[\bar{m}]^e$ 为

$$[\bar{m}]^e = \iiint [N]^{\mathrm{T}} \bar{\rho} [N] \mathrm{d}x\mathrm{d}y\mathrm{d}z \approx 0 \tag{2-15}$$

由于等效人工边界单元的质量为零，则单元阻尼矩阵 $[\bar{c}]^e$ 仅与刚度有关：

$$[\bar{c}]^e = \bar{\eta} [\bar{k}]^e \tag{2-16}$$

综上，在已有动力分析模型基础上平推得到等效人工边界单元后，即可对这些新增边界单元根据式(2-14)～式(2-16)直接计算其单元刚度矩阵、质量刚度矩阵和阻尼刚度矩阵，与模型内部原有的单元一起，形成考虑了等效人工边界单元的系统运动方程。

2.4　地震荷载的输入

2.4.1　动力分析问题的分类

根据动力荷载的不同来源，动力问题可以分为内源问题和外源问题(见图 2-3)。以地下洞室开挖爆破为例，爆破荷载直接作用于洞室开挖表面，再通过围岩将爆破波传向岩体深部。这种动力荷载来自模型内部或自由表面的问题即为内源输入问题，此时仅需在模型的边界上设置人工边界条件来透射由爆源产生的散射波场。而对于地下洞室地震响应分析，地震波动场是从远场由岩体传播至动力分析模型所覆盖的近场区域，存在如何在有限元模型有限的覆盖区域内模拟实际的无限域波场传播，即如何在设置人工边界条件的同时，模拟地震波动场由模型外部无限域传播进入模型内部有限域的问题。因此，地震荷载的输入是一个典型的外源输入问题。

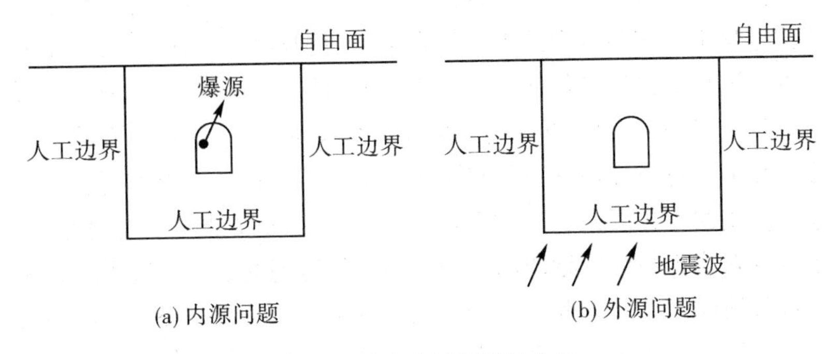

图 2-3　动力分析问题的分类

2.4.2　人工边界的波场分解

对于以地震输入为典型代表的外源荷载输入问题，可针对地震过程中作用于人工边界上的各种荷载，采用波场分解的方法实现地震荷载的输入。根据人工边界上波场传播方向的不同，可分为内行场和外行场。

从无限域通过人工边界向模型有限区域内传播的波场，称为内行场。内行场主要由从远场地震震源传播而来的入射场组成。同时，由于岩体内的断层、节理和裂隙等不连续地质结构面广泛存在，一部分地震波被这些界面反射和折射后，朝洞室方向传播，也构成了内行场。考虑地震波斜入射时，一部分地震波被自由面反射和折射后也朝洞室方向传播，也参与构成了人工边界部位的内行场。由于地下洞室地质赋存条件非常复杂，人们只能通过探洞等地质勘察手段对洞室周边有限区域内的地质条件有所了解，还很难对不连续地质界面反射和折射的地震波场进行量化分析，故而目前在计算内行波场时，一般仅考虑震源入射场和经自由面反射和折射的地震波场作用。

从模型内部有限域通过人工边界进入无限域的波场称为外行场。外行场实质上就是内行场通过人工边界进入模型后，在模型有限区域内完成传播后再次来到人工边界时的波场。然而，由于模型有限域内存在洞室、自由地表面和不连续地质结构(如采用实体单元模拟的各种规模的地质结构面)，进入模型后的内行场必然会在传播过程中，在结构面的界面处发生反射和折射，从而不可避免地改变了波场的幅值和传播方向，因此外形场不能简单地认为就是再次到达人工边界处的内行场。然而，根据人工边界条件的设置原理，无论内行场在模型内部有限域内发生了怎样的反射和折射，波场的性质改变再复杂，外行场都可以在人工边界处基本实现透射，不再反射或折射回模型内部，即取得与外行场通过人工边界后向无限域传播的效果。因此，由于人工边界条件的存在，外行场不会对模型计算产生影响，故而不需专门计算人工边界处的外行场。

2.4.3 内行波场的计算

综上分析，实现地震荷载输入，关键在于解决人工边界处内行波场的计算和相应荷载的施加。根据前述的分析，内行波场的计算即是根据已知的地震动时程，推求在模型每个人工边界上由内行波场引起的荷载。根据地震波入射方向的不同，内行波场的计算可分为斜入射和竖直入射[146]。以下以地震波竖直入射为例，给出内行波场的计算步骤。

地震波竖直入射时，其入射模型见图 2-4。底边界的内行场即为入射地震波场。由于经自由面反射和折射的地震波均与侧向边界平行，故不能采用地震波斜入射时求解侧向边界位移场信息的方法来计算地震波竖直入射时的侧向位移场。此时，可将侧向边界的内行波场作为自由场求解。当入射地震波时程已知时，求解侧向边界的自由场信息，即是根据入射地震波零时刻波阵面位置，计算入射波和被自由表面反射的波传播到侧向人工边界上每一节点时相对于零时刻波阵面的时间延滞，进而叠加入射波和从自由表面反射的波动场，得到该节点的波动时程。

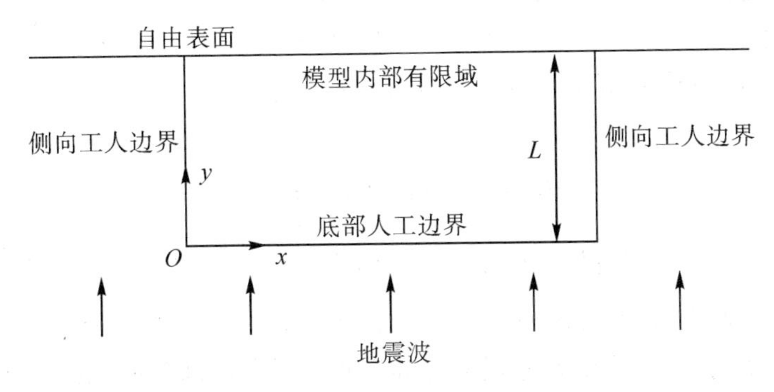

图 2-4　地震波竖直入射模型

记入射 P 波的位移时程为 $u_P(t)$，入射 S 波的位移时程为 $u_S(t)$。记图 2-4 中底部人工边界为零时刻波阵面，x 向为水平方向，y 向为竖直方向。则二维问题时，模型各边界的位移时程为

底部边界位移场时程：

P 波入射：$$u_{lx}(t) = u_P(t) \tag{2-17}$$

S 波入射：$$u_{lx}(t) = u_S(t) \tag{2-18}$$

侧向边界位移场时程：

P 波入射：$$u_{ly}(t) = u_P(t - \Delta t_1) - u_P(t - \Delta t_2) \tag{2-19}$$

S 波入射：$$u_{ly}(t) = u_S(t - \Delta t_3) - u_S(t - \Delta t_4) \tag{2-20}$$

式中：$\Delta t_1 = y/c_P$ 为入射 P 波传播至侧向边界上某点时相对于零时

刻波阵面的时间延滞，y 为该节点在竖直方向的坐标；$\Delta t_2 = (2L - y)/c_P$ 为地表反射 P 波的时间延滞，L 为模型高度；$\Delta t_3 = y/c_S$ 为入射 S 波的时间延滞；$\Delta t_4 = (2L-y)/c_S$ 为地表反射 S 波的时间延滞。

地震波竖直入射时的三维问题的人工边界内行场可同法推导。

2.4.4 输入地震荷载的求解

黏弹性人工边界属于应力型人工边界，因此求出模型人工边界处的内行场后，需要进一步推求在人工边界节点上施加的荷载，即计算在人工边界上施加的作用力，使得人工边界节点的应力与地震波无限域传播时所引起的应力等同。当人工边界处的地震波动场 $u(t)$ 已知时，对于三维问题，可根据广义胡克定律求得各向同性弹性介质由位移场 $u_l(t)$ 产生的应力场 $\sigma_l(t)$ [147]：

$$\sigma_{lj}(t) = G(u_{lj,i}(t) + u_{li,j}(t)) = \rho c_S^2(u_{lj,i}(t) + u_{li,j}(t)) \tag{2-21}$$

$$\begin{aligned}\sigma_{li}(t) &= (\lambda + 2G)u_{li,i}(t) + \lambda(u_{lj,j}(t) + u_{lk,k}(t)) \\ &= \rho c_P^2\left[u_{li,i}(t) + \frac{v}{1-v}(u_{lj,j}(t) + u_{lk,k}(t))\right]\end{aligned} \tag{2-22}$$

式中：假定方向 i 为边界节点的 l 的外法向，j、k 为边界节点 l 的两个切向，则 i，j，k 分别为边界节点 l 所在局部坐标系的三个正方向；λ 和 G 分别为介质的 Lame 常数和剪切模量；ρ 和 v 分别为介质的密度和泊松比；$u_{li,j}(t)$ 为波动场 $u(t)$ 在边界节点 l 上在 i 方向的位移场沿 j 方向的偏导。

式(2-21)和式(2-22)同时适用于斜入射和竖直入射地震波在人工边界上引起应力的求解，即根据式(2-17)～式(2-20)求得人工边界处的波场 $u(t)$ 后，都可根据广义虎克定律求解应力。对于竖直入射的地震波，可直接对边界波场 $u(t)$ 进行差分，进而求得应力，计算过程相对简化。以三维地震波竖直入射为例，建立 xOy 三维坐标系，并设 $x-y$ 面平行于底边界，z 轴竖直向上指向模型内部有限域。则平面 P 波和平面 S 波引起的人工边界应力为

P 波竖直入射：

$$\sigma_{lz}^{-z}(t) = \rho c_P \dot{u}_P(t) \tag{2-23}$$

$$\sigma_{lx}^{-x}(t) = -\sigma_{lx}^{+x}(t) = \sigma_{ly}^{-y}(t) = -\sigma_{ly}^{+y}(t) = \lambda[\dot{u}_P(t-\Delta t_1) - \dot{u}_P(t-\Delta t_2)]/c_P \quad (2\text{-}24)$$

S 波竖直入射(设 S 波沿 x 向振动):

$$\sigma_{lx}^{-z}(t) = \rho c_S \dot{u}_S(t) \quad (2\text{-}25)$$

$$\sigma_{lz}^{-x}(t) = -\sigma_{lz}^{+x}(t) = \rho c_S[\dot{u}_S(t-\Delta t_3) - \dot{u}_S(t-\Delta t_4)] \quad (2\text{-}26)$$

式中: $\dot{u}_P(t)$ 和 $\dot{u}_S(t)$ 分别为入射 P 波和入射 S 波的差分，即波场的速度时程信息; $\Delta t_1 = y/c_P$ 为入射 P 波传播至侧向边界上某点时相对于零时刻波阵面的时间延滞，y 为该节点在竖直方向的坐标; $\Delta t_2 = (2L-y)/c_P$ 为地表反射 P 波的时间延滞，L 为模型高度; $\Delta t_3 = y/c_S$ 为入射 S 波的时间延滞; $\Delta t_4 = (2L-y)/c_S$ 为地表反射 S 波的时间延滞。人工边界处应力的下标表示节点号分荷载的分量方向，上标表示边界点所在人工边界面，如 σ_{lz}^{-x} 表示负 x 边界面上 z 分量的应力。

分析黏弹性人工边界的原理，可以发现: 黏弹性边界对于“从有限域到无限域”和“从无限域到有限域”的波场均有透射的效果，可称为透射的双向性。外行散射波场在人工边界透射，实现了从模型内部有限域向无限域传播，取计算模型为脱离体分析，可以从计算效果上视为由于黏弹性边界的设置，使得外形散射波场在人工边界处被“吸收”，故而不会反射回模型内部。由于外行散射波场在人工边界处的透射本身就是动力分析时设置人工边界条件的初衷，故而无须做进一步处理。然而，必须在输入地震荷载的过程中考虑人工边界对内行入射波场的“吸收”效果，即需要额外提供抵抗无限域模拟方法的荷载，才能保证事先计算的内行场精确地传入模型内部有限域。因此，在动力分析时，在人工边界输入的等效地震荷载作用力 F 由两部分组成: 一部分是内行波场在人工边界处产生的作用力 F_1; 另一部分是内行波在从无限域到有限域透射时用来抵抗人工边界的“吸收”而施加的荷载 F_2，即

$$F = F_1 + F_2 \quad (2\text{-}27)$$

式中: $F_1 = \sigma_{lj}(t) \cdot A_l$, $\sigma_l(t)$ 为节点 l 上的应力，根据式(2-21)和式(2-22)求解; A_l 为节点 l 的影响范围，根据式(2-28)计算:

$$A_l = \sum_{i=1}^{n} A_{li} \tag{2-28}$$

式中：n 为与节点 l 相关的单元个数；$A_{li} = A_i/N_i$，A_i 为单元 i 在人工边界上的面积；N_i 为单元 i 在人工边界上的棱边数，如 8 节点六面体的 $N_i = 4$。

抵抗模拟无限域模拟方法的荷载 F_2，即是为使得弹簧-阻尼元件产生计算所得的内行波场而需要施加的作用力：

$$F_2 = A_l [K_{li} \cdot u_{li}(t) + C_{li} \cdot \dot{u}_{li}(t)] \tag{2-29}$$

式中：K_{li} 和 C_{li} 分别为边界节点 l 在 i 方向上构造黏弹性人工边界时附加的弹簧、阻尼系数，当 i 向为边界面法向时，$K_{li} = K_N$，$C_{li} = C_N$；当 j 向为切向时，$K_{li} = K_T$，$C_{li} = C_T$，可根据式(2-8)和式(2-9)确定 K_{lj} 和 C_{lj} 取值。

综上，可求得地震响应分析时，应当在人工边界输入的地震荷载，以平面波竖直入射的三维问题为例，模型侧向边界和底边界上施加的等效地震荷载 $f_{lj}(t)$，即人工边界上 l 节点 j 方向的等效节点力为[148]

$$\text{P 波入射：}\begin{cases} f_{lz}^{-z}(t) = A_l[K_N u_{\mathrm{P}}(t) + C_N \dot{u}_{\mathrm{p}}(t) + \rho c_{\mathrm{p}} \dot{u}_{\mathrm{p}}(t)] \\ f_{lx}^{-x}(t) = -f_{lx}^{+x}(t) = f_{ly}^{-y}(t) = -f_{ly}^{+y}(t) \\ \qquad = A_l \lambda [\dot{u}_{\mathrm{P}}(t - \Delta t_1) - \dot{u}_{\mathrm{P}}(t - \Delta t_2)]/c_{\mathrm{P}} \\ f_{lz}^{-x}(t) = f_{lz}^{-y}(t) = f_{lz}^{+x}(t) = f_{lz}^{+y}(t) \\ \qquad = A_l[K_T u_{\mathrm{P}}(t - \Delta t_1) + C_T \dot{u}_{\mathrm{P}}(t - \Delta t_1) \\ \qquad\quad + K_T u_{\mathrm{P}}(t - \Delta t_2) + C_T \dot{u}_{\mathrm{P}}(t - \Delta t_2)] \end{cases} \tag{2-30}$$

$$\text{S 波入射：}\begin{cases} f_{lx}^{-z}(t) = A_l[K_T u_{\mathrm{s}}(t) + C_T \dot{u}_{\mathrm{s}}(t) + \rho c_{\mathrm{s}} \dot{u}_{\mathrm{s}}(t)] \\ f_{lx}^{-x}(t) = f_{lx}^{+x}(t) = A_l[K_N u_{\mathrm{s}}(t - \Delta t_3) + C_N \dot{u}_{\mathrm{s}}(t - \Delta t_3) \\ \qquad + K_N u_{\mathrm{s}}(t - \Delta t_4) + C_N \dot{u}_{\mathrm{s}}(t - \Delta t_4)] \\ f_{lz}^{-x}(t) = -f_{lz}^{+x}(t) = A_l \rho c_{\mathrm{s}} [\dot{u}_{\mathrm{s}}(t - \Delta t_3) - \dot{u}_{\mathrm{s}}(t - \Delta t_4)] \\ f_{lx}^{-y}(t) = f_{lx}^{+y}(t) = A_l[K_T u_{\mathrm{s}}(t - \Delta t_3) + C_T \dot{u}_{\mathrm{s}}(t - \Delta t_3) \\ \qquad + K_T u_{\mathrm{s}}(t - \Delta t_4) + C_T \dot{u}_{\mathrm{s}}(t - \Delta t_4)] \end{cases} \tag{2-31}$$

式中：假定 S 波沿 x 向振动，当 S 波沿 y 向振动时同理可求。等效节点力的下标表示该节点力荷载的分量方向，上标表示边界点所在人工边界面，与坐标轴方向相同为正，相反为负，如 f_{lz}^{-x} 表示负 x 边界面上 z 分量的力。

2.5　运动方程的求解

在建立了结构的运动方程、完成人工边界条件的设置和确定输入的地震荷载后，要获得体系的动力反应，必须对系统运动方程进行求解。求解方法可根据体系自由度和方程求解的复杂性等因素分为以下几类(见图 2-5)：

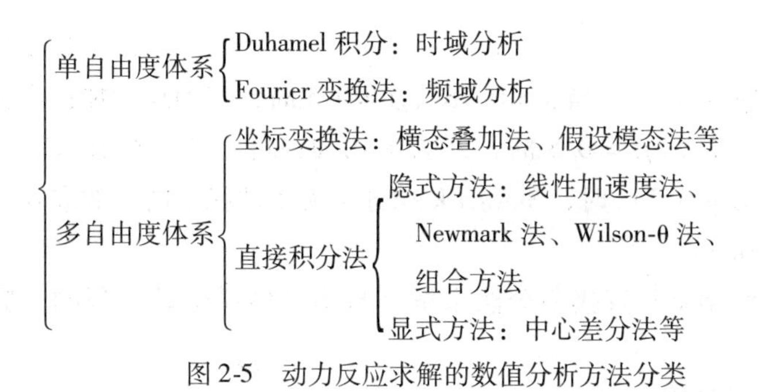

图 2-5　动力反应求解的数值分析方法分类

对于单自由度体系，运动方程中的质量、阻尼和刚度矩阵均为标量，且当外荷载为解析表达式时，可采用解析方法求得结构动力反应的解析解，如 Duhamel 积分和 Fourier 变换法。对于多自由度体系，解析方法求解很困难，常采用近似的数值方法。对于线性体系，可采用模态叠加法，将多自由度问题转换为单自由度问题，求出每一阶振型的反应，在进行振型叠加得到系统的动力反应。对于非线性体系，叠加原理不再适用，必须采用直接积分法进行求解。直接积分法又分为隐式求解法和显式求解法。隐式解法首先对系统进行刚度、阻尼和质量矩阵的计算，建立当前时刻的平衡方程组，再根据当前时刻的动力反应值建立线性方程组，求解下一时刻体系的动力反应值。隐式解法必须求解一个线性方程组，这对于模型规模较大的计算来讲是比较耗时的。而显式解法则不需要求解方程组，可根据当前时刻的体系动力反应值外推下一时刻的动力反应值。虽然利用隐式解法求解运动方程时涉及求解一个大规模的线性方程组，但其起步较早，已有较多计算效果理想的无条件稳定的隐式直接积分法可供利用，本程序采用隐式 Newmark 直接积分法求解。

Newmark 直接积分法是线性加速度方法的推广[149]，采用如下假定：

$$\{\dot{\delta}_{t_1+\Delta t}\} = \{\dot{\delta}_{t_1}\} + [(1-\beta)\{\ddot{\delta}_{t_1}\} + \beta\{\ddot{\delta}_{t_1+\Delta t}\}]\Delta t \tag{2-32}$$

$$\{\delta_{t_1+\Delta t}\} = \{\delta_{t_1}\} + \{\dot{\delta}_{t_1}\}\Delta t + \left[\left(\frac{1}{2}-\alpha\right)\{\ddot{\delta}_{t_1}\} + \alpha\{\ddot{\delta}_{t_1+\Delta t}\}\right]\Delta t^2 \tag{2-33}$$

式中：α 和 β 为参数，当 $\alpha=0.167, \beta=0.5$ 时，即为线性加速度方法；当 $\alpha=0.25, \beta=0.5$ 时，即为平均加速度方法。当 $\beta \geqslant 0.5$，$\alpha \geqslant 0.25(\beta+0.5)^2$ 时，Newmark 积分是无条件稳定的，故取 $\alpha=0.25, \beta=0.5$。

根据 Newmark 直接积分法求解多自由度体系运动方程的步骤为

1. 初始计算

(1)取 $\alpha=0.25, \beta=0.5$，确定计算步长 Δt。

$$\begin{cases} a_0 = \dfrac{1}{\alpha\Delta t^2},\ a_1 = \dfrac{\beta}{\alpha\Delta t},\ a_2 = \dfrac{1}{\alpha\Delta t}, a_3 = \dfrac{1}{2\alpha} - 1, \\ a_4 = \dfrac{\beta}{\alpha} - 1, a_5 = \dfrac{\Delta t}{2}\left(\dfrac{\beta}{\alpha} - 2\right),\ a_6 = (1-\beta)\Delta t, \\ a_7 = \beta\Delta t \end{cases} \tag{2-34}$$

(2)构件体系的有效刚度矩阵 $[\bar{K}]$。

$$[\bar{K}] = [K] + a_0[M] + a_1[C] \tag{2-35}$$

(3)将有效刚度矩阵 $[\bar{K}]$ 分解为对角阵。

$$[\bar{K}] = [L][D][L]^{\mathrm{T}} \tag{2-36}$$

(4)对零时刻运动状态赋值

$$\ddot{\delta}_0 = 0,\ \dot{\delta}_0 = 0,\ \delta_0 = 0 \tag{2-37}$$

2. 每一计算步

(1)计算有效荷载列阵 $\{\bar{P}_{t_1+\Delta t}\}$ 。

$$\{\bar{P}_{t_1+\Delta t}\} = \{P_{t_1+\Delta t}\} + [M](a_0\{\delta_{t_1}\} + a_2\{\dot{\delta}_{t_1}\} + a_3\{\ddot{\delta}_{t_1}\}) + [C](a_1\{\delta_{t_1+\Delta t}\} + a_4\{\dot{\delta}_{t_1}\} + a_5\{\ddot{\delta}_{t_1}\}) \tag{2-38}$$

(2)求解下一时刻位移向量 $\{\delta_{t_1+\Delta t}\}$ 。

$$[L][D][L]^{\mathrm{T}}\{\delta_{t_1+\Delta t}\} = \{\bar{P}_{t_1+\Delta t}\} \tag{2-39}$$

(3)求解下一时刻位移向量 $\{\ddot{\delta}_{t_1+\Delta t}\}$ 和 $\{\dot{\delta}_{t_1+\Delta t}\}$。

$$\{\ddot{\delta}_{t_1+\Delta t}\} = a_0(\{\delta_{t_1+\Delta t}\} - \{\delta_{t_1}\}) - a_2\{\dot{\delta}_{t_1}\} - a_3\{\ddot{\delta}_{t_1}\} \tag{2-40}$$

$$\{\dot{\delta}_{t_1+\Delta t}\} = \{\dot{\delta}_{t_1}\} + a_6\{\ddot{\delta}_{t_1}\} + a_7\{\ddot{\delta}_{t_1+\Delta t}\} \tag{2-41}$$

选取计算步长 Δt 时，应考虑结构动力反应振型的影响。经验表明，只有前面若干个振型影响较大，后面的高阶振型影响可以忽略。实际计算时，可根据 Lanczos 方法[150~151]，提取结构模型的前若干阶模态、自振频率和各阶的有效质量，选取能够包含结构模型绝大部分质量所对应的前若干阶模态，根据其中最高阶模态所对应的周期确定隐式积分法的时间步长取值的上限值。

2.6 算例验证

根据前文所述原理，完成了三维弹性有限元动力计算程序的开发。该分析程序是本书一系列研究工作展开的基础平台，因此该程序的正确性至关重要。本节通过两组典型算例来对动力计算平台的正确性进行验证。

2.6.1 内源荷载输入

考虑弹性半空间表面作用竖直向点荷载时程后的动力响应问题，即弹性动力学中经典的 Lamb 问题[152~153]。本例分析时采用无量纲单位。首先建立有限元模型，在 x，y，z 方向上的模型大小为 $1\times1\times0.5$，单元的网格尺寸为 0.05。取介质的弹性模量为 40，泊松比0.25，密度为1。然后在模型周围向外平推一层厚度为0.01的单元，作为等效黏弹性边界单元，并将该层单元的最外层节点固定(见图2-2)。在图2-6(a)所示模型，即模型半空间表面中心位置O作用一时程荷载$F(t)$，满足：

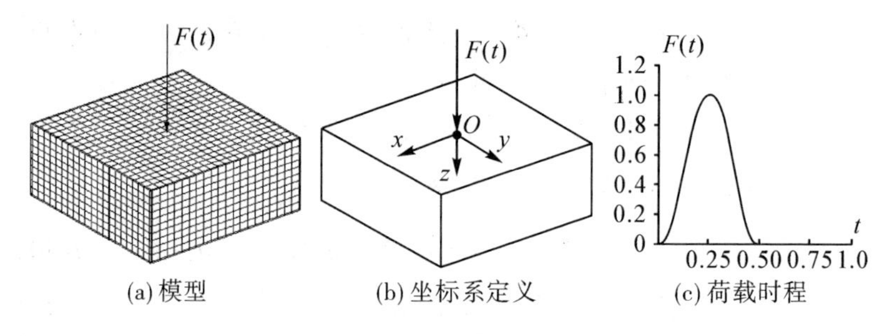

图2-6　内源荷载输入算例

$$F(t) = -\cos 2\pi t + 1 \quad (0 < t < 0.5s) \tag{2-42}$$

本例主要设置以下两个工况进行动力计算：

工况一：不设置等效黏弹性边界单元，直接将边界固定，输入时程荷载$F(t)$采用本程序进行计算。再设置相同的计算条件，利用FLAC^{3D}软件进行计算。此时的动力分析成果没有设置人工边界条件，因而可根据计算成果的对比来验证本程序的系统运动方程的集成和求解的正确性。

工况二：设置等效黏弹性边界单元，输入时程荷载$F(t)$采用本程序进行计算。再在FLAC^{3D}软件中采用黏性边界单元进行计算。可根据本程序的计算成果、FLAC^{3D}软件的计算成果和精确解进行对比，从而验证本程序黏弹性边界单元设置的有效性。本例计算时各工况均不考虑阻尼作用，计算为线弹性。

1. 工况一——固定边界计算

计算步长取为0.01，分别采用本程序和FLAC^{3D}进行计算，监测距加载点0.2，0.4的点(0，0，0.2)和点(0，0，0.4)的位移时程，将对比时程曲线列入图2-7。可以看出，本程序和FLAC^{3D}软件计算所得的监测点位移时程吻合得很好，这表明本程序的编制过程是正确的，计算结果也是可信的。同时，由于边界被固定，计算位移出现了震荡现象，这与弹性无限半空间内的波场传播规律相悖。因此，在动力分析时设置人工边界条件是非常必要的。

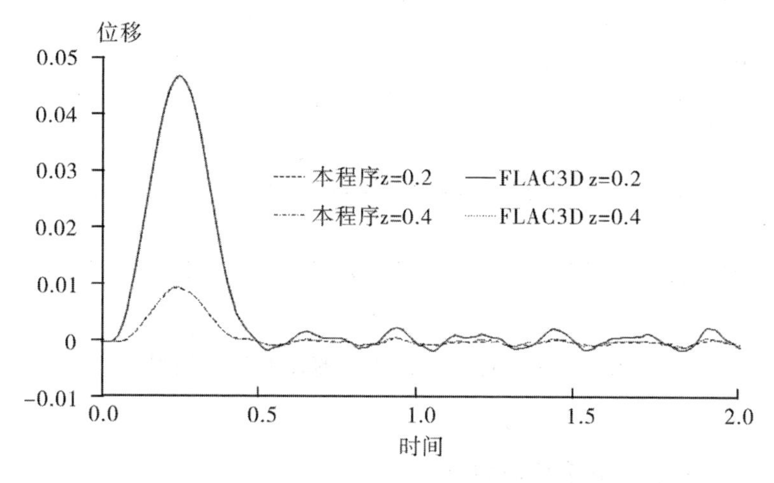

图 2-7　固定边界位移计算时程

2. 工况二——考虑人工边界设置的计算

计算步长仍取为 0.01，分别采用本程序和 $FLAC^{3D}$ 进行计算。其中，采用本程序计算时，根据式(2-8)和式(2-9)确定法向和切向的阻尼和刚度系数。取 $\alpha_T = 0.67$，$\alpha_N = 1.33$，$R = 0.5$。采用 $FLAC^{3D}$ 软件进行计算时，在模型的竖向和底边界上设置程序自带的黏性边界条件[139]。

将距加载位置 0.2 的点(0，0，0.2)在不同边界条件下的位移时程进行对比，见图 2-8。可以看出，采用黏性边界后，监测点位移时程出现了漂移现象，固定边界出现了震荡现象，与精确解相比，均有较大的误差；而采用等效黏弹性人工边界单元的计算位移时程与精确解非常接近。这表明本程序采用等效黏弹性边界单元可以有效地实现外行散射波在边界处的透射，满足模拟无限域的要求。

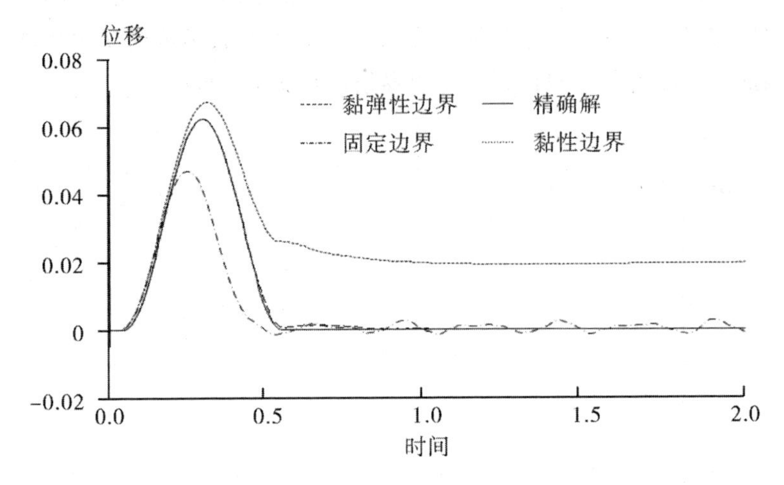

图 2-8　不同边界设置条件下的监测点位移时程

2.6.2　外源荷载输入

理论分析表明，对半空间自由表面而言，波动过程中自由表面的位移时程是入射波位移时程的 2 倍。根据这个结论，设置如下算例来验证外源荷载输入时本程序正确性。

建立一个 350 m×350 m×480 m 的模型(见图 2-9(a))，模型的最大网格尺寸取为 20 m。围岩的弹模取为 4.88 GPa，泊松比 0.22，容重 20 kN · m^{-3}。采用 EL-Centro 波作为输入地震波，假定

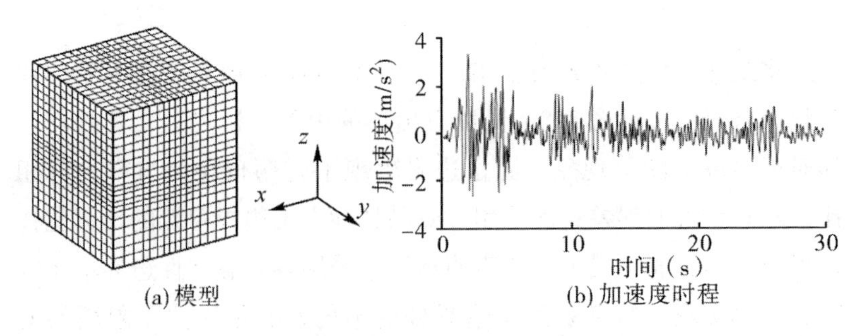

(a) 模型　　(b) 加速度时程

图 2-9　外源荷载输入验证算例

地震波沿 x 方向从底边界入射，记录模型自由表面一点的位移时程。本例计算时不考虑阻尼作用。可以看出，自由面监测点位移时程的幅值正好是输入位移时程的幅值的 2 倍，且自由面监测点位移时程滞后输入位移约 0.4 s，正好是剪切波从模型底部传播到顶部自由面的时间延滞(见图 2-10)。这表明本程序模拟地震荷载的输入计算是正确的。

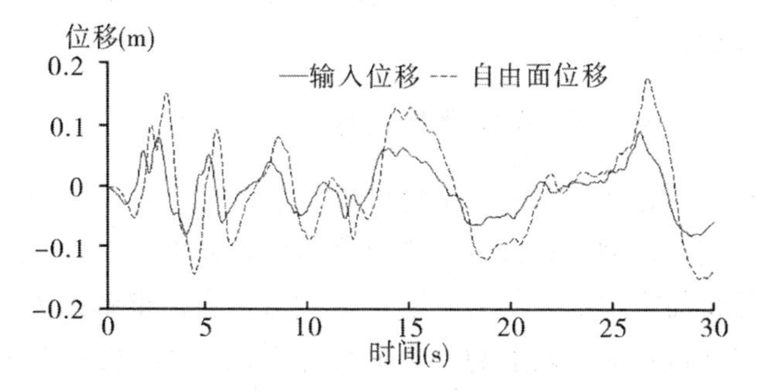

图 2-10　外源荷载输入算例位移时程对比

通过内源荷载和外源荷载输入的算例分析，可以验证本程序用于动力计算分析的正确性。该三维弹性有限元动力计算程序的开发，为后文建立反映地下洞室地震响应特性的弹塑性损伤动力有限元分析模型提供了计算分析平台。

2.7　结构地震响应分析时的若干问题

2.7.1　地震波的选取

我国《建筑工程抗震性态设计通则》[154]建议，采用时程分析法进行结构的地震响应分析时，地震加速度时程应选用实际强震记录和人工合成的加速度记录。对于实际强震记录，谢礼立提出了最不利设计地震动概念，并建立了包括 43 条强震记录的最不利设计地震动备选数据库[155]。动力分析时，根据所分析对象的场地条件、结构周期及规范有关规定，从强震记录数据库中选择最不利地震动作为输入地震波。对于人工合成的加速度记录，可根据分析对象的场地反应谱和阻尼比等因素，采用三角级数等数学方法合成人造地震动[156]，获得具有特定幅值、频谱和持时特征的加速度时程。

可以看出，对于实际工程的地震响应分析，地震波的选取是一个先导性课题，属于地震学的研究范畴。本文的重点在于针对地下洞室这一特定建筑结构，研究与其相适应的地震响应分析方法，故在计算分析中，仅采用若干常用的地震波或与工程实例密切相关的实测强震数据。

2.7.2 动力计算对模型网格尺寸的要求

采用离散化的有限元网格模拟波的传播问题时，网格的最大尺寸决定了当前模型能够有效传播的波的最高频率。《工程场地地震安全性评价技术规范》[157]规定，在运用数值方法求解动力问题时，模型网格在波传播方向上的尺寸应在所考虑最短波长的1/8～1/12范围内取值，相似结论也为外国学者得出[158]。

作者围绕这个问题进行了数值试验，验证了上述结论，并进一步发现：①当最大网格尺寸大于最短波长的1/8后，模型仍然能够模拟波的传播，但将会对计算精度造成影响，且该比例越大(如1/6,1/4，1/3)，计算结果的误差也越来越大；②当最大网格尺寸在最短波长的1/8～1/12范围内取值时，模型模拟波传播的计算精度已较高，而进一步减小网格尺寸后(如1/15，1/18，1/20)，计算精度的提高并不明显，反而增加了计算量。这表明：首先，模型的最大网格尺寸必须满足一定的要求以保证模拟波的传播具有足够的精度；其次，不必为追求波动场的计算精度而不断减小模型中的网格尺寸。因此，进行地震响应分析时，首先应确定所需要模拟的输入地震波的最高频率，然后，再根据这个频率综合介质材料参数等因素，确定划分网格的最大尺寸。后文各个章节所给出的动力分析实例，模型的网格最大尺寸均满足上述要求。

2.7.3 强震监测数据的滤波和基线校正

天然地震波其主要能量分布在5 Hz以内，虽然天然地震波所包含的频段非常丰富，但是只需要保留其一定频率以内的能量就足够。一般而言，可以 10 ~ 15 Hz 作为地震波滤波的截止频率，过滤掉地震波中的高频分量。然后，再根据截止频率所对应的波长，确定网格划分的最大尺寸。另外，对实测强震加速度数据而言，由于强震监测仪器的误差，若对实测加速度进行积分，得到的最终速度和位移可能不为零，若将实测强震数据直接输入模型，则在动力计算结束时模型底部会出现继续的速度和残余位移，可称之为速度和位移时程的漂移。因此，需要对加速度时程进一步进行基线校正。

就实测强震监测数据的滤波和基线校正问题，目前已有较多的研究成果[159 ~ 160]。本文采用地震波处理专门软件 SeismoSignal 对实测强震加速度数据进行滤波和基线校正。后文各个章节所给出的动力分析实例中使用的地震波，均已进行滤波和基线校正处理。

2.7.4　地下洞室地震响应时输入地震波的折减

实测强震加速度数据都是由地面测站监测所得，存在着如何在地下洞室地震响应分析时使用的问题。理论分析和震害资料表明，地震加速度在地面以下随着深度逐渐减小。苏联的《地震区建设法规》规定了在埋深 100 m 处设计地震加速度可取为地面的 50%[161]。我国在综合国内外已有资料和唐山地震震害实践的基础上，规定在地下结构的抗震计算中，基岩面以下 50 m 及其以下部位的设计地震加速代表值可以取为规定值的 50%，即把地面结构的设计加速度折减一半后应用于地下结构。该规定较笼统，无法刻画出实际工程深部岩体的地质赋存条件以及其中加速度幅值的变化规律。若仅以其规定的单一折减系数对地表加速度进行折减，并输入模型计算，显然无法充分考虑实际工程的具体条件。因此，针对地面测台监测所得的强震加速度数据，有必要研究适合的算法来推求在洞室地震响应分析时输入的地震动。本文针对这个问题进行了研究，详见第 4.3 节。

2.7.5 近场实测强震数据的方向变换

2.7.5.1 问题描述

为分析结构在某次特定地震过程中的结构响应特性，可选用近场强震台在震时实测的强震监测数据作为输入地震动。强震台监测到的实测加速度时程常以地理坐标系(即南北，东西，上下)的方向给出。动力分析模型则是根据建筑物的主要延展方向建立计算坐标系。根据2.4.3小节的分析，以地震波竖直入射为例，诸如式(2-30)~式(2-31)的地震荷载计算式，均是假定入射地震波沿着计算模型坐标轴方向振动的前提下推导所得。因此，当实测加速度数据所基于的地理坐标系和模型的计算坐标系不重合时，就存在如何把实测强震数据转换到计算模型坐标系中的问题。

从查阅的文献看，相关研究要么直接利用了在建筑物上布设的强震监测仪所测数据(如大坝的顺河向、横河向和竖直向)[162]，不存在实测强震数据的转换问题；要么从强震数据库中选取符合结构场地和结构特性的某次地震实测数据，沿模型坐标轴方向直接输入，由于此时强震数据的采用仅是其属性与结构的场地特性相似，则对实测加速度进行方向的处理也无实际意义，故而将实测数据不加变换地输入模型计算是可行的。而对于近场强震台获取的强震数据如何在结构计算中使用问题，还少有探讨。

2.7.5.2 变换方法

强震监测数据记录了三个相互垂直方向上的振动信息。对该类型数据进行方向变换，可借鉴地震勘探中的波场分离思路[163]。地震勘探时，当纵波和横波传播到地面检波器时，若传播路径与地面不垂直，多分量检波器的水平分量和垂直分量会分别记录到纵波和横波。此时就要对监测数据进行波场分离，波场分离包括了纵波和横波的分离和水平分量的分离。根据波在近地表的传播特性，纵波主要被检波器的垂直向 z 分量记录，横波主要被水平的 x 分量和 y 分量记录。因此对水平分量的处理，主要从 x 分量和 y 分量记录中分离出 SV 波和 SH 波。

由于炮点和检波点连线与接收测线方法存在夹角(见图 2-11)，

则传到检波点的 SV 波(径向 R 分量)和 SH 波(切向 T 分量)会在检波器的 x 和 y 分量方向上投影，可根据式，对 x 分量和 y 分量进行波场分离，得到 SV 波和 SH 波。

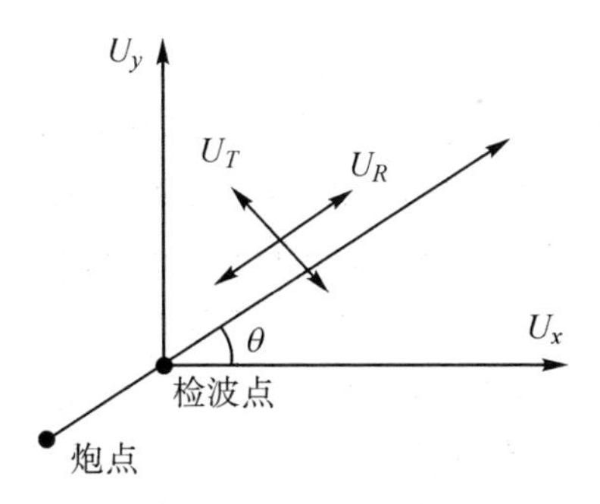

图 2-11　水平分量波场分离示意图

$$\begin{pmatrix} U_R \\ U_T \end{pmatrix} = \begin{bmatrix} \cos\theta & \sin\theta \\ -\sin\theta & \cos\theta \end{bmatrix} \begin{pmatrix} U_x \\ U_y \end{pmatrix} \tag{2-43}$$

式中：U 表示位移。经过上述处理，SV 波可全部转换到 R 分量上，SH 波可全部转换到 T 分量上，从而实现了水平分量的波场分离。

波场分离技术中对检波器测出的水平 x 和 y 分量的处理方法表明，将测得的正交位移时程采用坐标系变换进行处理，可获得一对新的正交位移时程，即 SV 波和 SH 波信息。这表明，对于记录了相互垂直方向上振动信息的实测强震数据，也应可以采用坐标系变换公式对实测数据进行方向转换。强震台的实测加速度时程包括南北、东西和上下三个方向。其中“上下”是垂直方向，一般与计算模型的 z 向重合。因此对基于地理坐标系的实测加速度数据处理，即是将水平的南北与东西分量变换到计算模型坐标系。根据上述分析，可按式(2-44)计算，把实测加速度时程变换到计算模型坐标系。

$$\begin{pmatrix} X(t) \\ Y(t) \end{pmatrix} = \begin{bmatrix} \cos\theta & \sin\theta \\ -\sin\theta & \cos\theta \end{bmatrix} \begin{pmatrix} N(t) \\ E(t) \end{pmatrix} \tag{2-44}$$

式中：$E(t)$，$W(t)$分别为 t 时刻 EW 向和 NS 向实测加速度记录；$X(t)$，$Y(t)$分别为 t 时刻，变换到计算模型坐标系中 x 向和 y 向的加速度时程；θ 为由 EW 方向逆时针旋转到 Y 向的角度。

2.7.5.3 算例验证

1. 计算参数

设计一组算例对上述方法的合理性进行验证。建立如图 2-12、图 2-13 所示的两个计算模型，两模型的跨度均为 300 m×300 m×300 m，均在模型中设置了一个 90 m×60 m×80 m 的长条形洞室。该洞室的洞轴线方位角为 30°。常规模型洞室的边墙和端墙分别平行于计算模型的 x 轴和 y 轴，即计算模型坐标系与地理坐标系之间有 30°的夹角（见图 2-12（c））；对比模型的洞室边墙与 x 轴呈 30°的夹角，即该模型不以洞室的延展方向建立坐标系，使得计算坐标系与地理坐标系方向一致（见图 2-13（c））。两个模型均以八节点六面体进行离散，常规模型由 27 900 个单元和 30 752 个节点组成；对比模型由 36 720 个单元和 40 145 个节点组成。

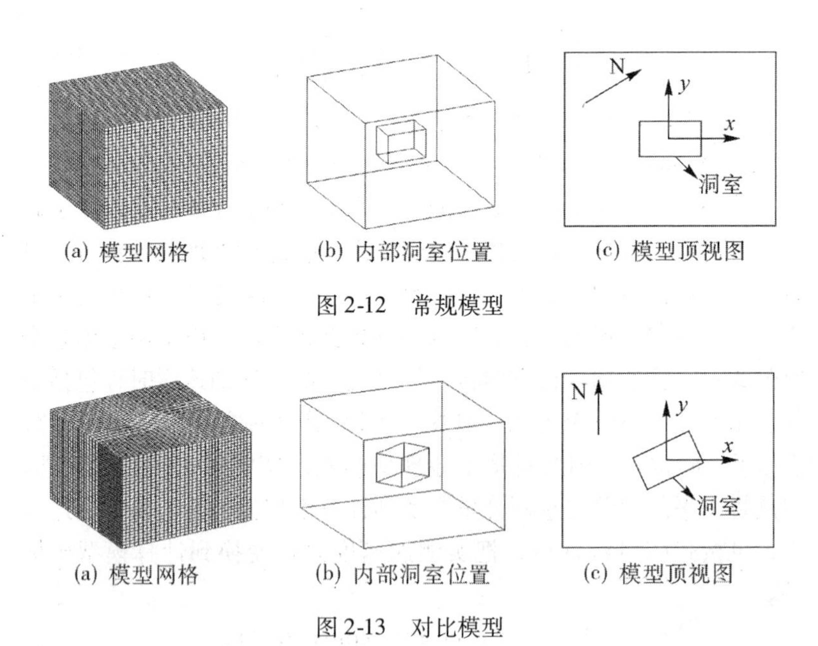

(a) 模型网格　(b) 内部洞室位置　(c) 模型顶视图

图 2-12　常规模型

(a) 模型网格　(b) 内部洞室位置　(c) 模型顶视图

图 2-13　对比模型

2. 计算工况

弹性模量取为 0.75 GPa，泊松比为 0.25。采用 2008 年“5·

12”汶川地震中卧龙强震台的主震实测数据方向变换的验证(见图 2-14)。该实测数据持时 180 s，取其中 20 ~ 80 s 时段，共计 60 s 持时的加速度时程进行计算验证。地震响应计算时，不失一般性，将加速度时程折减 50% 输入洞室模型计算。共设置了三组工况进行分析：

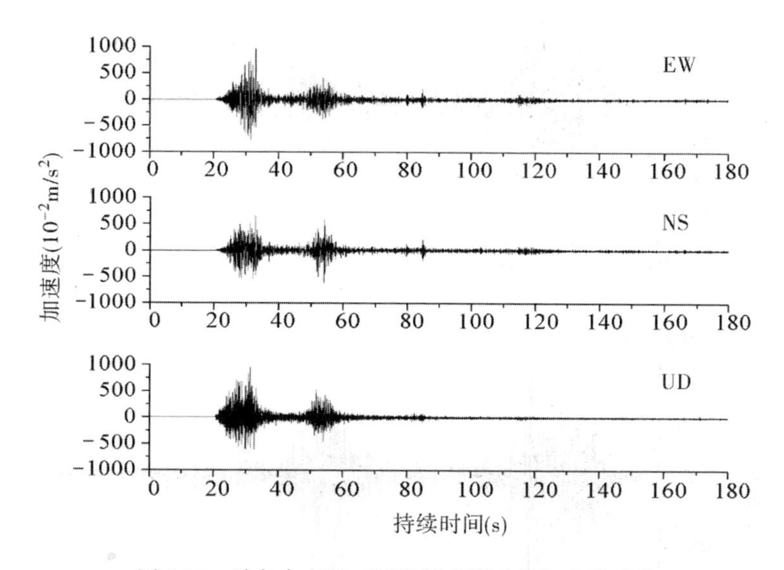

图 2-14　卧龙台在“5. 12”汶川主震时的加速度时程

工况一：由于实测强震数据所基于的地理坐标系与对比模型的坐标系方向一致，直接采用实测数据，输入对比模型进行地震响应计算，考虑 P 波沿 z 轴，S 波分别沿 x 轴和 y 轴入射，监测模型中长条形洞室边墙、端墙和顶拱特征部位的位移时程。虽然对比模型边界与洞室边墙和端墙的方向不一致，但计算模型坐标系的方向与地理坐标系的方向重合，因而直接采用基于地理坐标系的实测强震数据计算所得的结果，可作为准确解。

工况二：根据式(2-44)对 20 ~ 80 s 的卧龙台实测数据进行方向变换，变换角度为 30°。采用变换方向后的加速度数据(见图 2-15)，输入常规模型进行地震响应计算。考虑 P 波沿 z 轴，S 波分别沿 x 轴和 y 轴入射。监测常规模型中长条形洞室边墙、端墙和顶拱特征部位的位移时程。该工况计算时采用了变换方向的加速度时程，洞室边墙和端墙方向与计算坐标系一致，将其计算结果与准确解对比，可验证变换方法的合理性。

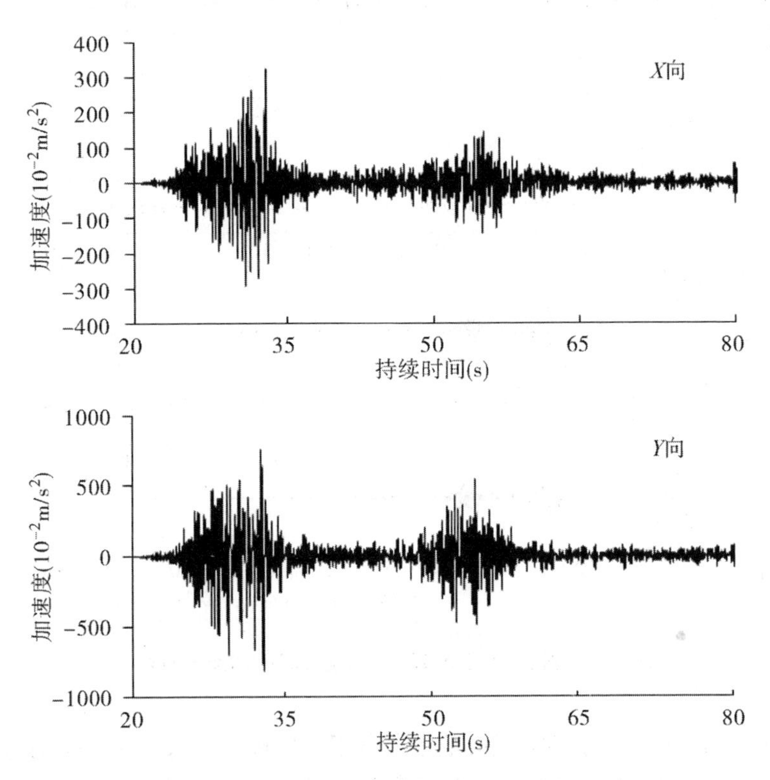

图 2-15　方向变换后输入模型 X 向和 Y 向的加速度时程

工况三：采用未经方向变换的实测加速度数据，直接输入常规模型进行计算。考虑 P 波沿 z 轴，S 波分别沿 x 轴和 y 轴入射。监测常规模型中长条形洞室边墙、端墙和顶拱特征部位的位移时程。该工况在地震响应分析时没有考虑实测强震数据和计算模型之间存在的坐标系差异，即为把近场强震实测数据直接用于结构的计算，可将其计算成果与前述两工况对比，从而论证对实测强震加速度进行方向变换的必要性。

3. 成果对比分析

采用 $FLAC^{3D}$ 进行验证计算工作，采用自由场边界条件，地震荷载从模型底部采用加速度激励的方式输入。首先观察顶拱监测点位移时程(见图 2-16，均取时程的前 30 s)，发现三种工况的位移时程基本相同，这是由于顶拱部位的位移主要在竖直方向上，三种工况计算时，采用竖直向加速度是相同的，故而计算结果差别很小。

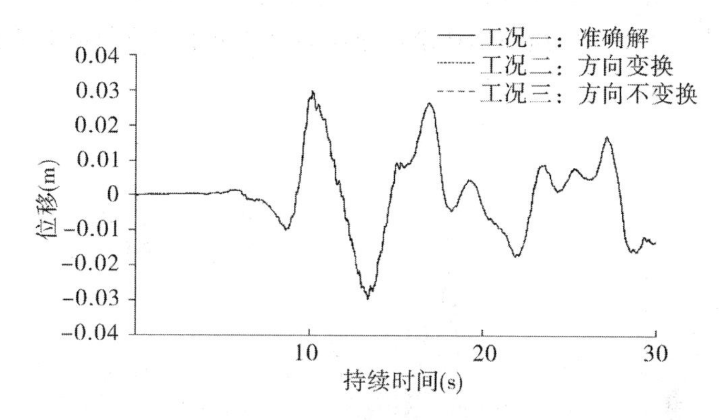

图 2-16　顶拱监测点位移时程对比

从边墙(见图 2-17)和端墙(见图 2-18)的监测点位移时程来看，

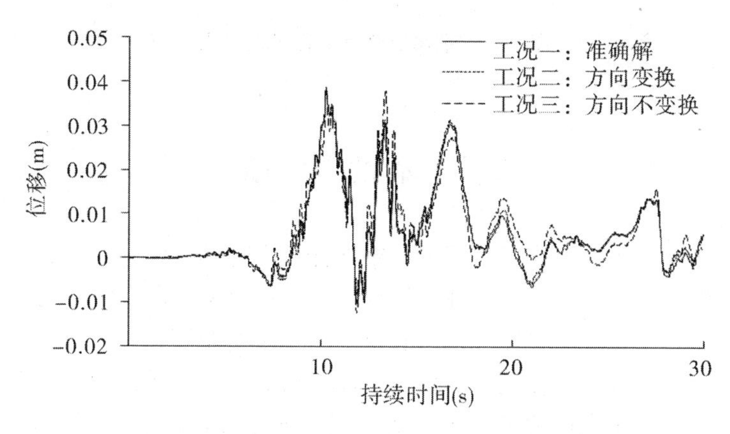

图 2-17　边墙监测点位移时程对比

若直接将实测强震数据输入常规模型中计算(工况三)，会使得边墙和端墙监测点的位移时程与准确解(工况一)出现较大差别。这表明在动力计算前，对基于地理坐标系的实测强震数据进行方向变换处理是非常必要的。同时，可以看出，若对实测强震数据进行方向变换，再输入常规模型计算(工况二)，监测点位移时程与准确解(工况一)虽然仍存在些微差异，但总体而言吻合度较好。这表明采用坐标系变换公式对基于地理坐标系的实测强震数据进行方向变换，能够较好地克服地理坐标系与计算模型坐标系不重合的问题，为近场实测强震数据在结构地震响应分析中的使用提供了有效的解决方法。

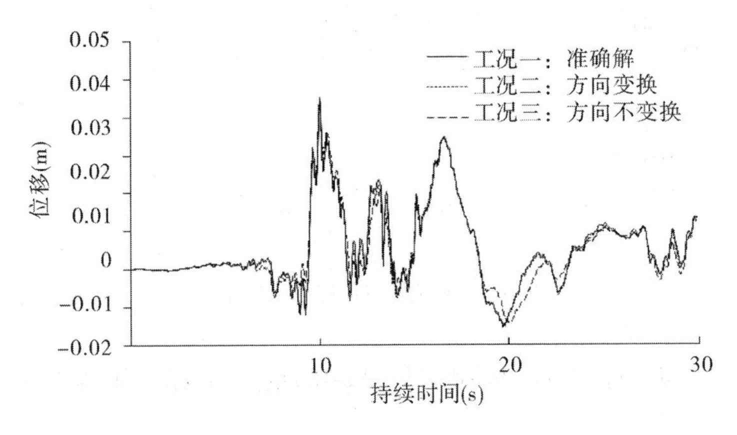

图 2-18　端墙监测点位移时程对比

2.8　本章小结

本章的主要工作是实现了三维弹性有限元动力程序的编制及其正确性和可靠性的验证，并对结构地震响应分析中所应注意的若干问题进行了论述。具体来讲，有以下一些主要内容：

(1) 根据相互作用法的地震响应分析原理，对系统运动方程进行了集成，重点论述了动力平衡方程的推导过程，单元刚度矩阵、质量矩阵和阻尼矩阵的组成方法，实现了动力平衡方程的有限元离散。

（2）在总结国内外关于人工边界条件的研究成果基础上，探讨了各种人工边界条件的特点，并详细论述了黏弹性人工边界的原理和等效黏弹性边界单元的设置方法，实现了动力计算平台的人工边界设置。

（3）在对动力问题进行归类分析的基础上，详细论述了外源输入问题分析时的人工边界的波场分解原理，地震波在人工边界处引起的内行波动场计算方法，以及计算相应输入地震荷载的求解过程，实现了动力分析时外源荷载的输入。

（4）在总结各种系统运动方程的求解方法基础上，详细论述了基于 Newmark 直接积分法的隐式解法求解过程，并实现了三维弹性有限元动力分析程序的编制。通过分别设置内源输入和外源输入算例，并将计算结果与通用软件 $FLAC^{3D}$ 对比，不仅验证了所编制动力分析程序的正确性，也证明了人工边界条件设置的必要性。

（5）对结构地震响应分析中若干需注意的问题进行了分析，分别论述了地震波的选取、模型网格尺寸的要求、实测强震数据的处理和地震波的折减问题和本文对于这些问题的处理方法。重点对近场实测强震数据的方向变换问题进行了分析，基于地震勘探中的波场分析原理，给出了对实测强震数据进行方向变换的方法，并设计算例对所提方法的有效性和可靠性进行了验证。

上述开展的工作是本文研究地下洞室地震响应和围岩稳定动力分析方法的基础性环节，为后文一系列算法的提出、实现和验证提供了必要的计算程序分析平台。

第3章　地下洞室三维弹塑性损伤动力有限元分析

3.1　概　　述

岩体在动力荷载(爆破、地震)的作用下，表现出比静态加载更为复杂的特性。对于地下洞室的地震响应分析问题，应从人类认识自然界的基本过程出发，首先通过实验和测试等最直接的研究手段，积累大量的实验和测试数据，提炼知识，了解岩体在地震荷载作用下的动力响应特性，进而总结一般规律，最终概化为数学和力学分析模型，形成解决类似问题的一般方法。本章首先通过查阅大量岩体动态响应特性文献，总结了岩体在动荷载作用下的响应规律，并以地下洞室为研究对象，通过数值计算的手段，研究了地下洞室赋存岩体在地震荷载作用下的应变率分布规律，为动力分析时岩体物理力学参数的取值方法提供了依据。同时，在总结归纳岩体地震荷载作用下动态响应规律的基础上，提出地下洞室地震响应分析的三维弹塑性损伤动力有限元方法，并将该方法应用于汶川地震震中映秀湾水电站地下洞室的震损分析。

3.2　地震荷载作用下岩体的动态响应特性

3.2.1　岩体在动力荷载作用下的响应特性

所谓岩体的动态响应特性，可概括为，岩体在外部动力荷载激励时，岩体中弹性波的传播规律，以及岩体自身表征物理力学特性指标(变形参数、强度参数等)的变化规律。地震动实质上是地震波在地层中传播时引起的传播介质的三维随机振动，即介质质点的振幅和频率都表现出极大的随机性。虽然地震作用力明显小于爆炸和碰撞等冲击作用力，但其作用时间可达数十秒乃至数分钟，对岩体形成了持续时间较长的动态加载和卸载效应。因此，岩体在地震荷载作用下，既可能由于动载的作用使得物理力学参数提升，也可能在重复加卸载作用下使材料性能劣化，造成疲劳破坏，导致参数降低。

3.2.1.1　动力荷载的率相关分级

研究表明，动力荷载的分级和岩样在试验中的动力响应特性与加载应变率密切相关。应变率，是表征材料变形速度的一种度量。根据岩石和混凝土材料在外荷加载过程中的自身应变率高低，动力荷载可由表 3-1 所列的 3 个应变速率分级范围所概括[164~165]：

表 3-1　**应变速率等级分类**

分类	应变率/(1/s)	荷载状态	试验方式
低应变率	低于 10^{-7}	蠕变	蠕变试验机
	$10^{-7}\sim10^{-4}$	蠕变~静态	普通试验机,刚性伺服试验机
中等应变率	$10^{-4}\sim10^{2}$	静态~准动态	气动快速加载机
高应变率	$10^{2}\sim10^{4}$	动态	Hopkinson 压杆
	大于 10^{4}	超动态	轻气泡、平面波发生器

注：不同文献对应变率分级界限可能存在一定差异，但区别不大。

3.2.1.2　材料强度的率相关变化规律

围绕中高应变率条件下的岩石动态响应特性，许多学者进行了实验研究。尚嘉兰[166]通过平板撞击实验，研究了 $4\times10^{4}\sim3\times10^{5}\ s^{-1}$的高应变率条件下的新加坡 Bukit Timah 花岗岩的动态本构关系；刘剑飞[167]采用 Hopkinson 压杆，对花岗岩在 $0.5\times10^{2}\sim10^{3}\ s^{-1}$应变率条件下的力学性能进行了研究；张华[168]对 $10^{1}\sim$

$10^2\ s^{-1}$应变率条件下的花岗岩动态性能进行了试验研究；李夕兵[165]研究了$10^{-4} \sim 10^2\ s^{-1}$中等应变率范围内的动静组合加载岩石本构模型；李海波[169]研究了在$10^{-4} \sim 10^{-1}\ s^{-1}$应变率范围、20～170 MPa围压范围内的三轴花岗岩动态力学特性。这些研究结果表明：①岩样在中高应变速率加载条件下，其强度参数都出现明显的提高。②加载应变率越高，岩样的强度参数提高就越明显。上述研究成果仅在特定应变率范围内对岩体的动态响应特性进行了研究，尚未系统总结岩石在较广应变率范围内的动态特性规律。

钱七虎院士[170]针对岩石等脆性材料的动力强度所依赖应变率的物理机制进行了系统研究，在较大范围内（应变率$10^{-6} \sim 10^4\ s^{-1}$），对从低应变率区到高应变率区的动力荷载条件下的岩石动力强度变化规律进行了应变率依赖性机理的理论探讨。他认为在不同应变率阶段，不同的率敏感机制将先后主导材料的强度。材料加载应变率逐渐递增时的强度增长曲线划分为三个区，参见图3-1。应变率在Ⅰ区（$\dot{\varepsilon} < \dot{\varepsilon}_1$）内，材料强度随着应变率的增加而缓慢的增长，该阶段由变形的热活化机制主导；在Ⅱ区（$\dot{\varepsilon}_1 < \dot{\varepsilon} < \dot{\varepsilon}_2$）时，材料强度随着应变率的增加出现急剧增长，且在$\dot{\varepsilon} = \dot{\varepsilon}_S$时达到拐点，增速开始下降，该阶段由声子阻尼机制主导；在Ⅲ区（$\dot{\varepsilon} > \dot{\varepsilon}_2$）时，材料强度的增速又变缓，该阶段由惯性效应主导。上述观点也被花岗闪长岩和白云石的抗压强度试验数据所验证[172]（见图3-2）。

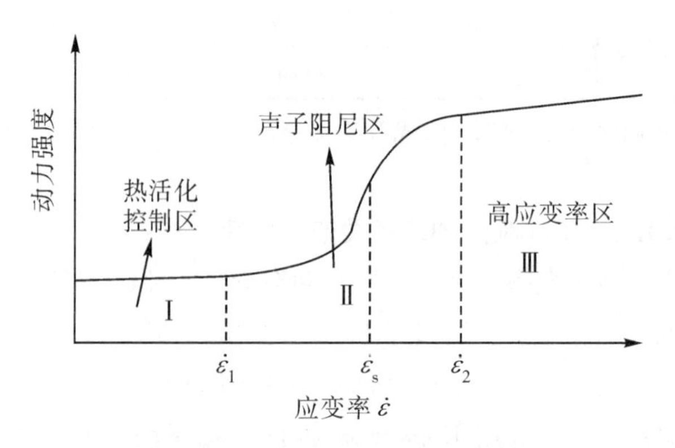

图3-1　强度对于应变率依赖机理[170]

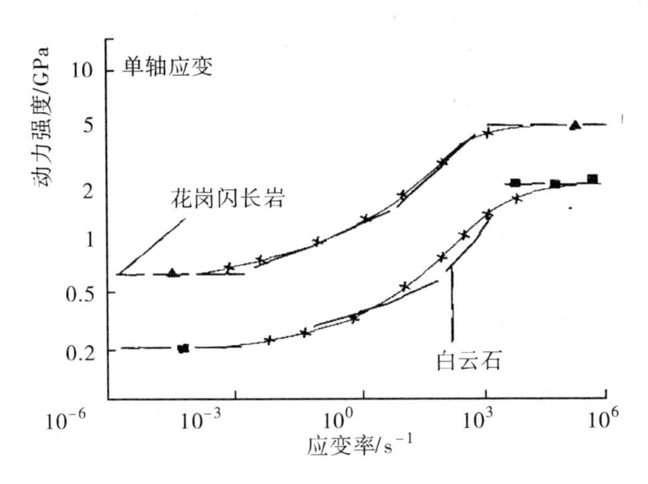

图 3-2　岩样的抗压强度试验数据[171]

可以看出，随着加载应变率的增大，岩体的强度虽然单调递增，但不同应变率所对应的强度增幅差异明显。因此，研究岩体在地震荷载下的响应特性，需要对岩体在地震这种特定动力作用时的应变率量级分布范围进行分析。

3.2.1.3　地震荷载作用下的应变率统计分析

结构在承受碰撞和爆炸等冲击荷载作用下，应变率量级都在 10^{-1} 以上[173]。一般地，中高应变率仅在碰撞和爆破的场合出现。相比之下，结构在地震荷载作用下的应变率要低很多。统计不同学者对地震荷载应变率的范围估计，参见表 3-2。

表 3-2　**不同学者对地震荷载的应变率范围的估计**

来　源	应变率范围/(1/s)	地震荷载作用对象
文献[173]	$10^{-5} \sim 10^{-1}$	混凝土坝
文献[174]	$5\times10^{-3} \sim 5\times10^{-1}$	纤维混凝土
文献[175]	$10^{-3} \sim 10^{-1}$	未明确
文献[176～178]	$10^{-5} \sim 10^{-2}$	混凝土坝
文献[179]	$10^{-6} \sim 10^{-1}$	大岗山花岗岩岩样

可以发现，结构在地震荷载作用下的应变率分布大致在 10^{-6} ~ $10^{-1}\ s^{-1}$范围内，但由于不同学者所关注的研究对象在建筑形式和材料上的差异，应变率的范围有所不同。这表明地震荷载作用下的结构应变率量级，不仅与动力荷载的大小有关，也和荷载所作用对象的结构材料和赋存环境等因素有关。本文以赋存在山体之内的地下洞室为动力响应分析对象，应当首先对这一特定结构进行初步分析，大致了解洞周围岩和深部岩体在地震荷载作用下的应变率量级，为动力分析时岩体的物理力学参数取值提供依据，具体分析过程见 3.2.2 小节。

3.2.1.4 岩体在周期荷载作用下的疲劳损伤分析

在各类岩石工程完工、岩体进入服役期后，常常会遇到周期荷载的作用。如各类道路桥梁的岩基在运行期内会受到交通荷载的周期性作用；大坝坝基、坝肩岩体和库区消落区内的岩质边坡在反复的蓄水-放水作用下承担的周期性荷载；高压输水隧洞围岩在运行期充水-检修期放空操作下承担的周期性内水加载和卸载作用。上述运行期岩体所承受周期荷载的共同点是人们可以预见并能够控制周期荷载的幅值和频率。天然地震与之不同，因为发震时间、地震量级和地震波的频谱特征均不可预见。但是，大量的实测强震数据揭示，地震波可视为多组不同频率和幅值的简谐波叠加，其幅值和频谱分布都存在规律性。在一次地震过程中，基岩作为地震波的传播介质，经历了数十秒乃至数分钟的随机振动，对进入运行期的岩体也形成了重复加卸载的作用。因此，岩体在一次地震过程中受到的地震荷载作用，也可视为一种周期荷载。

岩石在周期荷载作用下引起材料性能的逐渐劣化，使岩体服役期缩短所导致的破坏称为疲劳破坏。葛修润院士[180~182]对岩石在周期荷载作用下的变形和强度特性进行了试验研究，认为存在一个荷载门槛值：当周期荷载幅值低于该值时，岩样均不发生破坏，也能正常承受周期荷载，岩样的不可逆变形量受循环次数影响很小；当周期荷载幅值高于该值时，荷载的循环次数将促使不可逆变形加速增长，岩样最终出现疲劳破坏。该门槛值略低于岩样常规三轴试验的屈服值。岩样疲劳破坏点的变形量与周期荷载上限应力对应的静态曲线峰后变形量相当。从细观来看，岩石是一种非均质材料。岩样内部存在原生的微裂纹和微孔洞。在周期荷载幅值较低时，这些微型裂纹和孔洞在加载时扩展和张开幅度有限，在卸载后仍能闭合，对岩样的总体强度减弱有限，故而在周期荷载作用下呈现稳定的响应。当外荷载超过门槛值时，岩样内部微型裂纹和孔洞在加载时不仅扩展和张开幅度更大，而且可能会产生新的裂源，在卸载后，原有和新生裂纹失去了完全闭合的能力，产生残余微裂纹，在宏观上就形成不可逆变形。这些微残余裂纹在下一周期的加卸载作用下稳定增长并进一步累积，加剧了岩样不可逆变形幅度，逐渐有多组微观裂纹被相互贯通，形成宏观裂纹并出现断裂，产生滑动，最终导致岩样疲劳破坏。

在外荷载作用下，由细观结构缺陷所引起的材料劣化的过程，称为损伤[183]。可以看出，岩石在周期荷载作用下的疲劳破坏与其内部的细观裂纹萌生—扩展—相互贯通的过程密切相关。因此，可采用损伤的概念来概化分析模型，描述岩石的疲劳破坏特性。一些学者[184~187]也利用损伤力学方法，建立了岩石和混凝土材料在周期荷载作用下的疲劳损伤模型。

综上，根据岩石在周期荷载作用下的响应过程，本文采用弹塑性损伤模型来描述岩石的疲劳损伤特性，具体可概括为两个阶段：当周期荷载幅值低于门槛值时，岩石能够正常承载周期荷载，不可逆变形量很小，由于该门槛值与材料常规试验的屈服值接近，在分析时将岩石的屈服值作为其疲劳门槛值，即认为岩石此阶段内不发生屈服，采用弹性本构计算岩石的动力响应；当周期荷载幅值超过门槛值时，岩石不可逆变形随循环荷载次数稳定增长并出现破坏，认为岩石在此阶段进入塑性屈服，并采用损伤累计的方法反映岩石在周期荷载作用下的材料性能劣化，具体的算法见3.3节。

3.2.2　地震荷载作用下地下洞室的应变率分布规律

本节采用自主开发的三维弹性动力有限元分析程序，计算地下洞室在地震荷载作用下的动力响应，从而大致了解洞周围岩和深部岩体在地震过程中的应变率分布量级，为地下洞室地震响应分析时的岩体物理力学参数取值提供参考。

3.2.2.1 计算条件和计算参数

建立一地下洞室模型，见图3-3。采用六面体8节点单元，共剖分了8 416个单元和9 738个节点。模型长×宽×高为350 m×350 m×550 m。在大模型内部设置了一个长×宽×高为100 m×20 m×30 m的长条形洞室。为简化分析，在建模时不再用单元模拟洞室的开挖单元，即直接在模型内部预留一空洞作为洞室，采用等效黏弹性边界单元，计算采用弹性本构，并考虑材料阻尼的作用，岩体阻尼比取为0.02。

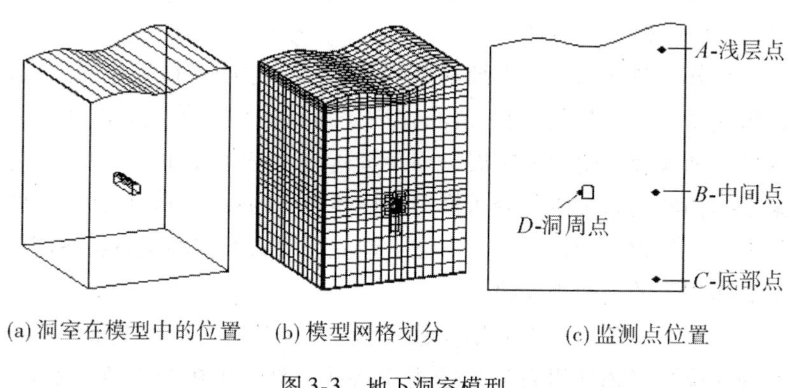

(a) 洞室在模型中的位置　(b) 模型网格划分　(c) 监测点位置

图3-3　地下洞室模型

为分析岩性对应变率的影响，共设计四种岩性进行计算，物理力学参数见表3-3，该表对Ⅰ类～Ⅳ类岩体的分类及参数设置仅根据经验进行大致取值，既不失其一般性，也能够满足本例的计算要求。计算时采用弹性本构关系。采用EL-Centro波作为输入地震波

表3-3　**岩体物理力学参数**

参数	Ⅰ类	Ⅱ类	Ⅲ类	Ⅳ类
弹性模量/GPa	40	30	20	10
泊松比	0.22	0.25	0.28	0.30

(见图3-3)，为了考虑地震荷载幅值对应变率的影响，分别将EL-Centro波加速度时程的幅值按照1.5 m/s^2，3.0 m/s^2和4.5 m/s^2进行线性修正，形成3组不同幅值的加速度时程。考虑地震波从模型底部以P波和S波竖直入射。为监测洞室在地震过程中不同部位的动力响应，分别在洞室模型的浅层处、中间远离洞室处、底部和洞周处设置4个监测点(见图3-3(c))。计算分析时以Ⅳ类岩体、地震加速度幅值3.0 m/s^2为基准方案。根据式(3-3)计算模型的等效应变率分布，应变率张量可表达为

$$[\dot{\varepsilon}_{ij}] = \begin{bmatrix} \frac{\partial v_x}{\partial x} & \frac{1}{2}\left(\frac{\partial v_x}{\partial y}+\frac{\partial v_y}{\partial x}\right) & \frac{1}{2}\left(\frac{\partial v_x}{\partial z}+\frac{\partial v_z}{\partial x}\right) \\ \frac{1}{2}\left(\frac{\partial v_y}{\partial x}+\frac{\partial v_x}{\partial y}\right) & \frac{\partial v_y}{\partial y} & \frac{1}{2}\left(\frac{\partial v_y}{\partial z}+\frac{\partial v_z}{\partial y}\right) \\ \frac{1}{2}\left(\frac{\partial v_z}{\partial x}+\frac{\partial v_x}{\partial z}\right) & \frac{1}{2}\left(\frac{\partial v_z}{\partial y}+\frac{\partial v_y}{\partial z}\right) & \frac{\partial v_z}{\partial z} \end{bmatrix} \tag{3-1}$$

即

$$\dot{\varepsilon}_{ij} = \frac{1}{2}(v_{i,j}+v_{j,i}) \tag{3-2}$$

式中：$v(x,y,z)$ 为速度场。

则等效应变率可根据下式求得

$$\dot{\varepsilon} = \sqrt{\frac{2}{3}\dot{e}_{ij}\dot{e}_{ij}} \tag{3-3}$$

3.2.2.2　计算成果分析

1. 基准计算方案成果分析

对Ⅳ类岩体、地震加速度幅值3.0 m/s^2的计算成果进行分析。其中浅层点的等效应变率幅值为$4.65\times10^{-3}s^{-1}$(见图3-4(a))，时程均值为$4.21\times10^{-4}s^{-1}$；中间点的等效应变率幅值为$5.11\times10^{-3}s^{-1}$(见图3-4(b))，时程均值为$5.25\times10^{-4}s^{-1}$；底部监测点的等效应变率幅值为$4.54\times10^{-3}s^{-1}$(见图3-4(c))，时程均值为$6.14\times10^{-4}s^{-1}$。可以看出，等效应变率幅值随深度变化的规律性不明显，这可能与地震荷载的离散性较大有关。而埋深越大，等效应变率的时程均值就越大，这表明岩体的动态响应与埋深存在一定关系。进一步取监测点B和洞周点D分析，这两点位于同一深度，

而点 D 的等效应变率幅值为 $5.66\times10^{-3}\text{s}^{-1}$（见图 3-4(d)），时程均值为 $6.94\times10^{-4}\text{s}^{-1}$。比等效应变率幅值中间点 B 的幅值的增加约 20%，时程均值比中间点 B 增加约 32%。表明洞室开挖面的对应变率有放大作用。

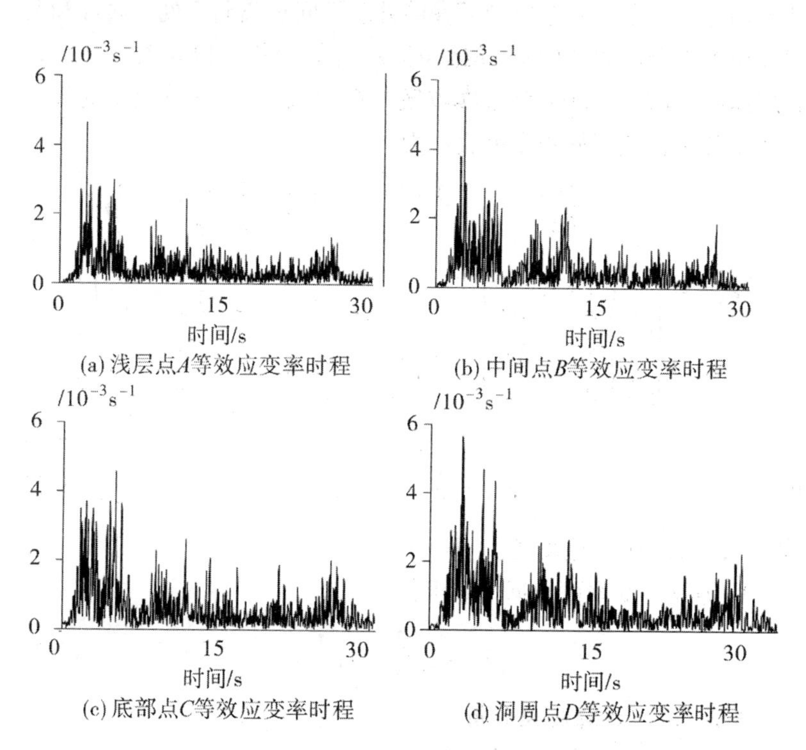

(a) 浅层点A等效应变率时程 (b) 中间点B等效应变率时程 (c) 底部点C等效应变率时程 (d) 洞周点D等效应变率时程

图 3-4 模型监测点等效应变率时程

表 3-4 **基准计算方案模型监测点等效应变率量级分布百分比统计**

量级范围	浅层点 A	中间点 B	底部点 C	洞周点 D
$10^{-2}>\dot{\varepsilon}>10^{-3}$	7.74%	13.61%	16.01%	21.28%
$10^{-3}>\dot{\varepsilon}>10^{-4}$	76.92%	73.52%	75.98%	70.11%
$10^{-4}>\dot{\varepsilon}>10^{-5}$	14.34%	12.21%	7.81%	7.87%
$\dot{\varepsilon}<10^{-5}$	1.00%	0.66%	0.20%	0.74%
总和	100%	100%	100%	100%

对模型各监测点在计算时程中所有时步的等效应变率量级分布进行统计，见表 3-4。可以看出，模型不同部位的监测点在整个动力计算过程中，落入每个应变率量级统计区间的时步比例基本类似。虽然模型各监测点的应变率幅值都在 10^{-3} 量级，但整个计算时程内，进入应变率 10^{-3} 量级的时步比例仅为 7.74%～21.28%，绝大部分时步的应变率在 10^{-4} 量级，所占比例为 70.11%～76.92%，7.81%～14.34% 比例时步的应变率在 10^{-5} 量级，有 0.20%～1.0% 时步的应变率量级在低于 10^{-5}。

上述统计表明：对于地下洞室这一特定结构，在地震作用下，洞周围岩和深部岩体在动力响应过程中，其大部分时段的应变率量值分布在 10^{-5}～10^{-4} 量级（占 80%～90%），少部分时段在 10^{-3} 量级（占 10%～20%），极少部分时段在 10^{-5} 量级以下（占 0～1%）。即 99% 以上的时段等效应变率分布在 10^{-5}～10^{-3} 量级，且应变率幅值在 10^{-3}s^{-1} 以下。

2. 对比计算方案分析

为研究岩性对应变率的影响，取Ⅰ类、Ⅱ类、Ⅲ类岩性在地震波加速度幅值为 3.0 m/s^2 条件下进行洞室的动力响应计算，并与基准方案计算成果比较。将各类岩性条件下的模型监测点等效应变率时程均值变化规律列入图 3-5。可以看出，岩性不同时，不同部位的应变率分布规律相同，都是应变率时程均值随埋深增加增大，洞周点的应变率时程均值比同一深度的深部岩体监测点大。然而，因

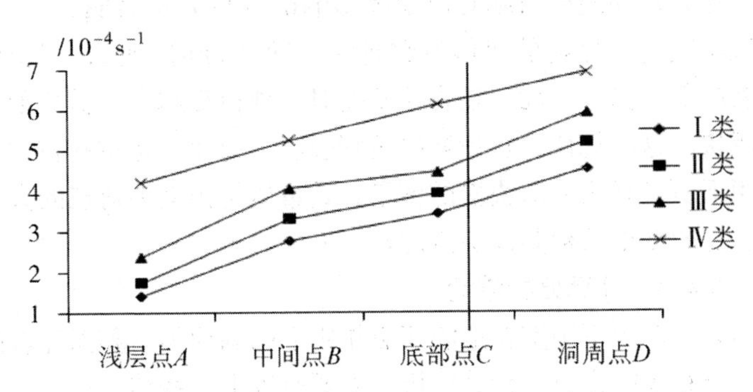

图 3-5　模型各监测点在不同岩性时的等效应变率幅时程均值变化规律

岩性不同，监测点的应变率时程均值有所不同。在输入相同地震荷载的条件下，岩性越好，应变率越低。

研究不同强度地震作用对应变率的影响，取Ⅳ类岩性，将输入地震加速度幅值分别线性增大至4.5 m/s^2、线性减小至1.5 m/s^2计算，并与基准方案计算成果比较。将不同地震荷载幅值条件下的模型监测点等效应变率时程均值变化规律列入图3-6。可以看出，在岩性相同时，应变率分布与输入地震荷载幅值成正比。

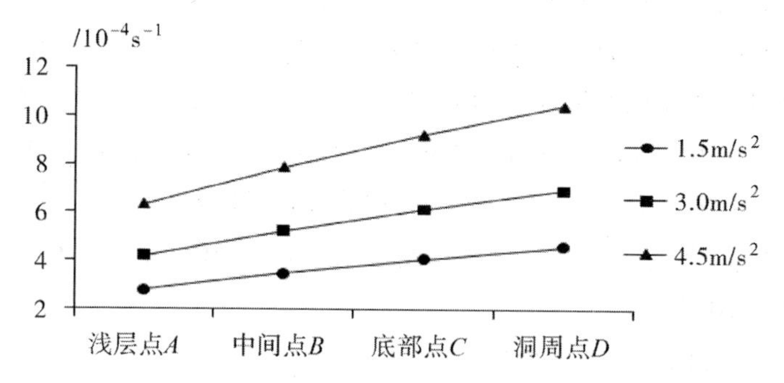

图3-6 模型各监测点在不同地震强度时的等效应变率时程均值变化规律

分析上述各个比较工况计算时，模型各个监测点的等效应变率量级分布规律，发现岩性和地震荷载幅值变化时，应变率的量级分布规律与基准方案大致相同，仍是绝大部分时段的应变率在$10^{-5}\sim10^{-3}$量级，且应变率幅值在$10^{-3}s^{-1}$以下。

变化岩性和地震荷载对应变率影响的计算分析表明：一方面，外荷载不变时，材料的变形参数越大，即材料越“硬”，其变形的速度就越低；另一方面，在岩性不变时，外荷载越大，其变形的速度就越快。这些规律也从计算的角度表明：应变率是材料在动力荷载作用下所表现出变形快慢的度量，其量值是由动力荷载的大小和材料自身的变形参数共同决定的。

3.2.2.3 计算分析结论

本算例对地下洞室在地震荷载作用下的洞周围岩和深部岩体的应变率分布规律进行了计算分析，主要有以下一些结论：

（1）地震荷载作用下，埋深越大，岩体的应变率就越大。洞室临空面的存在对应变率有放大作用。

(2)在地震过程中，洞周围岩和深部岩体在99%时段的应变率都分布在$10^{-5}\sim10^{-3}$量级，且应变率极值在$10^{-3}s^{-1}$以下，即地下洞室在地震作用下的应变率量级分布为$10^{-5}\sim10^{-3}$，这一范围比表3-2所列都小，与文献[176~178]所研究的混凝土坝应变率量级范围$10^{-5}\sim10^{-2}$最为接近，但地下洞室在地震过程中应变率要比混凝土坝低一个量级。

(3)变化岩性(Ⅰ类~Ⅲ类)和输入地震强度($1.5\ m/s^2$和$4.5\ m/s^2$)进行对比计算分析，发现上述结论仍然成立，即基准计算方案(Ⅳ类岩性，加速度幅值$3.0\ m/s^2$)的结论具有其一般性。

(4)本例在动力计算时，将岩体的弹性模量取为恒定值，即没有考虑岩体的变形参数在地震作用下的变化。该假定与岩体在动载作用下变形参数有所提高的试验结论有所出入。但从岩性对应变率的影响分析来看，动载作用不变时，岩体的变形参数越大，其应变率就越低。因此，若考虑岩体在动载作用下变形参数的提高，其应变率应有所降低。因此，本例计算所得的$10^{-5}\sim10^{-3}$量级可视为洞室在地震作用下的应变率上限范围，且能够体现出地下洞室与混凝土坝的区别，是有实际参考价值的。

3.2.3　洞室地震响应分析时岩体物理力学参数的取值

3.2.3.1　强度参数的取值

岩体的强度参数主要指其抗压和抗拉强度值。根据3.2.2小节的分析，地下洞室在地震荷载作用下的应变率量级为$10^{-5}\sim10^{-3}$。李海波等学者[169,188~189]对岩样进行的动态力学实验涉及了这一应变率量级范围。实验结果均表明岩样的抗压强度虽有所增加，增幅因岩样和围压不同而区别。林皋院士[177~178]对混凝土在$10^{-5}\sim10^{-2}s^{-1}$应变率时的抗压和抗拉特性进行了研究，取$10^{-5}s^{-1}$为准静态应变率，发现混凝土在$10^{-4}s^{-1}$、$10^{-3}s^{-1}$和$10^{-2}s^{-1}$应变率时的抗压强度比$10^{-5}s^{-1}$增加4.8%、9.0%和12.0%，抗拉强度$10^{-5}s^{-1}$增加6%、10%和18%。可以看出，混凝土材料在$10^{-5}\sim10^{-3}\ s^{-1}$应变率时抗压强度增幅尚不显著，这与图3-2中花岗闪长岩和白云石的抗压强度随应变率增加而增长趋势一致，即在 $10^{-5} \sim 10^{-3}\text{s}^{-1}$ 应变率范围内岩样的抗压强度增长尚不显著。

岩石的种类众多，成分复杂，相关文献的研究成果更多地仅具备定性的指导意义，其定量结论，例如某种类型的岩样在动载下的强度增幅值并不能直接被其他工程采纳。因此对于实际工程的动力分析问题，岩石在动载作用下的强度参数取值应当根据动态加载实验确定，即

$$f_d = g(\dot{\varepsilon})f_s \tag{3-4}$$

式中：f_d 为动态强度；f_s 为静态强度；$\dot{\varepsilon}$ 为应变率；$g(\dot{\varepsilon})$ 表示动静强度间率相关关系。

对于地下洞室的地震响应分析问题，当缺乏实验条件时无法获得岩体的动力强度参数时，可根据岩样在 $10^{-5} \sim 10^{-3}\text{s}^{-1}$ 应变率量级范围内动力强度增幅不明显的结论，考虑一定的安全储备强度，直接取其静态强度值作为地震响应分析时的岩体强度值。

3.2.3.2　变形参数的取值

岩体的变形参数主要指变形模量和泊松比。在进行结构的动力分析时，目前常采用动态模量的概念处理动力计算时的变形参数取值问题。如《水工建筑物抗震设计规范》就规定：“混凝土动态强度和动态弹性模量的标准值可较其静态标准值提高 30%。”[161]；耿乃光[190]采用高频脉冲法对 10 种岩样的动静弹模进行测量，认为动弹模比静弹模高 15% ~30%；沈明荣[191]认为动模量远大于静模量，前者一般为后者的 1 ~20 倍，一般而言，岩体越坚硬越完整，动静模量的量值差异就越小；王思敬[192]基于 20 多组现场实验的结果，根据岩体的完整程度，分别拟合出了动静模型的经验关系；林英松[193]认为动静模量之间存在较好的相关性，可根据计算得到的动模量估计静模量。

可以看出，上述研究成果间对动静模量的关系描述存在着较大的差异。这主要是由于在统计或实测岩石和混凝土材料的动态模量时，没有考虑实验的加载率对结果的影响。严格来讲，混凝土和岩石材料的动态响应都具有率相关性。这一结论已被有关实验证实，即试样在动态加载时，应变率量级不同，所测得的动态变形模量就

不同。朱泽奇[179,194]对大岗山花岗岩的动态力学特性进行了研究，采用拟合方法分析实验数据，发现岩样的动模量在应变率为 $10^{-3}s^{-1}$ 和 $10^{-4}s^{-1}$ 时，分别比应变率为 $10^{-5}s^{-1}$ 时的模量高出24%和12%；林皋[177~178]在对混凝土材料的抗拉抗压特性进行实验研究的同时，也研究了变形模量的率相关特性，发现混凝土的动模量在应变率为 $10^{-3}s^{-1}$ 和 $10^{-4}s^{-1}$ 时，分别比应变率为 $10^{-5}s^{-1}$ 时的模量高出12%和5.6%。

因此，在结构的动力分析时，尤其是对于应变率随时空不断变化的洞室地震响应问题，仅采用单一的动态模量值来描述结构在动载作用下的变形特性，显然不能反映岩体在动载作用下的动力响应特性。同时，当应变率较低时，由于材料在动载下的变形和强度参数增幅不明显，若直接采用规范建议的方式，把静模量和静强度提高30%后作为动模量和动强度，还可能放大结构在动载下的变形和强度特性，不仅显得粗略[176]，也可能使分析结果偏于危险。

因此，对于实际工程的动力分析问题，岩体变形模量取值，也应和强度参数一样，根据实际加载实验确定。由于岩体变形模量表现出明显的率相关性，因此进行加载实验前，应首先根据分析对象在动载作用下的应变率分布量级确定加载率的变化范围，从而测得在该范围内试样的率相关动态模量，即

$$E_d = g(\dot{\varepsilon})E_s \tag{3-5}$$

式中：E_d 为动态模量；E_s 为静态模量；$\dot{\varepsilon}$ 为应变率；$g(\dot{\varepsilon})$ 表示动静模量间率相关关系。

当缺乏实测岩体的率相关动态模量参数时，可直接采用静态模量值。虽然这样处理无法反映岩体在地震作用下的率相关动态响应特性，但根据相关实验结果，从岩石和混凝土在 $10^{-5}\sim10^{-3}s^{-1}$ 应变率量级范围内的动模量提高幅度来看，取静模量值进行洞室的地震响应分析，并没有过分低估岩体在地震荷载作用下的变形特性。这样分析成果稍显保守，但在缺乏实测参数时，不失为一种较为权宜的处理方法。

对泊松比的动载响应规律，一般认为其受到动载的影响较小。沈明荣等学者[177~178,191,194]认为泊松比在动载作用下的没有明显的

规律性变化，即泊松比的率相关性并不明显。因此在洞室的地震响应分析时，可将直接采用静态值泊松比。

3.2.4 本节小结

本节对地震荷载作用下岩体的动态响应特性进行了分析。基于岩石和混凝土材料在动载作用下力学特性的相关研究成果和实验数据，进一步展开了论述和数值计算，对地下洞室赋存环境中的岩体在地震动载作用下变形和强度参数的变化规律和在地震力加卸载作用下的疲劳特性进行了探讨。主要取得以下一些结论：

(1)应变率，是表征材料变形速度的一种度量。岩样在试验中的动力响应特性呈现出明显的率相关性。应变率量值由动力荷载的大小和材料自身的变形参数共同决定。

(2)岩体随着加载应变率的增大，强度虽然单调递增，但是不同应变率加载下的岩体强度增幅差异明显。因此，需要对洞室赋存岩体在地震这种特定动力作用时的应变率量级分布范围进行分析，以估计岩体在地震作用下的变形和强度参数变化的幅度。

(3)数值分析表明，在地震过程中，地下洞室在地震作用下的应变率量级分布为 $10^{-5} \sim 10^{-3}$，即地下洞室在地震过程中的应变率范围要比混凝土坝的范围低一个量级(混凝土坝在地震作用下的应变率量级范围 $10^{-5} \sim 10^{-2}$)。

(4)实际工程动力分析时，岩石在动载作用下的变形参数和强度参数取值都应当根据动态加载实验确定。对于地下洞室的地震响应分析问题，当缺乏实验条件时无法获得岩体的动力强度参数时，可根据岩样在 $10^{-5} \sim 10^{-3}$ 应变率量级范围内变形参数和动力强度增幅不明显的结论，考虑一定的安全储备强度，直接取静态模量、静态泊松比和静态强度值作为地震响应分析时的岩体动态参数。这样处理虽然无法反映岩体在地震作用下的率相关动态响应特性，但并没有过分低估岩体在地震荷载作用下的力学性能，是在缺乏实测参数时的一种较为权宜的处理方法。

(5)岩石在重复加卸载作用下，是否能够正常承担周期荷载取决于周期荷载幅值是否超过某一特定的门槛值，该门槛值与岩石常规试验的屈服值接近。可采用弹性本构描述岩石在低于该门槛值荷载作用下的动力响应，采用损伤的概念来描述岩石在超过该门槛值荷载作用下的疲劳破坏过程。

上述结论有助于形成对洞室赋存岩体在地震荷载作用下的各种性质和规律基本认识，从而采用一定的数学力学模型概化，采用合适的方法实现地下洞室地震响应分析。

3.3　三维弹塑性损伤动力有限元分析

根据地下洞室赋存岩体在地震荷载下的动态响应规律的分析结论，本节采用三维弹塑性损伤模型来概化地下洞室的地震响应过程（见图 3-7），并在三维弹性有限元动力分析平台的基础上进一步开发三维弹塑性损伤动力有限元计算程序。

3.3.1　屈服准则与塑性本构关系

3.3.1.1　屈服准则

屈服准则是描述某一点进入塑性时，其应力或应变所必须满足的条件，是塑性变形的起点。根据屈服准则，可将弹性应力状态向塑性应力状态过渡的临界应力状态在应力空间中形成的空间曲面称为屈服面。在屈服面上，应力状态满足：

$$F(\sigma_{ij}) = 0 \tag{3-6}$$

式中：σ_{ij} 为应力状态。当 $F(\sigma_{ij}) < 0$ 时，处于弹性状态；当 $F(\sigma_{ij}) > 0$，处于塑性状态。

材料的屈服条件是弹塑性本构模型应用于岩土工程数值分析时的基础性问题。Mohr 于 1900 年提出了 Mohr-Coulomb 准则（简称 M-C 准则）[195]。该准则简单实用，材料参数（摩擦角和黏聚力）可通过常规的试验仪器和方法测定[196]。因此，该准则得到了广泛运用，在岩石的强度理论中一直占有主要地位。另外，许多学者也根据理论研究和实验成果，提出了众多的岩土类材料屈服准则。如 1952 年提出的 Drucker-Prager 准则（简称 D-P 准则）[197]，Hoek 和 Brown 于 1980 年提出了 Hoek-Brown 准则，以及在 1988 和 2002 年

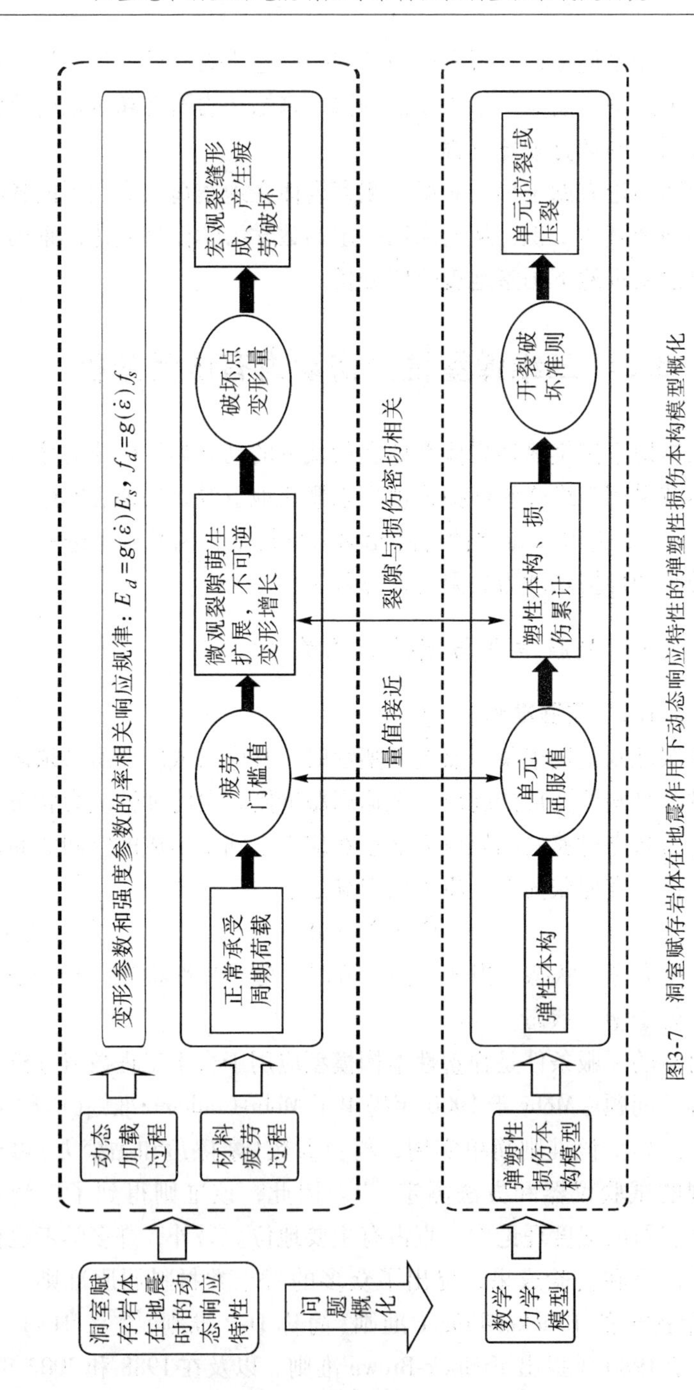

图3-7　洞室赋存岩体在地震作用下动态响应特性的弹塑性损伤本构模型概化

的修正模型[198~200]。D-P 准则不能区分岩石的拉伸和压缩子午线的差别问题，我国西安交大俞茂宏教授总结该准则特点后，于 1985 年提出了双剪强度理论[201]，并于 1991 年将单剪和双剪强度理论统一，形成了简单的统一强度理论表达式[202]。该强度理论认为 M-C 准则只考虑了一组剪应力及正应力，可称为单剪强度理论。

对于 D-P 准则，虽然目前绝大多数的商业软件均提供了该准则的模块，但使用该准则的计算成果与实验结果的吻合程度不高[203~204]。同时，不论是 M-C 准则和双剪强度准则，还是 Hoek-Brown 准则，屈服面在 π 平面上都有尖角和端点，具有角点的奇异性，这会对于数值分析带来不便。例如有限元迭代时对尖点部位无法处理，造成收敛困难。为了适应有限元计算的需要，美国 Maryland 大学 Park 分校的 Zienkiewicz 和 Pande 于 1977 年提出了 Zienkiewicz 和 Pande 准则(简称 Z-P 准则)[203,205]。该准则将 M-C 准则在 π 平面上的尖角部分修圆，将不等边的六边形修正为光滑的曲线，在子午面上由二次曲线逼近 M-C 准则，消除了 M-C 准则角楞和锥顶角的问题，极大便利了有限元迭代过程的求解。对于岩土类材料，Z-P 准则多采用双曲线型屈服函数逼近 M-C 准则在子午面上的直线。相关研究对不同屈服准则运用于岩土工程数值分析进行比较分析，认为对于硬岩来讲，Z-P 准则是比较合适的[206]。本文即采用 Z-P 准则，其屈服函数可表示为

$$F = \sqrt{-\alpha}\left(\sigma m + \frac{\beta}{2\alpha}\right) + \sqrt{\left(\bar{\sigma}^2 + \gamma - \frac{\beta^2}{4\alpha}\right)} \tag{3-7}$$

式中：$\alpha = -\sin^2\phi$；$\beta = 2c \cdot \sin\phi\cos\phi$；$\gamma = a^2\sin^2\phi - c^2\cos^2\phi$；$\sigma_m = (\sigma_1 + \sigma_2 + \sigma_3)/3$；

$$\sqrt{J_2} = \sqrt{[(\sigma_1 - \sigma_2)^2 + (\sigma_1 - \sigma_3)^2 + (\sigma_2 - \sigma_3)^2]/6};$$

$$\bar{\sigma}_0 = \frac{\sqrt{J_2}}{g(\theta)};\ \sin3\theta = \frac{-3\sqrt{3}J_3}{2(J_2)^{3/2}};$$

$$k = \frac{3 - \sin\phi}{3 + \sin\phi};\ g(\theta) = \frac{2k}{(1+k) - (1-k)\sin3\theta}。$$

式中：c 为黏聚力；ϕ 为内摩擦角；a 为待定系数，其量值用于描述

双曲线与 M-C 屈服面包络线接近的程度，取值与材料的 c 、ϕ 值和允许抗拉强度有关。

3.3.1.2 塑性本构关系

在弹塑性有限元计算中，根据所选择的屈服准则，判断单元在当前应力水平下是否进入屈服。当 $F\geqslant 0$ 时，单元即进入屈服；当 $F<0$ 时，单元仍处于弹性状态。对仍维持弹性的单元，仅采用线弹性本构计算即可，不需修正该单元的刚度矩阵；对于进入塑性屈服的单元，当不考虑材料的损伤时，应根据塑性本构关系进行计算。

当一点的应力由弹性进入塑性状态后，其应力应变关系呈现非线性特性。此时，单元在加载时的应变增量可分解为弹性和塑性两部分：

$$\mathrm{d}\{\varepsilon\} = \mathrm{d}\{\varepsilon\}^{e} + \mathrm{d}\{\varepsilon\}^{p} \tag{3-8}$$

弹性应变增量根据虎克定律求解，塑性应变增量满足塑性关联流动的正交法则，即

$$\mathrm{d}\{\varepsilon\}^{e} = [D]_{e}^{-1}\mathrm{d}\{\sigma\} \tag{3-9}$$

$$\mathrm{d}\{\varepsilon\}^{p} = \lambda \frac{\partial F}{\partial \{\sigma\}} \tag{3-10}$$

式中：F 为屈服函数。

将式(3-9)和式(3-10)代入式(3-8)，有

$$\mathrm{d}\{\varepsilon\} = \mathrm{d}\{\varepsilon\}^{e} + \mathrm{d}\{\varepsilon\}^{p} = [D_{e}]^{-1}\mathrm{d}\{\sigma\} + \lambda \frac{\partial F}{\partial \{\sigma\}} \tag{3-11}$$

即

$$\mathrm{d}\{\sigma\} = [D_{e}]\left(\mathrm{d}\{\varepsilon\} - \lambda \frac{\partial F}{\partial \{\sigma\}}\right) \tag{3-12}$$

根据全微分法则，F 为屈服函数可表示为

$$\mathrm{d}F = \frac{\partial F}{\partial \sigma_1}\mathrm{d}\sigma_1 + \frac{\partial F}{\partial \sigma_2}\mathrm{d}\sigma_2 + \cdots + \frac{\partial F}{\partial K}\mathrm{d}K \tag{3-13}$$

式(3-13)的简化形式可写为

$$\left[\frac{\partial F}{\partial \{\sigma\}}\right]^{\mathrm{T}}\mathrm{d}\{\sigma\} - H'\lambda = 0 \tag{3-14}$$

将式(3-8)～(3-10)代入式(3-14)，可求得参数 λ：

$$\lambda = \frac{\left[\frac{\partial F}{\partial \{\sigma\}}\right]^{\mathrm{T}}[D_e]}{H' + \left[\frac{\partial F}{\partial \{\sigma\}}\right]^{\mathrm{T}}[D_e]\left[\frac{\partial F}{\partial \{\sigma\}}\right]}\mathrm{d}\{\varepsilon\} \tag{3-15}$$

将式(3-15)代入式(3-12)：

$$\mathrm{d}\{\sigma\} = \left([D_e] - \frac{[D_e]\left[\frac{\partial F}{\partial \{\sigma\}}\right]\left[\frac{\partial F}{\partial \{\sigma\}}\right]^{\mathrm{T}}[D_e]}{H' + \left[\frac{\partial F}{\partial \{\sigma\}}\right]^{\mathrm{T}}[D_e]\left[\frac{\partial F}{\partial \{\sigma\}}\right]}\right)\mathrm{d}\{\varepsilon\}$$

$$= ([D_e] - [D_p])\mathrm{d}\{\varepsilon\} \tag{3-16}$$

式中：塑性矩阵可表示为

$$[D_p] = \frac{[D_e]\left[\frac{\partial F}{\partial \{\sigma\}}\right]\left[\frac{\partial F}{\partial \{\sigma\}}\right]^{\mathrm{T}}[D_e]}{H' + \left[\frac{\partial F}{\partial \{\sigma\}}\right]^{\mathrm{T}}[D_e]\left[\frac{\partial F}{\partial \{\sigma\}}\right]} \tag{3-17}$$

对于理想弹塑性材料，$H' = 0$。

对 Z-P 屈服函数 F 求偏导，有

$$\frac{\partial F}{\partial (\sigma)} = \frac{\partial F}{\partial \sigma_m} \times \frac{\partial \sigma_m}{\partial (\sigma)} + \frac{\partial F}{\partial \sqrt{J_2}} \times \frac{\partial \sqrt{J_2}}{\partial (\sigma)} + \frac{\partial F}{\partial J_3} \times \frac{\partial J_3}{\partial (\sigma)}$$

$$= c_1 \frac{\partial (\sigma_m)}{\partial (\sigma)} + c_2 \frac{\partial \bar{\sigma}}{\partial (\sigma)} + c_3 \frac{\partial J_3}{\partial (\sigma)} \tag{3-18}$$

式中：$c_1 = \sqrt{-\alpha}$；$c_2 = \dfrac{\bar{\sigma}}{4K^2}(m-n)(m+2n)\Big/\sqrt{\bar{\sigma}_0{}^2 + \gamma - \dfrac{\beta^2}{4\alpha}}$；

$$c_3 = \frac{\bar{\sigma}^2}{4K^2 J_3} n(m-n)\Big/\sqrt{\bar{\sigma}_0{}^2 + \gamma - \frac{\beta^2}{4\alpha}}；\ m = 1 + K;$$

$$n = (1-K)\sin 3\theta；K = \frac{3 - \sin\phi}{3 + \sin\phi}。$$

式(3-18)中各式的偏导形式为

$$\frac{\partial (\sigma_m)}{\partial (\sigma)} = \frac{1}{3}[1 \quad 1 \quad 1 \quad 0 \quad 0 \quad 0]^{\mathrm{T}}；$$

$$\frac{\partial \bar{\sigma}}{\partial (\sigma)} = \frac{1}{2\bar{\sigma}}[S_x \quad S_y \quad S_z \quad 2\tau_{yz} \quad 2\tau_{zx} \quad 2\tau_{xy}]^{\mathrm{T}}$$

$$\frac{\partial J_3}{\partial(\sigma)}=\begin{bmatrix} S_yS_z-\tau_{yz}{}^2 \\ S_zS_x-\tau_{zx}{}^2 \\ S_xS_y-\tau_{xy}{}^2 \\ 2(\tau_{xy}\tau_{xz}-S_x\tau_{yz}) \\ 2(\tau_{yz}\tau_{yx}-S_y\tau_{zx}) \\ 2(\tau_{zx}\tau_{zy}-S_z\tau_{xy}) \end{bmatrix}+\frac{\bar{\sigma}^2}{3}\begin{bmatrix}1\\1\\1\\0\\0\\0\end{bmatrix}$$

则有

$$\frac{\partial F}{\partial(\sigma)}=\frac{c_1}{3}\begin{bmatrix}1\\1\\1\\0\\0\\0\end{bmatrix}+\frac{c_2}{2\bar{\sigma}}\begin{bmatrix}S_x\\S_y\\S_z\\2\tau_{yz}\\2\tau_{zx}\\2\tau_{xy}\end{bmatrix}+c_3\begin{bmatrix} S_yS_z-\tau_{yz}{}^2 \\ S_zS_x-\tau_{zx}{}^2 \\ S_xS_y-\tau_{xy}{}^2 \\ 2(\tau_{xy}\tau_{xz}-S_x\tau_{yz}) \\ 2(\tau_{yz}\tau_{yx}-S_y\tau_{zx}) \\ 2(\tau_{zx}\tau_{zy}-S_z\tau_{xy}) \end{bmatrix}+\frac{c_3\bar{\sigma}^2}{3}\begin{bmatrix}1\\1\\1\\0\\0\\0\end{bmatrix}$$

$$=\begin{bmatrix} \frac{c_1}{3}+\frac{c_2}{2\bar{\sigma}}S_x+c_3(S_yS_z-\tau_{yz}{}^2)+\frac{c_3\bar{\sigma}^2}{3} \\ \frac{c_1}{3}+\frac{c_2}{2\bar{\sigma}}S_y+c_3(S_zS_x-\tau_{zx}{}^2)+\frac{c_3\bar{\sigma}^2}{3} \\ \frac{c_1}{3}+\frac{c_2}{2\bar{\sigma}}S_z+c_3(S_xS_y-\tau_{xy}{}^2)+\frac{c_3\bar{\sigma}^2}{3} \\ \frac{c_2}{\bar{\sigma}}\tau_{yz}+2c_3(\tau_{xy}\tau_{xz}-S_x\tau_{yz}) \\ \frac{c_2}{\bar{\sigma}}\tau_{zx}+2C_3(\tau_{yz}\tau_{yx}-S_y\tau_{zx}) \\ \frac{c_2}{\bar{\sigma}}\tau_{xy}+2C_3(\tau_{zx}\tau_{zy}-S_z\tau_{xy}) \end{bmatrix}=\begin{bmatrix}F_x\\F_y\\F_z\\F_{yz}\\F_{zx}\\F_{xy}\end{bmatrix} \quad (3\text{-}19)$$

对于理想弹塑性材料，将式(3-19)代入式(3-17)，有

$$[D_p] = \frac{1}{Q}\begin{bmatrix} A_x{}^2 & & & & & \\ A_yA_x & A_y{}^2 & & & \text{symmetry} & \\ A_zA_x & A_zA_y & A_z{}^2 & & & \\ A_{yz}A_x & A_{yz}A_y & A_{yz}A_z & A_{yz}{}^2 & & \\ A_{zx}A_x & A_{zx}A_y & A_{zx}A_z & A_{zx}A_{yz} & A_{zx}{}^2 & \\ A_{xy}A_x & A_{xy}A_y & A_{xy}A_z & A_{xy}A_{yz} & A_{xy}A_{zx} & A_{xy}{}^2 \end{bmatrix} \tag{3-20}$$

式中：

$$\begin{bmatrix} A_x \\ A_y \\ A_z \\ A_{yz} \\ A_{zx} \\ A_{xy} \end{bmatrix} = [D]\left\{\frac{\partial F}{\partial(\sigma)}\right\} = \begin{bmatrix} (\lambda + 2G)F_x + \lambda F_y + \lambda F_z \\ \lambda F_x + (\lambda + 2G)F_y + \lambda F_z \\ \lambda F_x + \lambda F_y + (\lambda + 2G)F_z \\ GF_{yz} \\ GF_{zx} \\ GF_{xy} \end{bmatrix}$$

$$\begin{aligned} Q &= \left\{\frac{\partial F}{\partial(\sigma)}\right\}^{\mathrm{T}}[D]\left\{\frac{\partial F}{\partial(\sigma)}\right\} \\ &= F_xA_x + F_yA_y + F_zA_z + F_{yz}A_{yz} + F_{zx}A_{zx} + F_{xy}A_{xy} \\ &= (\lambda + 2G)(F_x{}^2 + F_y{}^2 + F_z{}^2) + 2\lambda(F_xF_y + F_yF_z + F_zF_x) \\ &\quad + G(F_{yz}{}^2 + F_{zx}{}^2 + F_{xy}{}^2) \end{aligned}$$

3.3.2　岩石损伤破坏的本构方程

当周期荷载幅值超过岩石的疲劳门槛值时，岩石内部微型裂纹和孔洞在加载时不仅扩展和张开幅度更大，卸载后无法完全闭合，并伴随新生裂纹和孔洞的出现，造成不可逆变形量显著增长，导致宏观裂纹的出现，使得岩石加速发展为疲劳破坏。当岩石内部压应力不断增大时，微裂隙数目和分布范围均会有不同程度的增长，且增幅逐渐加大，且压应力方向与微裂隙所呈的夹角越小，裂纹数目的增速就越快，在宏观上所体现出的不可逆变形量也就越大[207]。

Frantziskonis 和 Desai 在研究岩石和混凝土材料的裂缝问题时，

认为由于结构受力将产生裂缝，在微裂隙区的应力将被部分释放，从而使得应力值减小，形成应力损伤区，该应力的损伤程度可采用材料的损伤系数 D 表示，则损伤区应力可描述为

$$\sigma_{ij}^{D} = (1 - D)\sigma_{ij} + \frac{D}{3}\sigma_{kk}\delta_{ij} \tag{3-21}$$

式中：σ_{ij} 为符合弹塑性本构关系的应力值；D 为单元损伤系数。在迭代求解时，若荷载增量足够小，可近似地将该级增量荷载下的损伤系数视为一定值。σ_{ij} 可用微分方程表示为

$$\mathrm{d}\sigma_{ij} = [D_{ep}]\mathrm{d}\varepsilon = ([D_e] - [D_p])\mathrm{d}\varepsilon_{ij} \tag{3-22}$$

式中：$[D_{ep}]$ 为弹塑应力矩阵；$[D_e]$ 和 $[D_p]$ 分别为弹性和塑性应力矩阵。δ_{ij} 为 Kronecker 函数，满足：

$$\delta_{ij} = \begin{cases} 0 & i = j \\ 1 & i \neq j \end{cases} \tag{3-23}$$

根据前文的分析，岩体在周期荷载作用下的疲劳损伤破坏，是原生裂隙无法完全闭合以及微裂隙和微孔洞萌生和扩展的过程，由于卸载后，在宏观上表现为不可逆变轻量的不断增长，故而也是塑性应变累积的过程。当岩体进入疲劳损伤后，围岩的物理参数和塑性屈服面都随着损伤程度的不断增加而持续缩减。因此，表征岩体损伤程度的损伤变量 D 可以看做是一种塑性内变量，则进入损伤状态后，微分应力的增量应表示为

$$\mathrm{d}\sigma_{ij}{}^{D} = \frac{\partial \sigma_{ij}^{D}}{\partial \sigma_{ij}}\mathrm{d}\sigma_{ij} + \frac{\partial \sigma_{ij}^{D}}{\partial D}\mathrm{d}D \tag{3-24}$$

根据式(3-21)，可求偏导为

$$\frac{\partial \sigma_{ij}^{D}}{\partial \sigma_{ij}}\mathrm{d}\sigma_{ij} = (1 - D)\mathrm{d}\sigma_{ij} + \frac{D}{3}\mathrm{d}\sigma_{kk}\delta_{ij} \tag{3-25}$$

将式(3-22)和式(3-25)代入式(3-24)，可得到损伤状态的应力增量微分表达式：

$$\mathrm{d}\sigma_{ij}^{D} = (1 - D)[D_{ep}]\mathrm{d}\varepsilon_{ij} + \frac{D}{3}[D_{ep}]\mathrm{d}\varepsilon_{ij} - S_{ij}\mathrm{d}D \tag{3-26}$$

在地震荷载的作用下，结构反复承受加卸载作用。对于在当前时步加载后进入塑性的单元。若每一步的荷载增量足够小，则可近似认为当前荷载增量加载时的损伤系数 D 为常数，即 $\mathrm{d}D=0$，则式

(3-26)可表示为

$$d\sigma_{ij}^{D} = (1 - D)[D_{ep}]d\varepsilon_{ij} + \frac{1}{3}D[D_{ep}]d\varepsilon_{ij} = ([H_e] - [H_d])d\varepsilon_{ij} \tag{3-27}$$

式中：$[H_e] = [D_e]$ 为弹性应力矩阵；$[H_d]$ 为损伤应力矩阵，表示为

$$[H_d] = \left(1 - D + \frac{D}{3}\delta_{ij}\right)[D_p] + \left(D - \frac{D}{3}\delta_{ij}\right)[D_e] \tag{3-28}$$

损伤应力矩阵与式(3-17)塑性应力矩阵类似，根据本程序采用的增量变塑性刚度法原理(见3.3.3小节)，在每次迭代时，损伤刚度可根据式(3-29)进行修正：

$$[K_d] = \int_v [B]^{\mathrm{T}}[H_d][B]dv \tag{3-29}$$

式中：$[B]$ 矩阵为离散结构所选取的形函数 $[N]$ 对整体坐标的偏导矩阵，见式(2-13)。

对于在当前时步卸载后未进入塑性，但已经发生损伤的单元，即在地震卸载作用下回弹的单元，结构符合弹性虎克定律，材料损伤变量 D 在本计算时步内保持为常数，即 $dD=0$，因此式(3-26)也可表示为式(3-27)。损伤刚度 $[K_d]$ 亦可根据式(3-29)求解。此时，损伤应力矩阵 $[H_d]$ 应根据弹性损伤本构进行迭代，即

$$[H_d] = \left(D - \frac{D}{3}\delta_{ij}\right)[D_e] \tag{3-30}$$

由于岩体在周期荷载作用下的不可逆变形增长变形明显，随着损伤破坏程度的增加，其损伤系数也应不断增加。根据围岩的破坏特性，采用围岩的应变率来描述其损伤破坏的程度。对于一维损伤变量，可根据结构的单轴应变率来确定损伤系数值[208]：

$$D = \begin{cases} 0 & \varepsilon = \varepsilon_0 \\ 1 - \left(\dfrac{\varepsilon_0}{\varepsilon}\right)^2 & \varepsilon > \varepsilon_0 \end{cases} \tag{3-31}$$

式中：$\varepsilon_0 = \sqrt{Y_0}/E$，$E$ 是结构的弹模；Y_0 是结构损伤变形能的临界值。

根据一些工程实践的观察结果，围岩大量的张性破坏是其实际

应变超过极限张应变导致。根据一维损伤准则，可以类似推导得到三维损伤准则：

$$D = \begin{cases} 0 & \varepsilon_1 \leqslant [\varepsilon] \\ f(\varepsilon_{ij}) & \varepsilon_1 > [\varepsilon] \end{cases} \tag{3-32}$$

式中：$f(\varepsilon_{ij})$ 为三维损伤的演化方程；ε_1 为围岩第一主拉应变；$[\varepsilon]$ 为围岩极限拉应变。

受限于实验技术和手段，测定围岩的极限张应变较为困难。一些材料试验结果表明[209]：材料的极限拉应变与抗拉强度成正比，与弹模呈反比。本文采用岩石的轴抗拉强度f_t与其材料的弹模 E 的比值代替极限张应变[210]，为

$$[\varepsilon] = \frac{f_t}{KE} \tag{3-33}$$

式中：K 为安全系数，当围岩的第一主拉应变 $\varepsilon_1 > [\varepsilon]$ 时，则认为围岩进入损伤开裂破坏阶段。

结构的弹性变形不产生损伤，承受静水压力时，也不对结构造成破坏，因此结构的损伤破坏主要取决于塑性应变的偏张量 ε_{ij}^p。围岩损伤后，其应力和物理力学参数随累计的塑性应变增大而减小，而结构的损伤程度随累计塑性变形的增大而加深。在结构材料到达强度极限前，相邻邻域内微裂损伤增加非常迅速，对这种损伤累计的变化速率可以采用指数函数来描述。其三维损伤破坏的演化方程可表示为[211]

$$D = 1 - \exp(-Re_D) \tag{3-34}$$

式中：$e_D = \sqrt{\varepsilon_{ij}^p \cdot \varepsilon_{ij}^p}$；$R$ 是材料的损伤常数。

3.3.3 动力弹塑性损伤有限元迭代方法

采用 Newmark 隐式方法求解系统运动方程时，每时步需要求解非线性方程组：

$$[\bar{K}(\{\delta_t\})]\{\delta_t\} = \{\bar{P}_t\} \tag{3-35}$$

式中：$\{\bar{P}_t\}$ 为 t 时刻的等效荷载，根据结构的质量矩阵、阻尼矩阵和上一时刻的结构运动状态由式(2-38)求得；$[\bar{K}(\{\delta_t\})]$ 为 t 时刻

的等效刚度矩阵，与位移 $\{\delta_t\}$ 有关，因此需采用迭代方法求解。

3.3.3.1　非线性方程组的解法分类

求解非线性方程组一般可分为三种方法：增量法、迭代法和混合法。

增量法是把非线性问题视为多个线性问题进行求解的一种方法，其适用范围较广，也具有较好的通用性，能够提供荷载-位移过程曲线，其缺点是耗时较多，误差较大。

迭代法的计算量比增量法小，且能够控制计算精度。迭代法又分为常刚度法和变刚度法。前者在迭代时，刚度矩阵不变，计算速度较短，但收敛性差；后者在迭代时，每迭代一次就修正一次刚度矩阵，计算速度较慢，收敛性较好。

混合法综合了增量法和迭代法的优点，避免两者的缺点，可以较好地解决实际问题。本文采用的增量变塑性刚度迭代法，即综合了迭代法和增量法的优点，使得每时刻的非线性动力平衡方程的求解能够同时获得较好的收敛性和较高的速度。

3.3.3.2　增量变塑性刚度迭代

采用增量变塑性刚度迭代法时，首先应将当前时刻的结构等效荷载 $\{\bar{P}_t\}$ 分解为弹性荷载 $\{R_e\}$ 和塑性荷载 $\{R_p\}$ 两部分。弹性荷载 $\{R_e\}$ 和塑性荷载 $\{R_p\}$ 根据结构的弹性荷载系数 S 确定。每时刻结构在当前等效荷载 $\{\bar{P}_t\}$ 作用下的弹性系数根据式(3-36)确定：

$$F(\{\sigma_C\}) = F(\{\sigma_0\} + S\{\Delta\sigma\}) = 0 \tag{3-36}$$

式中：F 为屈服函数；$\{\sigma_C\}$ 为临界应力；$\{\sigma_0\}$ 为上一时刻的围岩应力；$\{\Delta\sigma\}$ 为当前时刻的地震作用而施加在岩体上的应力。若某单元在当前时刻的地震力全部施加后仍为弹性或由塑性状态回弹，则其弹性系数 $S=1$；若单元在当前时刻地震力加载前，即上一时刻已经进入屈服，则 $S=0$。对于计算模型来讲，由于初始应力、材料参数和地震荷载传播的时空差异影响，每个单元均存在一个弹性系数，则应取所有单元弹性系数中的最小值 $S_{\min}$ 作为模型的弹性系数，以保证弹性荷载 $\{R_e\}$ 施加后模型仍处于弹性状态，则有

$$\{R_e\} = \{\bar{P}_t\} \cdot S_{\min} \tag{3-37}$$

$$\{R_p\} = \{\bar{P}_t\} \cdot (1 - S_{\min}) \tag{3-38}$$

结构处于弹性阶段时，刚度矩阵 $[K_e]$ 与位移 $\{\delta_t\}$ 无关，可将当前时刻荷载中的弹性部分直接施加于结构，使结构很快进入弹性和塑性的临界状态，从而大大节省计算时间。

对于塑性荷载 $\{R_p\}$，由于刚度矩阵 $[K_p]$ 与位移 $\{\delta_t\}$ 有关，所以必须采用分级加载进行迭代计算，在每一级塑性荷载迭代时又保持塑性刚度不变，这样可以加速每一级荷载的迭代速度。根据静力弹塑性迭代的计算经验，当荷载分级加载时，前几级的荷载迭代较容易收敛，在后几级迭代过程中，由于塑性单元的增加，收敛速度会放慢。根据这个特点，可在前几级迭代时取较多比例的塑性荷载 $\{R_p\}$，后几级迭代时将荷载减小，可取得较好的效果。若将塑性荷载分为 m 级，则第 j 级的荷载为

$$\{\Delta R_p\}_i = \frac{1+m-i}{N}\{R_p\} = \frac{1+m-i}{N}(1-S)\{R\} \tag{3-39}$$

式中：$N=1+2+\cdots+m$，为 m 级荷载的总数。对于塑性荷载的分级数，一般可根据精度的要求由人工确定。本文取 $m=3$，即把塑性荷载分为 3 级，每一级加载占塑性荷载的比例为 1/2，1/3 和 1/6。

在每一级塑性荷载 $\{\Delta R_p\}_i$ 施加过程中，可以把结构的等效刚度矩阵分解为弹性刚度和塑性刚度两部分，即

$$[\bar{K}] = \int_v [B]^{\mathrm{T}}([D_e] - [D_p])[B]\mathrm{d}v = [K_e] - [K_p] \tag{3-40}$$

然后保持弹性刚度矩阵 $[K_e]$ 不变，仅根据每级荷载施加后的临界应力状态改变塑性刚度矩阵 $[K_p]$。在每一级塑性荷载迭代过程中，则根据增量附加荷载法的基本思想，保持塑性刚度矩阵 $[K_p]$ 不变，通过不断调整位移值来求解各级增量荷载下的位移值 $\{\delta_t\}_i$，迭代过程见图 3-8，基本迭代公式为

$$[K_e]\{\delta_t\}_i = \{\Delta R_p\}_i + [K_p]\{\delta_t\}_i \tag{3-41}$$

对于考虑材料损伤的弹塑性问题，采用增量荷载变损伤刚度法

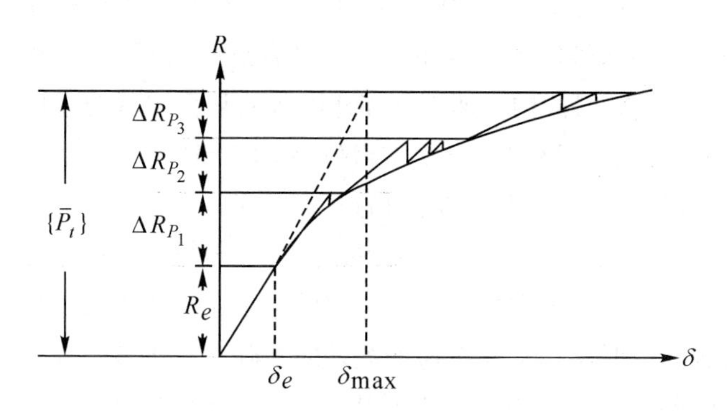

图 3-8　增量变塑性刚度迭代法

进行迭代计算。与增量变塑性刚度方法迭代相比，该迭代需要对进入损伤破坏的单元计算其损伤变量，并根据式(3-28)和式(3-29)求解损伤应力矩阵 $[H_d]$ 和损伤刚度 $[K_d]$，再根据式(3-41)即得到考虑材料损伤的迭代公式：

$$[K_e]\{\delta_t\}_i = \{\Delta R_p\}_i + [K_d]\{\delta_t\}_i \tag{3-42}$$

式(3-41)和式(3-42)的具体迭代计算步骤参见文献[212]。采用增量荷载变损伤刚度法迭代时，每级荷载迭代完毕 $\{\Delta R_p\}_i$，对于进入损伤破坏单元，应根据损伤系数的增量和应变的增量计算单元的损伤应力增量。

增量荷载变塑性(损伤)刚度法的优点在于每一级荷载迭代过程中刚度矩阵保持了不变，避免了增量变刚度迭代法中每次迭代都要重新组成整体刚度矩阵，大大地提高了迭代的计算速度，而在每级荷载的施加过程中，又采用变塑性(损伤)刚度法，所以克服了增量附加荷载在迭代法中收敛不稳定的问题，保证了屈服函数和位移收敛的一致性。

3.3.3.3　Newmark 隐式解法与动力弹塑性损伤有限元迭代法的联系

Newmark 隐式解法是求解系统运动方程的方法。该法将计算总时程 T 分为若干以 Δt 为步长的时段，再计算在 0，Δt，$2\Delta t$，…，

$(n-1)\Delta t$，$n\Delta t$ 时刻的近似解。具体来讲，是根据系统在 $n\Delta t$ 时刻的平衡条件，求得$(n+1)\Delta t$ 时刻的结构位移，并假定在从 $n\Delta t$ 到 $(n+1)\Delta t$ 的 Δt 时段内，速度和加速度服从某种类型的递推关系式(式(2-32)和式(2-33))，从而求得$(n+1)\Delta t$ 时刻的速度和加速度信息。可以发现，根据当前时刻的系统平衡条件求解下一刻位移的过程即是一次动力平衡方程的求解，该过程与静力平衡方程的求解相同。因此，运动方程的隐式解法实质上是在描述了系统从当前时步过渡到下一时步运动状态递推关系的基础上，将多组静力计算结果根据时刻先后首尾相连，从而得到系统在计算总时程内的连续运动状态。对于弹性问题，每一时刻的结构动力平衡方程的等效刚度矩阵 $[\bar{K}]$ 与位移无关，可在分解 $[\bar{K}]$ 后直接求解，无须迭代。对于非线性问题，当结构进入塑性后，等效刚度矩阵 $[\bar{K}(\{\delta_t\})]$ 与位移有关，须迭代求解。动力弹塑性损伤有限元迭代法即为求解结构进入塑性后动力平衡方程的方法，旨在解决结构在某时刻在等效荷载 $\{\bar{P}_t\}$ 作用下的位移、应力和应变状态的求解问题。

综上，Newmark 法对系统在时域内的运动状态进行求解；动力弹塑性损伤有限元迭代对每时步描述结构空间运动和应力状态的动力平衡方程求解。联合运用两个算法即可以求解系统在动力荷载作用下的时空运动状态和应力状态。

3.3.4 动力分析计算基本过程

地下洞室地震响应分析的三维弹塑性损伤动力有限元计算过程见图 3-9。可以看出，对于地下洞室的地震响应分析问题，应以地下洞室的开挖支护的静力计算成果为基础展开。动力计算继承了静力计算完毕的围岩位移、围岩应力、支护受力和围岩损伤状态等信息。在动力计算过程中，每一时步也是以上一时步的计算成果为基础展开，即当前时刻继承了上一时刻系统的运动状态、围岩单元应力-应变状态和损伤变量等信息，使得计算结果能够反映损伤的不可逆性，描述了岩石在地震荷载的反复加卸载作用下可能出现的疲劳损伤状态。

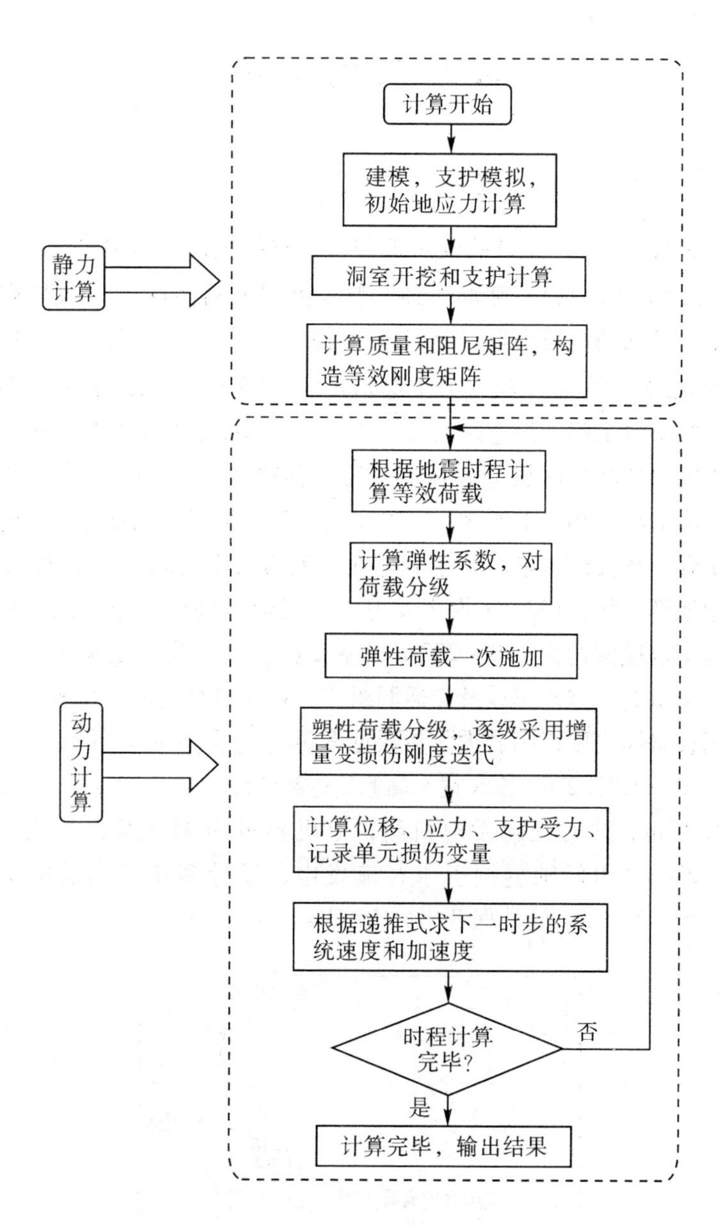

图 3-9　三维弹塑性损伤动力有限元分析流程

3.4 实例分析

3.4.1 工程概况

2008年5月12日的汶川地震，具有震级高(M8.0级)、震源浅(距地表14 km)、破坏性强、波及范围大的特点[12]。大地震带来了一系列的地质灾害[13]和岩土工程问题[14]，也对水电工程造成了较大的影响[213]。映秀湾水电站是汶川“5·12”大地震距离震中最近的水电工程，该电站已投产多年，震时受到严重影响，该电站位于四川省阿坝藏族羌族自治州汶川县映秀镇(见图3-10)，是岷江干流上9个梯级电站之一，上游电站为太平驿水电站，下游电站为受到广泛关注的紫坪铺水利枢纽。映秀湾水电站工程于1964年开始地勘工作，1971年投产发电。厂房建筑物均为地下式，其地下洞室群埋深约为150～200 m，主要由主副厂房、主变洞、母线洞、引水洞、尾水洞以及交通洞组成。各建筑物均覆于花岗岩及花岗闪长岩体之中，围岩力学参数见表3-5。主厂房的尺寸为52.8 m×17.0 m×37.2 m(长×宽×高)，主变洞的尺寸为59.4 m×7.2 m×27.9 m。共有三台发电机组，单机容量为45 MW，总发电量135 MW。采用低闸隧洞引水径流发电，设计多年平均发电量为7.13亿kW·h，设计保证出力55 MW。

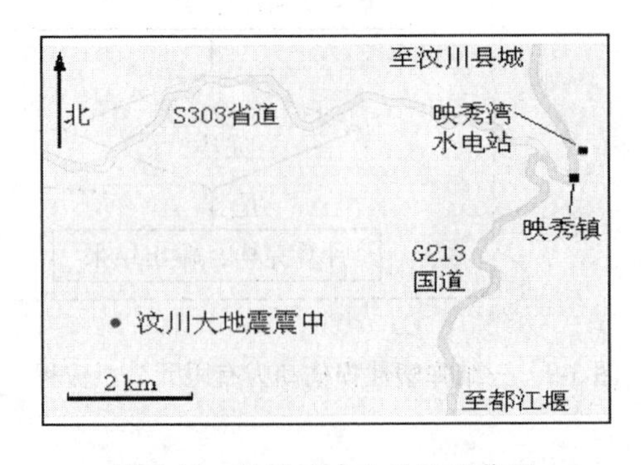

图3-10 映秀湾水电站地理位置

在《中国地震动参数区划图》[214]中，映秀湾水电站工程场地地震基本烈度为Ⅶ度。而根据汶川地震烈度分布(见图3-11)[215]，映秀湾水电站的影响烈度高达Ⅺ度，距震中约8 km，是距离震中最近的水电工程之一。因此，将其作为分析对象，研究地震作用对水电站地下洞室的影响，具备独有的代表性。

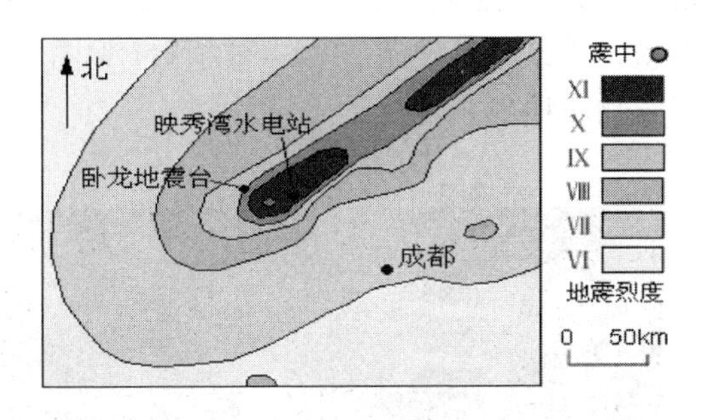

图3-11　汶川地震震中烈度分布

表3-5　**岩体力学参数取值**

材料	变形模量/GPa	泊松比	凝聚力/MPa	内摩擦角/(°)	抗拉强度/MPa	容重/(kN·m^{-3})
围岩	10	0.25	2.18	41.6	1.97	27.6

3.4.2　震后实地震损调查

3.4.2.1　震损调查背景

震后实地调查主要围绕映秀湾水电站(以下简称“映站”)和渔子溪水电站(以下简称“渔站”)展开。这两个水电站的影响烈度均高达Ⅺ度，是在汶川地震最高影响烈度范围内的极少数工程。作为距震中最近的水电工程，映站和渔站在汶川地震中经历了一次“原型破坏试验”。因此，这两个电站的地下结构受到地震作用的影响是最明显和最直接的。对它们进行的震后调查在2008年7月，即震后的两个月展开，此时两水电站的修复工作尚未开始，因而可以对震损原貌进行考察，获取第一手的震损资料。

3.4.2.2 水电站地面建筑物震损情况

震后，映站和渔站厂区的路面凹陷、错动，出现巨大裂缝。地面厂房框架尚属完整，但墙体已完全垮塌。厂房附属建筑物剪切变形明显(见图 3-12)，破损严重，已无法正常使用。尾水口边坡失稳，塌方严重，导致尾水建筑物基本被损毁(见图 3-13)。可以看出，地面建筑物震损都非常严重。

图 3-12 映站地面附属建筑

图 3-13 映站地面附属建筑

3.4.2.3　地下洞室震损情况

1. 主厂房

震后，映站主厂房内主要的设备仪器状况正常(见图 3-14)。边墙部分因被防潮板覆盖，围岩情况无法直接观察。从整体来看，主厂房内没有出现掉块，塌方等严重震损情形。但主厂房上部边墙出现局部震害，即吊车梁上部的防潮板出现较大向内的变位，使厂房有效跨度减小，吊车开行时，防潮板与吊车的吊臂刮蹭出了划痕，造成吊车无法正常运行(见图 3-15)。

图 3-14　映站主厂房

图 3-15　吊车与防潮板刮蹭出的划痕

2. 主变洞

主变洞内围岩整体完好，机器设备状况也属正常，受到地震影响较小(见图3-16)。

图3-16　映站主变洞

3. 母线洞、交通洞

母线洞、交通洞与主厂房交口出现外漆脱落(见图3-17)、围岩轻微开裂现象，但裂缝宽度很小，多数为闭合型裂缝(见图3-18)，局部出现张开裂缝(见图3-19)。母线洞和交通洞都没有出现掉块、塌方等严重震损情形。整体来看围岩基本完好。

图3-17　映站母线洞墙体

可以看出，映秀湾电站地面建筑物和进出水口建筑物震损严重，造成塌方(见图3-13)，直接导致发电中断[21]，而地下厂房受地震影响相对较小。但主厂房上部边墙出现局部震损，使得吊车无

图3-18　映站交通洞墙体闭合裂缝

图3-19　映站交通洞墙张开裂缝

法正常运行；母线洞和交通洞与主厂房交口处也出现外漆脱落，围岩轻微开裂。整体而言，地下厂房围岩整体稳定，没有出现掉块、塌方等严重震损情形。这证明了深埋于岩体内的地下工程具有较强的抗震能力[11]。

3.4.2.4　地下厂房结构的震损情况

地下厂房的顶拱衬砌破坏较轻，结构基本完好。发电机层楼板受到周围变形的影响明显，造成上覆地板开裂、拱起(见图3-20)，楼板自身也出现了延伸较长的闭合裂缝(见图3-21)。从水轮机层观察，发电机层楼板的主梁大多出现了表层剥落(见图3-22)和闭合裂缝(见图3-23)。主变交通洞和廊道等结构的交口处则出现明

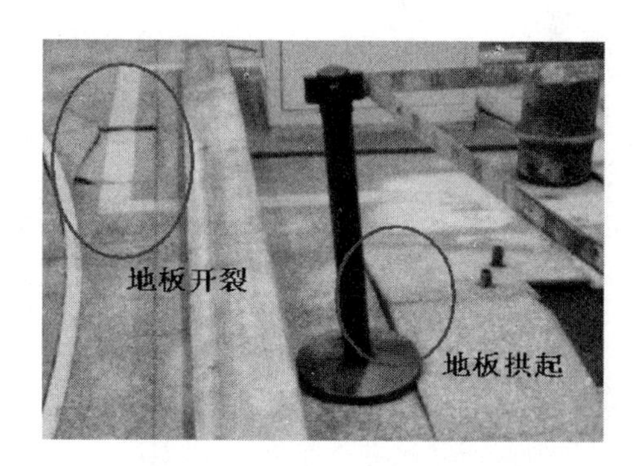

图 3-20　映站发电机层地板

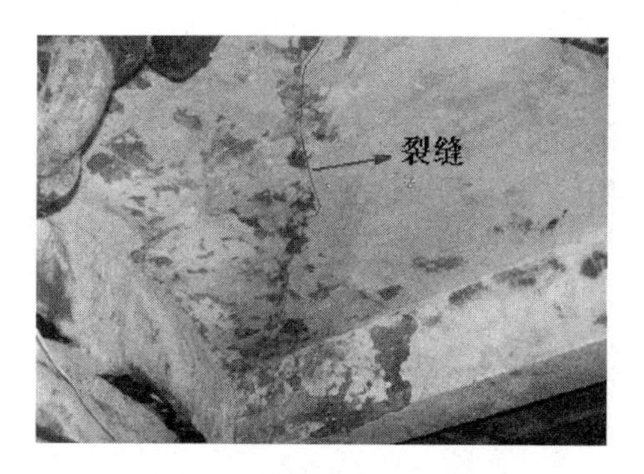

图 3-21　渔站发电机层楼板

图 3-22　映站发电机层楼板梁

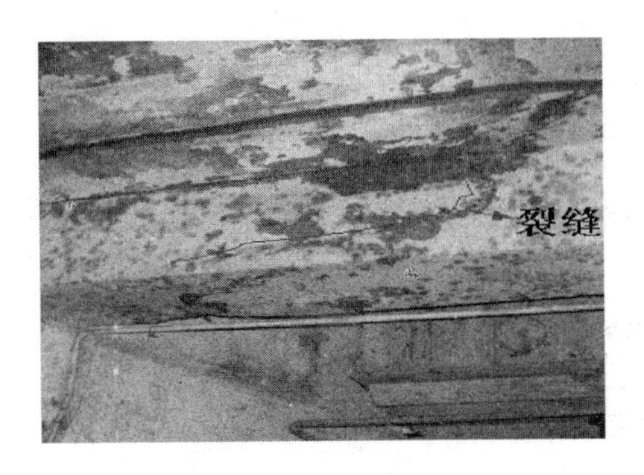

图 3-23　渔站发电机层楼板梁

显的纵向和横向开裂，其中纵向开裂的裂缝延伸较长(见图 3-24)，横向开裂的裂缝使得外包衬砌脱落，钢筋出露(见图 3-25)，破坏较严重。包括地下厂房和附属支洞在内的地下建筑被定性为震损较重级别。具体表现为机墩风罩和洞室混凝土衬砌出现较多非贯穿性裂缝，宽度为0.5～1.2 mm，长度为0.5～3.0 m；在主厂房上下游边墙的洞室交口处出现斜向 45°的贯穿性裂缝，宽度为 3～4 mm，延伸长度为 1.5～4.0 m，在洞室两侧对称出现。

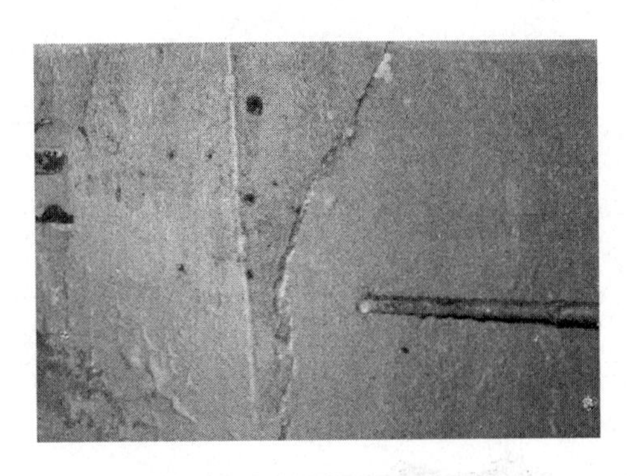

图 3-24　映站发电机层地板

总体来看，映站和渔站地下厂房结构的主要震损形式是表层脱落和闭合裂缝，局部混凝土开裂幅度较大，破坏明显，但没有出现大范围塌方和掉块等严重震损。这表明地下厂房结构与洞室围岩类

图3-25　渔站发电机层楼板

似，即受地震的影响程度比地面结构轻，震损也相对较小。

3.4.3　实测强震数据分析

3.4.3.1　卧龙台强震监测数据基本特征

卧龙强震台距汶川地震震中仅19 km(见图3-11)，是距离震中最近的一个测站。在汶川地震震中周边分布的几个测站中，卧龙台所测得的峰值加速度也是最大的[216]。图3-26给出了卧龙台在

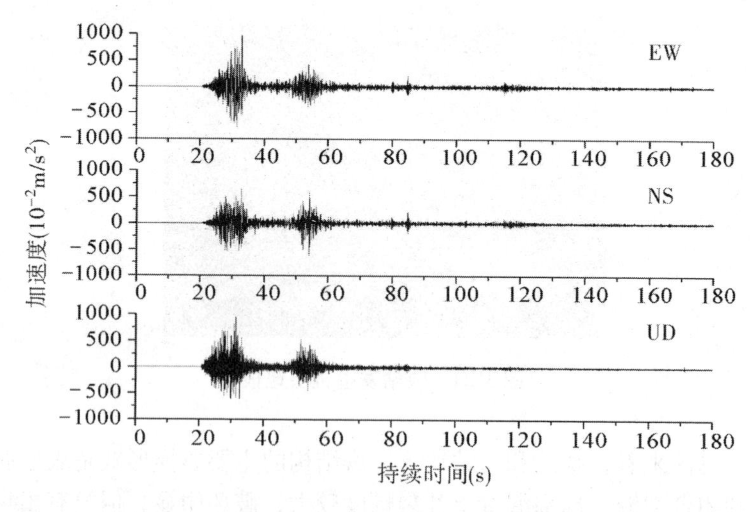

图3-26　卧龙台在“5・12”汶川主震时的加速度时程

2008年5月12日汶川主震发生时的加速度时程记录，该加速度记录的采样频率为200 Hz，持续记录时间为180 s，每个方向分别有36 000个数据。加速度时程由EW向，NS向和UD向三个方向的时程组成。经观察，可以根据加速度变化的剧烈程度和量值大小，将180s加速度时程变化分为0～20 s，20～80 s和80～180 s共3个区段，各区段主要指标见表3-6。

表3-6　　**卧龙台加速度监测数据区段划分**

时程划分区段/s	记录方向EW		记录方向NS		记录方向UD	
	最大加速度/gal	发生时刻/s	最大加速度/gal	发生时刻/s	最大加速度/gal	发生时刻/s
0～20	0.1	6.62	0.1	12.70	0.1	17.22
20～80	957.7	33.00	652.9	32.78	948.1	31.48
80～180	212.7	84.76	213.0	84.68	127.3	82.35

注：1gal = 10^{-2} m/s，取绝对值最大的加速度为最大加速度。

可以看出，发生在33.00 s时刻的EW向加速度值达到957.7 gal，这也是汶川地震所监测到的最大峰值加速度。20～80 s区段内的三个方向的加速度变化剧烈程度和幅值都较大，且出现了两次峰值较为明显的震动过程(20～40 s和40～80 s)，对结构稳定的影响作用最明显，因此以下截取20～80 s区段的加速度记录进行重点分析。

3.4.3.2　强震监测数据频谱分析

截取卧龙监测数据中20～80 s区段的加速度记录进行频率分析。可以看出，水平方向EW和NS的大部分能量集中在10 Hz以内；而竖直方向UD的能量集中在15 Hz以内(见图3-27)。

3.4.4　地下洞室地震响应分析

3.4.4.1　计算模型

建立映站地下洞室的结构计算模型，该模型包含了主厂房、主

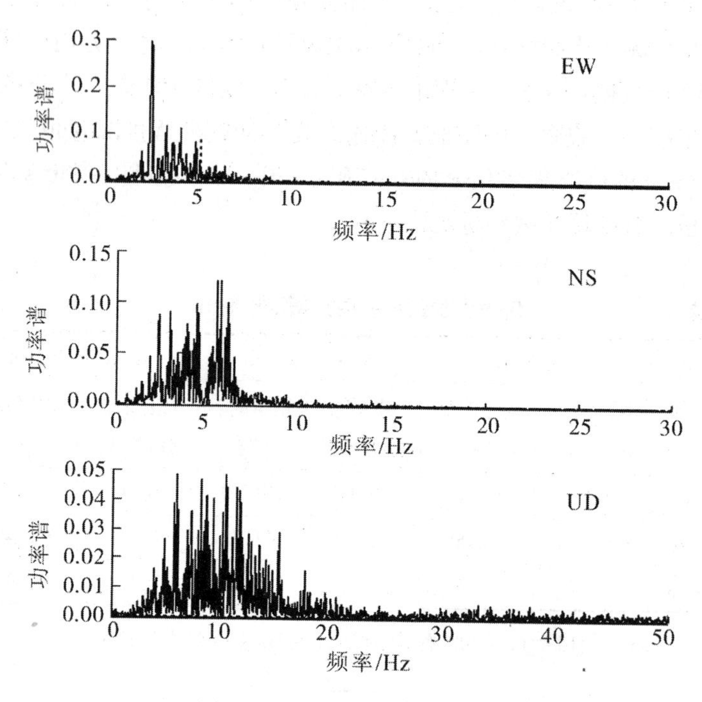

图 3-27　卧龙监测数据功率谱

变洞和母线洞。模型网格共划分了 20 604 个 8 节点六面体单元和 22 842 个节点。计算模型坐标系设置为：以厂房纵轴线为 y 轴，以 1#机组指向 3#机组为正向；垂直于厂房纵轴线方向为 x 轴，从上游指向下游为正向，z 轴与大地坐标系重合。该模型在 x、y、z 轴上的覆盖长度分别为：198 m、106 m 和 211 m。见图 3-28。

锚固支护的设置参见图 3-29，锚杆的参数为 $L=4.5$ m，$\Phi=25$ mm，间排距为 1.5 m×1.5 m。锚杆采用隐式锚杆柱单元[217]方法模拟。

3.4.4.2　实测强震数据的使用

卧龙强震台和映站距震中仅约为 19 km 和 8 km，采用该监测数据中 20~80 s 区段的加速度记录进行分析。近场实测数据在地下洞室地震响应分析时，存在着地理坐标系和计算模型坐标系不重

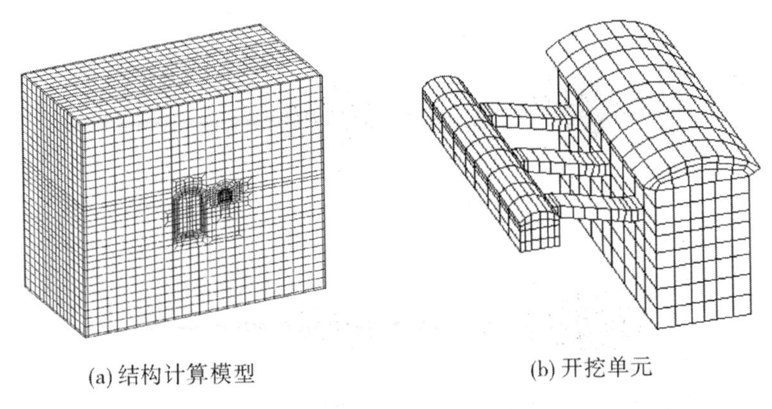

(a) 结构计算模型　　(b) 开挖单元

图 3-28　映站地震响应分析结构计算模型

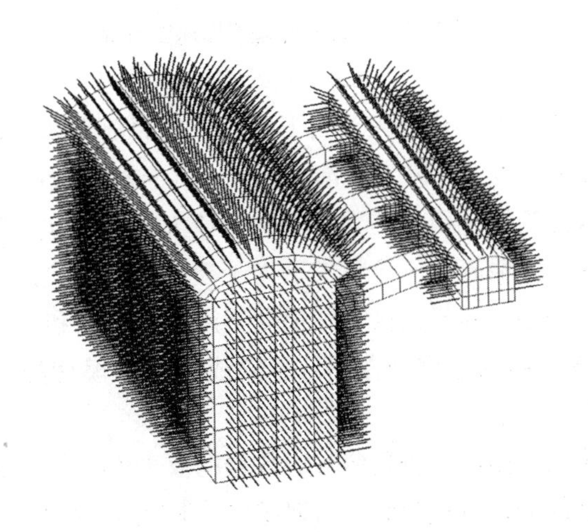

图 3-29　锚固支护布置

合的问题，映站地下厂房的洞轴线方位角(从 1#机组指向 3#机组)为 108°，则根据式(2-44)，将 EW 向和 NS 向加速度时程进行方向变换，得到与计算模型坐标系对应的加速度时程(见图 3-30)。

实测数据进行方向变换后，并不直接用于结构模型进行计算。因为地面测站的实测强震数据还存在着如何在地下洞室动力计算时使用的问题。在采用图 3-28 所示的结构模型进行计算之前，还专

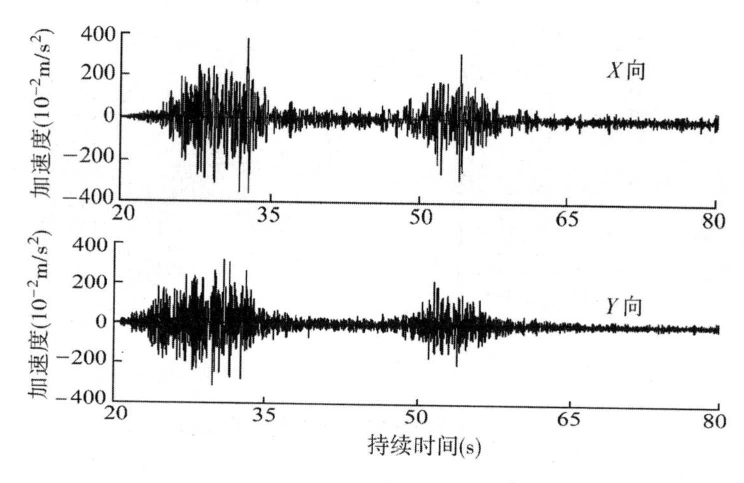

图 3-30 计算模型输入加速度时程

门建立了一个向上取至地表、向下延伸至更深部岩体、向两侧延伸了更广范围的大模型(称为反演模型)，用于输入地震实测数据的反演。输入结构计算模型的数据均来自该大模型的动力反演计算成果。该方法称为地震响应分析的动力子模型法，有关该方法的实现将在4.2节阐述。本节直接采用根据实测强震数据和大模型反演所得的地震波动场信息和应力场信息完成对结构模型的地震荷载输入。

地震波斜入射时，强震台实测数据的仅为强震仪在地理坐标轴方向上记录的振动响应时程，为地震体波和面波叠加作用效果。因此不能简单地将实测数据的竖直分量和水平分量等同为P波和S波时程。根据地震波入射方向从实测数据记录中分离出P波和S波的方法涉及地震波勘测中的波场分离技术。映站的震中距仅约8 km，则在动力分析时，考虑地震波竖直从模型底部入射，将实测强震数据的竖向分量作为P波，水平方向的分量作为S波，根据2.4节给出的地震荷载计算方法完成对反演模型地震动输入。

3.4.4.3 洞室开挖和支护计算

首先对洞室进行开挖和支护计算，为地震响应分析提供初始条件。地下洞室初始应力场按照岩体自重应力计算，水平方向的侧压力系数取为 1.2。岩体的物理力学参数根据表 3-5 取值。洞室开挖支护计算分 5 期，开挖分期见图 3-31。

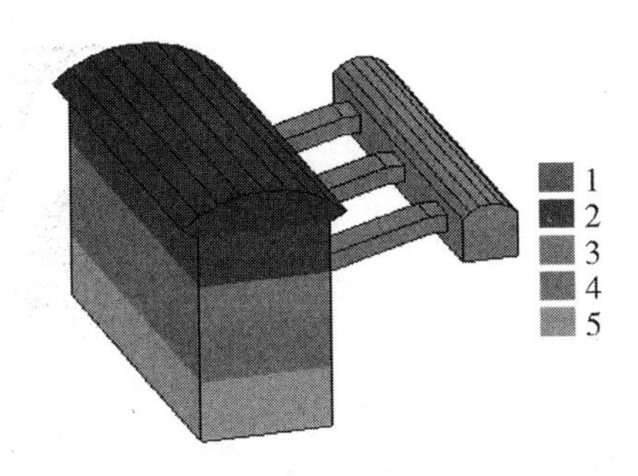

图 3-31　计算模型开挖分期图

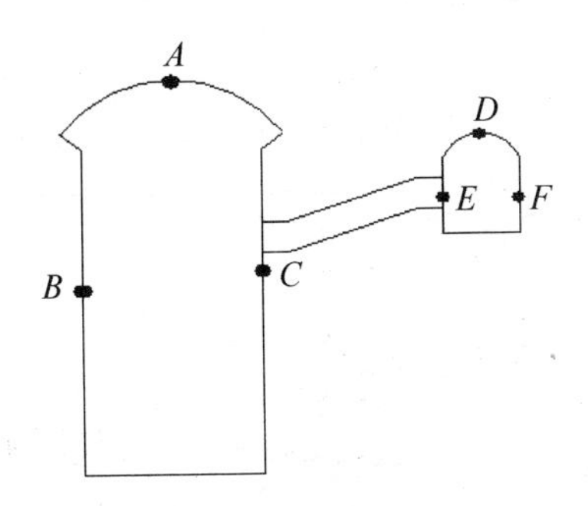

图 3-32　洞周计算监测点分布

洞室开挖支护完毕，洞周围岩没有出现破坏区，这显示映站地下洞室的围岩初始应力较低，岩性较好，且在锚固支护措施的保障下，围岩在施工期受到的开挖扰动影响不大，围岩的稳定性较好。

对围岩位移、围岩应力和锚杆应力进行统计，并列入表 3-7。开挖支护完毕后，主厂房顶拱的位移为 3.9 mm，边墙的位移为 19.4～19.9 mm（见图 3-33(a)），均为向洞内变形（见图 3-33(b)）。主变洞顶拱的位移为 4.0 mm，边墙的位移分别为 6.1 mm 和 10.0 mm（见图 3-33(a)），由于主变洞与主厂房间距较小，主变洞洞周围岩变形受到主厂房开挖的影响较小，靠近主厂房一侧的边墙和顶拱部位都是向主厂房变形（见图 3-33(b)）。洞周围岩的变形趋势正常，规律性较好。

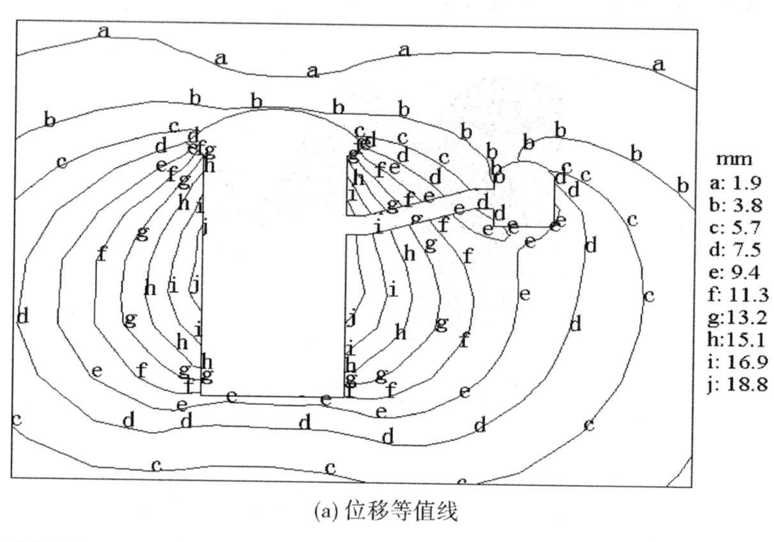

(a) 位移等值线

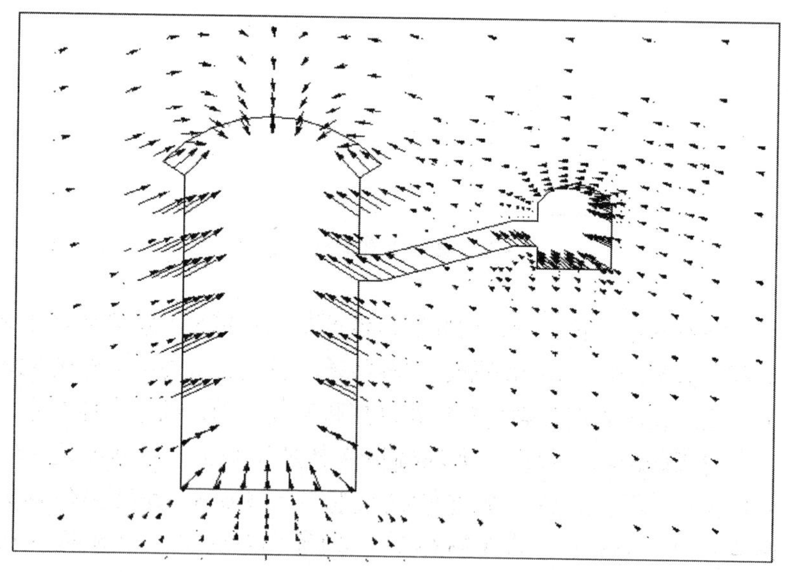

(b) 位移矢量(放大200倍)

图 3-33　中间机组段开挖支护完毕围岩位移分布

表3-7　　洞室开挖支护计算完毕围岩稳定指标统计

洞室	典型部位（见图3-32）	围岩位移/mm	围岩应力		锚杆应力/MPa
			σ_1/MPa	σ_3/MPa	
主厂房	顶拱：A点	3.9	-10.4	-0.33	32.0
	上游边墙B点	19.4	-4.03	0.57	78.5
	下游边墙C点	19.9	-4.50	1.55	79.8
主变洞	顶拱D点	4.0	-9.84	-0.58	23.7
	上游边墙E点	6.1	-12.3	-2.05	44.1
	下游边墙F点	10.0	-6.81	0.27	28.3

开挖完毕，主厂房和主变洞顶拱的第一主应力分布在-10.4～-9.84 MPa，第三主应力分布在-0.58～-0.33 MPa，尚未出现拉应力，顶拱的应力状态较好。边墙部位的第一主应力分布在-12.3～-4.03MPa，第三主应力分布在-2.05～1.55 MPa。其中，在主厂房边墙部位出现了0.57～1.55 MPa的拉应力，量值较大，但尚未超过抗拉强度。开挖完毕，洞室顶拱的锚杆应力较小，分布在23.7～32.0 MPa；边墙应力较大，分布在28.3～79.8 MPa。锚杆应力量值比其屈服值310 MPa相差很多，锚固支护系统的安全裕度较大。

可以看出，映站地下洞室在施工期开挖支护完毕时，围岩尚未出现破坏区，且围岩位移、围岩应力和锚杆应力等指标都表征围岩的稳定性较好。这显示在汶川地震尚未发生时，映站的地下洞室围岩状态是稳定的，在既有的服役锚固支护措施条件下，围岩稳定是有保障的。

3.4.4.4　地震响应计算概况

采用反演模型提供的结构计算模型人工边界上的运动状态和应力状态信息，可实现对结构计算模型的地震荷载输入。计算持时为60 s内的映站地下洞室地震响应，对应于实测强震记录中的20～80 s区段。计算步长取为0.01s，共6 000个计算步。

3.4.4.5　洞室围岩破坏区

从计算时程中的围岩破坏区规模随持时的发展来看（见图

3-34)，在 $t=28$ s 时刻之前，地震荷载较小，洞周没有出现破坏区。在 $t=28$ s 时，洞周出现破坏区，破坏单元数为 117，相应的破坏区体积为 4 741 m^3，在接下来的 5s 内，洞周破坏区呈现稳定增长，到 $t=33$ s 时，破坏单元数为 316，相应的破坏区体积为 12 590 m^3。随后，破坏区规模保持稳定，在 $t=60$ s 左右时再次出现增加，破坏单元数为 412，相应的破坏区体积为 17 783 m^3。此后，直至计算时程完毕，破坏区规模保持稳定。

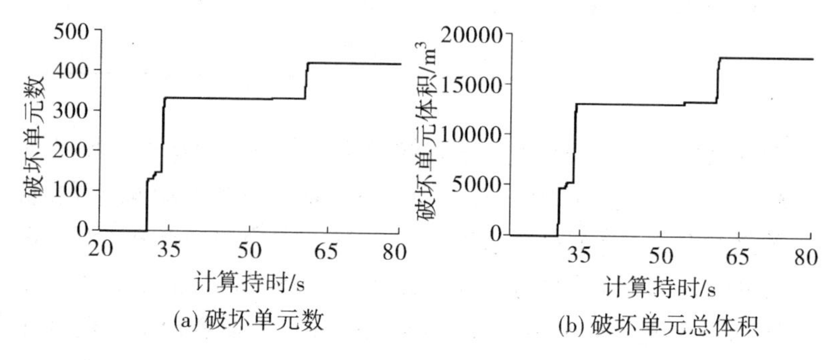

(a) 破坏单元数

(b) 破坏单元总体积

图 3-34　中间机组段开挖支护完毕围岩位移分布

对比实测强震数据(见图 3-30)，可以看出，地震过程中，洞周围岩破坏规模的增长规律与实测数据中加速度量值较大时刻的出现时间密切相关。围岩破坏区规模在 $t=28\sim33$ s 和 $t=60$ s 左右的时间段内出现了两次显著增长，这也是荷载时程内加速度量值最大的两个时段。这表明在地震荷载作用下，围岩破坏的规模主要由地震荷载量值较大的时段控制。即当地震荷载较小时，围岩不会发生破坏；当地震力达到一定水平后，围岩才出现塑性屈服；同时，若后续施加地震荷载较小，围岩的破坏规模可保持稳定，破坏规模不会增长。仅当再次遭遇较大量值地震荷载时，围岩的破坏区才会进一步发展。

从时程计算完毕($t=80$ s)时的洞周围岩破坏区分布来看(见图 3-35)，破坏区仅有拉裂破坏和塑性回弹两种类型。其中，在主厂房顶拱和主变洞洞周部位只有零星破坏区。主厂房上游边墙的塑性回弹区深度为 17 m，表层有零星拉裂破坏区分布，拉裂深度为 1 m；主厂房下游边墙的塑性回弹区深度为 14 m，表层也出现了拉裂区，并在母线洞与主厂房边墙交口处分布稍多，拉裂深度为 1 ~ 2 m。洞周围岩的拉裂区 1 558. 2 m^3，塑性回弹区为 16 788. 7 m^3，破坏区总量为 18 347 m^3。没有出现塑性区。拉裂区的分布范围与震后实地调查时，在附属洞室与主厂房交口处发现的轻微开裂现象所吻合(见图 3-18、图 3-19、图 3-24)。

图 3-35　地震响应计算完毕洞周破坏区分布

可以看出，动力计算完毕后，洞周围岩没有塑性区分布，即围岩单元在地震过程中，除了单元被拉裂而保存其破坏状态，其他单元均在计算完毕时均出现了回弹。这一现象与静力计算时破坏区类型与分布规律存在明显差异。

该现象与动力和静力计算时围岩的加卸载机制有关。静力计算主要模拟洞室开挖支护工况。随开挖进行，洞室不断下卧，高边墙逐渐形成，在这个过程中因岩体开挖卸除，原岩地应力不断释放，使得围岩处于渐进加载状态。开挖完毕后，洞周围岩通过自身变形逐步调整，达至新的承载平衡状态。在这一过程中，围岩应力在地应力的释放作用下不断增长，使得靠近开挖面的围岩进入塑性屈服。根据经验，静力计算完毕时，洞周围岩的破坏区多为塑性区；局部围岩受拉明显，出现拉裂；回弹区多出现于顶拱和洞间围岩，这是由于高边墙形成后，顶拱位移会出现一定回弹，使得顶拱部位的应力状态改善；洞间围岩受到邻近或交错洞室的影响，围岩应力状态较复杂，局部可能卸载，造成回弹。

地震响应计算与静力计算不同，洞周的岩体质点在地震波传播过程中处于三维随机振动的状态，在时域内离散性较强。洞周围岩在不同时刻受到的地震荷载大小和荷载方向也相应地不断变化，形成了对岩体的反复加卸载作用。即某时刻围岩可能在加载作用下进入屈服，下一时刻则可能因卸载作用回弹。因此，围岩的破坏区类型在地震过程中也交替变化。在动力计算时程末段，由于输入地震荷载量值较小，除了局部拉裂单元的破坏状态被保留外，围岩单元应力逐渐降低，最终返回弹性应力状态，即产生回弹。

进一步分析计算时程中典型时刻的围岩破坏区分布，$t=33$ s时，输入加速度达到最大值，此时中间机组段的围岩破坏区以塑性区为主(见图3-36(a))，回弹区和拉裂区也有分布。这显示在当前时刻，洞周较多部位的围岩在地震荷载作用下呈现塑性屈服状态，其中主厂房上游边墙的塑性区深度为4 m，下游边墙为5.8 m。观察洞周塑性区和回弹区的分布，可发现回弹区与塑性区存在交错分布的现象，即回弹区并不仅在距洞室较远的围岩单元出现，在靠近开挖面也有出现。可以看出，不同类型破坏区在典型时刻的分布规律与静力计算不同，这与地震波动的空间离散性有关，即某时刻地震荷载在结构计算模型内的大小分布离散性较强。虽然在动力计算伊始，临空面岩体的初始应力状态比深部岩体更接近屈服，但地震波是从深部岩体传播到洞室临空面的。单元在某时刻的应力增量，主要由当前时刻在该单元内传播的地震动大小决定。因此，远离临空面的岩体初始应力虽然没有临空面岩体更接近屈服，但地震荷载通过深部岩体向内部传播，某时刻，在该单元内传播的地震波动达到一定量值、相应的应力增量足够大时，远离临空面的岩体完全有可能比开挖面岩体先发生屈服。

综上，可以发现，地震响应计算完毕时，洞周围岩的破坏区类型，以及在典型时刻不同类型破坏区的分布规律，都与静力计算的围岩破坏区规律存在明显差异。经分析，可认为这些差异是由地震

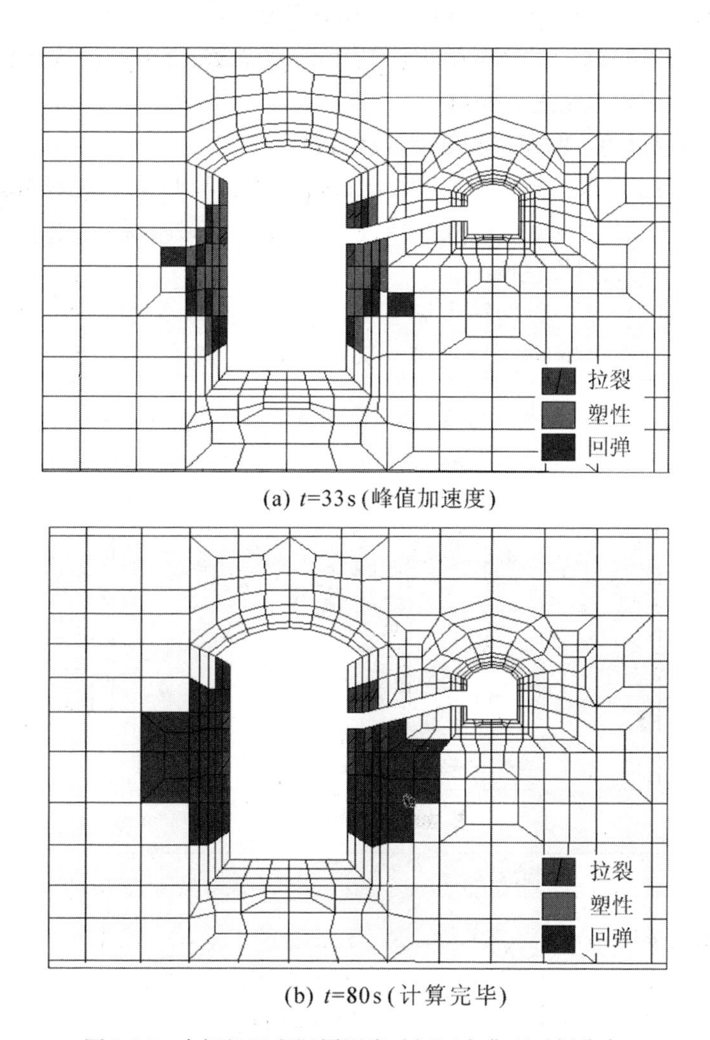

(a) t=33s（峰值加速度）

(b) t=80s（计算完毕）

图 3-36　中间机组段洞周围岩破坏区在典型时刻分布

荷载在时间和空间上的离散性所致。从动力计算可知，主厂房边墙的塑性区在地震过程中曾达到 14～17 m，已经远远超过锚固系统的控制范围(4.5 m)，若从静力分析的角度判别，当围岩塑性区深度显著超过锚固支护系统的控制范围时，洞周围岩的总体稳定性已不能保证。而从实际工程的震后调查情况来看，映站的围岩并未发生整体失稳，这表明在洞室的地震时程分析时，不宜直接套用静力分析时采用破坏区对围岩稳定进行评判的思路，即不宜依据塑性区指标对围岩稳定进行评判。

3.4.4.6　洞室围岩总体位移规律

开挖支护完毕后，主厂房顶拱的位移为 3.9 mm，边墙的位移为 19.4 ~ 19.9 mm（见图 3-33(a)），均为向洞内变形(见图 3-33(b))。主变洞位移稍小。

选取 $t=33$ s，即输入加速度达到最大值时刻的中间机组段洞周位移分布分析(见图 3-37)。从量值来看，主厂房上游边墙位移

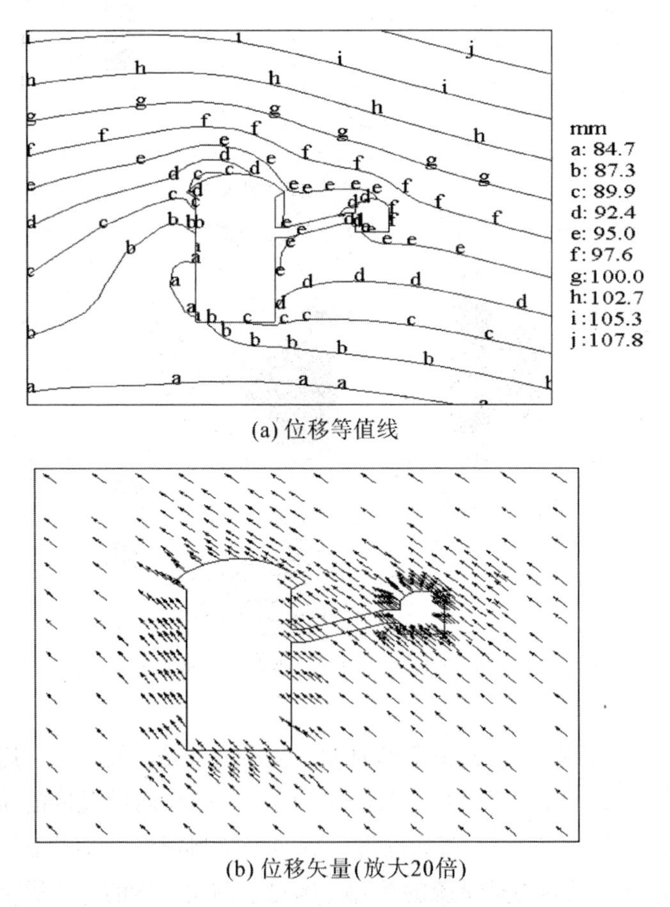

(a) 位移等值线

(b) 位移矢量(放大20倍)

图 3-37　中间机组段 $t=33$s 时刻洞周围岩位移分布

为 84. 7 ~87. 3 mm，下游边墙位移为 92. 4 ~95. 0 mm，顶拱位移为 89. 9 ~92. 4 mm。主变洞洞周位移分布为 92. 4 ~97. 6 mm。从位移矢量方向上看，洞周围岩和较深部岩体都属于整体性位移，位移矢量均为斜向指向上游。这表明地震过程中，地下洞室赋存岩体在地震力的作用下出现了较为显著的位移。

动力计算于 $t=80$ s 时刻结束，洞周位移分布如图 3-38 所示。此时洞周位移分布规律与开挖完毕时基本相同，靠近开挖面的围岩位移量值基本相同。其中，主厂房上游边墙位移分布为 17. 3 ~ 19. 9 mm，下游边墙位移分布为 15. 5 ~ 17. 3 mm。与开挖完毕的边

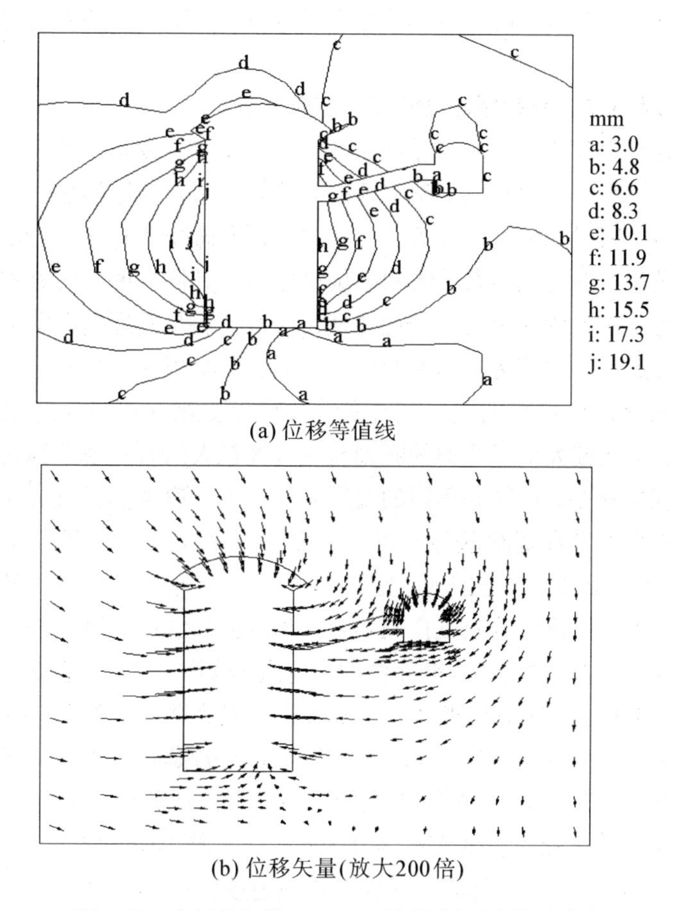

(a) 位移等值线

(b) 位移矢量(放大200倍)

图 3-38　中间机组段 $t=80$ s 时刻洞周围岩位移分布

墙位移相比，量值范围基本相同。从动力计算完毕的洞周围岩位移矢量规律来看(见图3-38(b))，考虑地震作用后，洞周围岩的位移矢量规律与开挖完毕一致，都是主厂房洞周向洞内变形、主变洞受到主厂房开挖影响较为显著，有朝着主厂房一侧变形的趋势。

通过对震前、震中和震后地下洞室位移规律的对比分析，可以发现：映秀湾地下洞室的洞周围岩具有较好的整体性，因此在地震作用时，围岩的位移变化也显示出较高的一致性。虽然在地震过程中，围岩产生了较大量值的位移，但震后可以基本回复到震前的位移水平。因此，地震荷载对洞周围岩整体位移分布规律影响较小。这一规律也从数值计算的角度阐明了深埋地下工程抗震性能较强的原因。

3.4.4.7 洞室围岩特征部位变形分析

在计算过程中，整个计算模型在外加地震荷载的作用下会发生整体性位移。为分析地下洞室开挖面附近的围岩变形特征，可定义相对位移时程指标进行分析。相对位移时程即变形时程，指洞周开挖面附近的围岩与深部岩体间的位移之差。具体来说，可对监测点每一时刻的监测位移信息进行处理，求得它们与模型底部的监测点所监测到的位移之差，作为洞周围岩的变形时程进行分析。

从图3-39可以看出，围岩变形的时程变化规律与加速度时程类似，出现较大量值变形的时刻与加速度较大的时刻基本相同。主变洞规模较小，计算时程内的变形规律与主厂房类似，仅对主厂房特征部位的变形规律进行分析。其中主厂房顶拱A点的竖向变形在-0.97~0.31 cm内波动(见图3-39(a))，与开挖完毕的竖向位移相比，顶拱在考虑地震作用的60s时程内，位移变幅较小，量值在0.8 cm内。因此，顶拱部位的稳定性较好。主厂房边墙的横向位移变幅较大(见图3-39(b))，其中，上游边墙B点的横向变形波动范围为-0.51~4.56 cm；下游边墙C点的横向变形波动范围为-4.05~0.73 cm。动力计算完毕，主厂房特征部位的残余变形值都较小，其中顶拱残余变形为0.39 cm，上游边墙为1.85 cm，下游边墙为20.9 cm。各特征部位在考虑地震作用后，残余变形量值与开挖完毕的变形量值(见表3-7)非常接近，差值在0.15 cm以

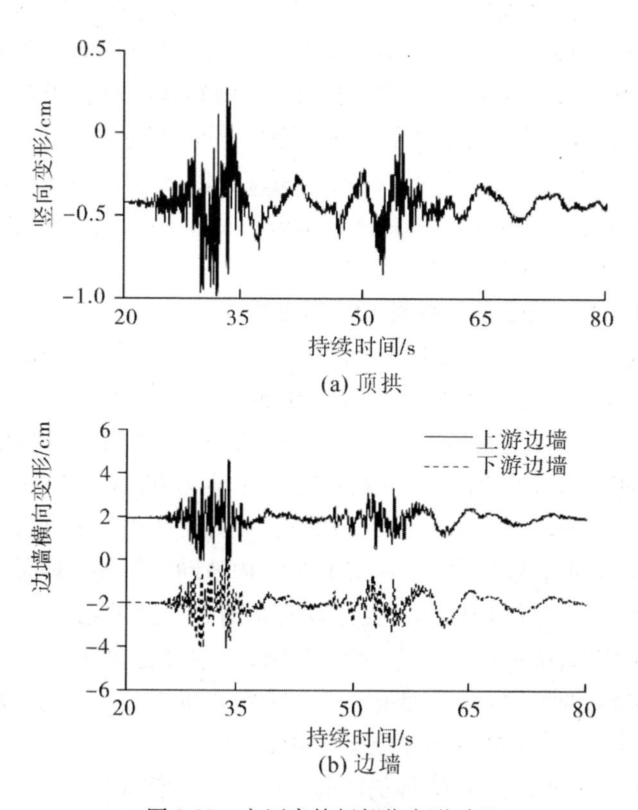

(a) 顶拱

(b) 边墙

图 3-39　主厂房特征部位变形时程

内。可以看出，计算时程内围岩的变形幅值较大而计算完毕时的残余值变化较小，故而分析地震作用对围岩变形的影响时，应主要分析时程内变形幅值较大的时段的影响。

经观察发现，主厂房边墙 B、C 点的横向变形时程，在 $t=33$ s 时刻左右，出现了整个时程内幅度最大的波动，其中上游边墙的变幅达到 5. 07 cm，下游边墙的变幅达到 4. 78 cm。围岩短时间内的剧烈“晃动”将对与边墙围岩相连的防潮板造成明显的影响，应是导致吊车梁无法运行、防潮板上出现划痕的直接原因。由于防潮板只是附着在边墙围岩上的面板，它与围岩的整体性显然要弱于围岩自身的整体性。因此可认为，当围岩在极短时间内发生剧烈“晃动”时，由于防潮板与围岩的一致性较差，它无法与围岩同时产生较大幅度的位移。所以，在地震作用后，防潮板在震时所发生的位移得不到回复，从而发生破坏，产生较大的残余位移。于是就从数值计算的角度解释了在震后调查中发现的吊车梁与防潮板刮蹭，无法运行的情况（见图 3-15）。因此，在震后修复中，需要充分重视防潮板等附着在围岩表面的结构，采取一定的措施来提高它们与围岩的整体性，避免局部震害现象。

3.4.4.8 洞室围岩特征点应力分析

规定拉应力为正，压应力为负，取主厂房特征部位的第一和第三主应力时程分析。主变洞洞周应力分布规律与主厂房类似。

主厂房顶拱部位的 A 点在开挖完毕时的第一主应力为 -10.4 MPa，在动力计算时程内，第一主应力在 -12.20 ~ -8.86 MPa 区间内波动，均为压应力。第三主应力在开挖完毕时为 -0.33 MPa，计算时程内在 -0.85 ~ 0.38 MPa 内波动，部分计算时段出现了拉应力，但量值不大。时程计算完毕时，顶拱的第一主应力为 -10.29 MPa，第三主应力为 -0.39 MPa。与开挖完毕相比，考虑地震作用后的顶拱应力值变化很小。时程内的第一主应力变幅在 4 MPa 以内，第三主应力变幅在 1.5 MPa 以内，且分别在开挖完毕后的围岩应力量值附近 2 MPa 的区间以内变化，变幅不大，应力状态较好。

在主厂房的边墙部位，第一主应力无论是开挖完毕、计算时程中，还是动力计算完毕，其压应力值都在 6.5 MPa 以内（见图 3-40（a）），因此边墙的第一主应力状态较好，对洞室边墙部位的破坏不起控制作用。边墙的第三主应力量值较大，其中上游边墙在开挖完毕时第三主应力为拉（见图 3-40（b）），量值为 0.57 MPa，在计算时程内，应力量值在 -0.4 ~ 1.41 MPa 范围内波动，拉应力极值尚未超过围岩的抗拉强度；下游边墙受到母线洞交错影响，临空面增多，在开挖完毕时拉应力已达 1.55 MPa，在计算时程内，应力量值在 -0.36 ~ 1.97 MPa 内波动，其拉应力极值已经超过了围岩的抗拉强度，可能使得围岩出现拉裂。数值分析的拉应力分布规律，也与在震害调查中发现的主厂房与母线洞、交通洞交汇处存在

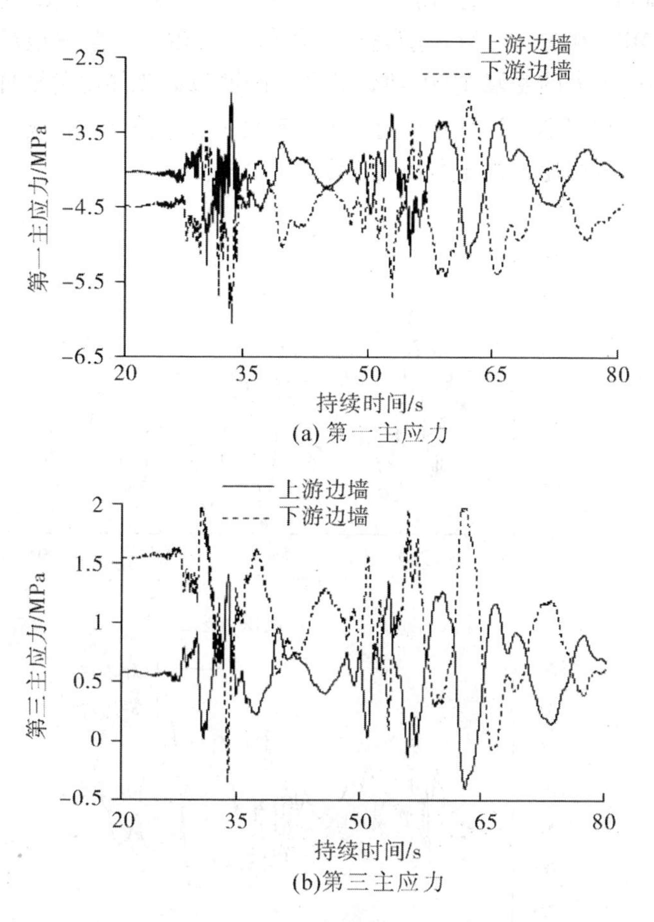

(a) 第一主应力

(b)第三主应力

图 3-40　主厂房边墙部位主应力时程

围岩的轻微开裂现象所吻合。这表明地震作用会加剧洞室的边墙和交口等薄弱部位在部分时段的拉应力，从而可能造成围岩开裂，在进行修复和加固工作时应予以足够重视。

3.4.4.9　洞室围岩锚杆应力分析

规定锚杆应力拉为正，压为负。可以看出(见图 3-41)，主厂房顶拱锚杆应力在地震过程中在 -17.8 ~ 76.4 MPa 范围内波动，与开挖完毕的锚杆应力相比，考虑地震作用时，锚杆应力的变幅在

50 MPa 以内。主厂房上游和下游边墙部位的锚杆应力在 36.2 ~ 120.0 MPa 内波动，与开挖完毕的锚杆应力相比，考虑地震作用时，锚杆应力的变幅在 60 MPa 以内。顶拱和边墙部位的锚杆应力无论是开挖完毕、计算时程内，还是在动力计算完毕，应力量值与其屈服强度相比，都还有较大裕度。

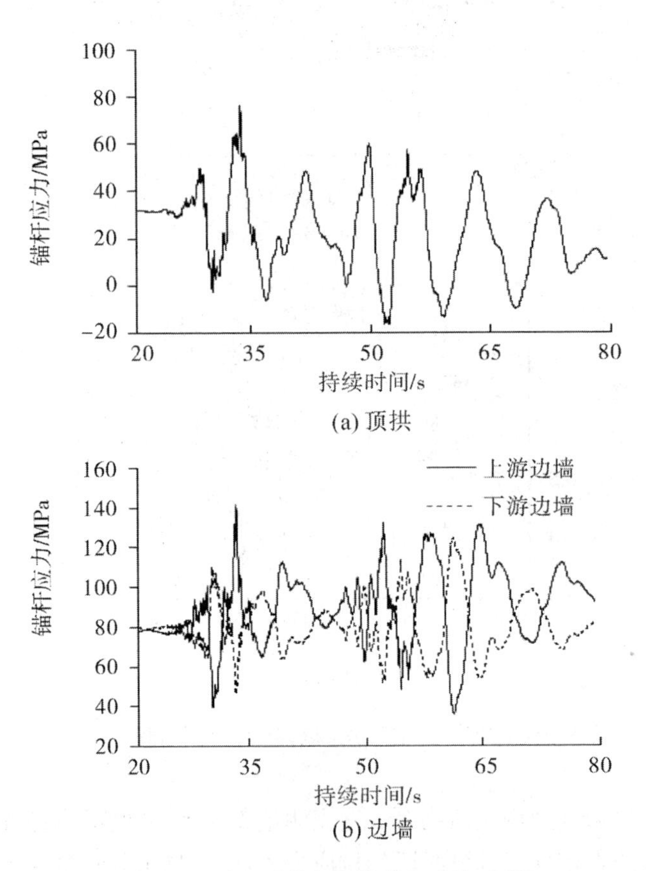

图 3-41　主厂房特征部位锚杆应力时程

3.4.5　本节小结

本节以映秀湾水电站为分析对象，根据震后现场调查资料，对映站地下洞室受到的汶川地震震害影响进行了分析；并采用卧龙台实测强震加速度曲线，运用三维弹塑性损伤动力有限元方法对映站进行了地震响应分析。数值计算结果和现场调查资料结合，可以得到以下一些主要结论：

(1)映秀湾水电站是距汶川地震震中最近的水电工程，卧龙强震加速度曲线也是距震中最近的强震监测数据。分析映秀湾地下厂房的震害影响，并运用卧龙强震监测数据进行动力响应分析，可较真实地模拟地下厂房受到地震影响的动力响应过程。

(2)地下厂房震害影响调查表明，映秀湾地下厂房在汶川地震中表现出了较强的抗震性能。虽然主厂房上部边墙出现局部震损，使得吊车无法正常运行；母线洞和交通洞与主厂房的交口处也出现了外漆脱落、围岩轻微开裂现象，但震后的映秀湾地下厂房围岩整体稳定，没有出现掉块、塌方等严重震损情况。这也印证了深埋地下工程抗震性较强的一般认识。

(3)采用三维弹塑性损伤动力有限元方法，能够通过所建立的分析模型来模拟映秀湾水电站在汶川地震荷载作用下的洞室围岩响应特性。从数值计算成果看，诸如围岩的拉裂区、地震过程中岩体的位移总体变化规律、洞室围岩特征部位的变形规律、围岩应力分布等计算分析结论，都与现场调查结论基本符合。这表明采用数值计算的方式，可以大致解释在震害调查中所发现的各种震损现象。数值分析成果可信度高，且具备一定的代表性，为震后的加固和修复工作提供了参考。

(4)根据对围岩破坏区成果的分析，发现考虑地震作用后，围岩的破坏区类型，以及在典型时刻不同类型破坏区的分布规律，都与静力计算(即开挖支护分析)的围岩破坏区规律存在明显差异。这些差异是由地震荷载在时间和空间分布的离散性所致。若采用静力分析时的围岩稳定性评判思路，即依据塑性区指标对围岩稳定进行评判，则与工程实际情形不符。因此对于洞室在地震荷载作用时的围岩稳定评判问题，不宜直接套用静力分析的评判思路，应根据洞室的动力响应特性和规律，寻找合适的围岩稳定评判方法。

第 4 章　大型地下洞室群地震响应的多尺度优化分析方法

4.1　概　　述

针对大型地下洞室群动力分析时计算网格规模巨大，计算耗时长的问题，本章提出了大型地下洞室群地震响应的多尺度优化分析方法。该优化分析方法分别从时域优化和空间优化展开。首先，在时域优化方面，提出了结构动力分析中实测强震加速度时域选取的优化算法；然后，在空间优化方面，提出了大型地下洞室群地震响应分析的动力子模型法；最后，针对结构动力计算模型的截取范围进行了研究，提出了合理截取范围的确定方法。上述一系列方法实现了对地下洞室群地震响应的多尺度优化，大大降低了动力计算时间，提高了动力分析效率。

4.2　结构动力分析中实测强震加速度时域选取的优化算法

4.2.1　问题描述

结构的地震反应分析历经了静力法、反应谱分析和动力分析三个阶段。动力分析采用实测强震加速度时程，可模拟结构在地震作用下的渐进破坏过程和失稳模式，为研究结构的震损机理和抗震设计提供了重要参考，是当前结构抗震分析的主流方法。同时，对于实际工程，规范[154]规定采用时程法进行地震响应分析时，除了采用人工合成波之外，还应该根据结构的场地特性等条件，选择实测强震数据作为输入。由于工程地震学着眼于地震动的本身特性，注重地震过程记录的完整性，给出的实测强震数据的时程往往较长，若直接运用于结构动力分析，将耗费较长的计算时间。如何对强震加速度数据进行时域上的处理来缩短计算时间，同时又能保证计算结果的精度，对提高结构抗震分析的效率具有重要价值。

工程地震学对持时的研究与这一问题相似，即通过对实测加速度数据进行时域上的处理来定义一次地震过程的持续时间。常见的持时定义方法包括 Bolt 的括号持时[218]，谢礼立提出的工程持时[219~220]和 Trifunac-Brady 提出的相对能量持时[221]。它们都着重于时程的初始和末尾阶段，通过定义起始时刻和终止时刻来确定一次地震过程的持续时间。由于这些方法是以工程地震学为背景提出的，因此从结构分析的角度看，其适用值得商榷。例如，Bolt 括号持时的长短主观性较强；工程持时考虑了结构的动力特性，但需要知道结构的质量等参数，而某些结构的质量并不易确定，如岩体地下结构；相对能量持时应用较广泛，但它只能对加速度时程做“掐头去尾”的处理。从查阅的文献看，地震波输入时段的选择并无一定之规，常常是为缩短动力分析时间，凭经验从实测时程中选取一段连续的数据，进行滤波和基线校正后，输入模型进行计算，经验性和主观性较强。随着硬件技术的发展，虽然计算机处理速度的提升使得动力分析耗时问题并不十分凸显，但处理复杂问题时因需要反复调整参数，计算量巨大，效率也随之降低。

可以看出，实测强震数据的持时衡量了一次实际地震过程的长短，而持时过长会显著降低动力分析的效率。人造地震动虽然可以满足工程分析所要求的特定频谱和持时特性，但实测的强震数据来自真实地震动场合，它可能保存了人造地震动所不具有、而尚未被人们发现的某些实际地震动的未知特性。因此，采用实测强震数据作为输入，仍是实际工程分析所必需的。若采用某种方法，能够在实测强震数据的基础上，对其持时进行一定的优化，则能够在继承实际地震动某些未知特性的同时，降低计算时间，从而提高结构动力分析的效率。在总结以往研究工作的基础上，本节提出了一种在结构动力分析中对实测强震加速度数据的时域选取进行优化的算法，并结合对比算例和实际算例，较充分地验证了该方法有效性和可靠性。

4.2.2 基本思路

该方法的基本思想，是运用信号处理的手段来刻画实测强震数据在时域内的能量分布，然后以不同时段能量多寡为指标对实测数据进行时域优化。其基本步骤可以概括为：

(1)对实测强震加速度数据进行 HHT 变换(Hilbert-Huang Transform)，得到时域内实测数据瞬时能量的分布。

(2)根据瞬时能量时程曲线，求出低于任意给定瞬时能量值(称为瞬时能量下限值)的所有时段能量之和占时程总能量的比例。

(3)以保留实测数据95%能量为基准，确定5%能量对应的瞬时能量下限值，将时域内瞬时能量值低于该下限值的时段标记为低能量时段。

(4)对实测加速度数据进行处理，过滤低能量时段对应的加速度数据，并将保留的加速度时刻拼接，形成一条优化的加速度时程。

(5)将该算法用于强震台实测加速度数据的优化，通过过滤低能量时段来缩短总持时，检验算法有效性。

(6)进一步采用各种地震动指标、并设置多组算例进行分析和对比，检验该算法运用于结构抗震分析时的可靠性。

4.2.3 实测强震加速度数据能量的时域表示

4.2.3.1 地震动的信号特性与常用的信号处理方法

地震动是一种典型的非平稳、非线性信号。傅里叶(Fourier)分析为经典的数据信号分析方法，长期以来被广泛应用于信号的频谱分析。对实测强震数据进行傅里叶变换，可以得到地震动信号的功率谱，通过该谱，可以较好地表达地震动信息中各种频率成分的组成情况，以及各种频率所占能量的比例[222]。但傅里叶变换无法将地震动能量在频域和时域内的分布联系起来，即对傅里叶功率谱中的某一频率段来说，无法知晓该频率是在何时产生的。非平稳信号的一个显著特征，就是信号的时变性。因此，傅里叶变换处理非平稳信号时，就面临着时域和频域局部化的矛盾。它只适用于平稳信号而无法提供任何有关信号时域分布的信息[223]。小波变换也是常用的信号处理方法，能够分析非平稳、非线性的信号。但是，小波分析是通过选择小波基进行分解的，其分解结果与选取的小波基密切相关，实际分析时，面临着预先确定小波基的问题[224]。

HHT变换是由美籍华人黄锷(Norden E. Huang)在1998年提出的一种信号分析技术[225]。该变换方法由EMD(Empirical mode decomposition，经验模态分解)技术和Hilbert变换组成。其核心内容是根据数据本身的时间尺度特征，将原始数据分解为有限数量的固有模态函数IMF(Intrinsic mode function)。该方法已在非平稳非线性信号分析上得到了广泛运用[226~227]，证明了它的诸多优越性，尤其在时频局部化分析方面表现出较强的自适应性，故不需要设置先验基底，这比傅里叶变换和小波变换都有明显的进步[228]。

4.2.3.2 EMD分解(经验模态分解)

HHT方法认为[225]，所有信号都可以表示为一系列具有不同特征时间尺度的IMF(固有振动模态函数)之和。每个IMF可根据信号相邻幅值点的时间间隔进行定义，再进行筛选，从而完成分解，其大致步骤为：

(1) 设信号为$X(t)$，EMD分解时，首先找出$X(t)$上的所有局部极值点，再用三次样条函数分别对极大值和极小值点进行插值，构造$X(t)$的上包络线$X_{max}(t)$和下包络线$X_{min}(t)$。这两条包络线即包含了所有的信号数据点。按顺序求得将上、下包络线的均值，形成一条均值线$m_1(t)$：

$$m_1(t) = [X_{max}(t) + X_{min}(t)]/2 \tag{4-1}$$

再求$X(t)$和$m_1(t)$之差，得

$$h_1(t) = X_1(t) - m_1(t) \tag{4-2}$$

(2) IMF须满足两个条件：①在整个数据时程内，极值点的个数与过零点的个数无差别或仅仅相差一个；②在数据时程内的任意点，由局部极大值点和局部极小值点构成的两条包络线均值为零。

若 $h_1(t)$ 满足上述条件，则 $h_1(t)$ 即为 $X(t)$ 的第一个 IMF 分量。一般地，$h_1(t)$ 都不满足上述条件。此时将 $h_1(t)$ 视为一个新信号，重复上述步骤，即三次样条拟合信号 $h_1(t)$ 局部极值点——求上下包络线 $X_{\max}(t)$、$X_{\min}(t)$——求均值线 $m_{11}(t)$——求信号与均值线之差 $h_{11}(t)$ 的过程，得

$$h_{11}(t) = h_1(t) - m_{11}(t) \tag{4-3}$$

若 $h_{11}(t)$ 仍不满足上述两条件，则再次将 $h_{11}(t)$ 视为信号进行上述步骤，则重复 k 次后，得到的第 k 此筛选的数据 $h_{1k}(t)$ 为

$$h_{1k}(t) = h_{1(k-1)}(t) - m_{1(k-1)}(t) \tag{4-4}$$

对于 $h_{1k}(t)$，若多次循环筛选仍不能满足，可根据连续两次筛选结果之间的标准差 SD 作为接受 $h_{1k}(t)$ 为 IMF 的条件：

$$\mathrm{SD} = \sum_{t=0}^{T} \left| \frac{|h_{1(k-1)}(t) - h_{1k}(t)|^2}{h_{l(k-1)}^2(t)} \right| \tag{4-5}$$

式中：T 为信号的总持时；SD 的取值决定了筛选过程的停止标准，既要避免过于接受条件过于苛刻，导致 IMF 分量变为纯粹的频率调制信号，使得幅值恒定；也应注意过于宽松使得接受的 $h_{1k}(t)$ 与 IMF 分量要求差距太大。根据实际经验，一般认为 SD 取值在 0.2～0.3 为宜，既可保证 IMF 的线性和稳定性，亦可使其具有相应的物理意义。

(3) 当 $h_{1k}(t)$ 满足 IMF 条件或式(4-5)的接受条件，则确定 $h_{1k}(t)$ 为 $X(t)$ 的第一个分量，记为 $c_1(t)$。然后，从将 $c_1(t)$ 从 $X(t)$ 中分离，即从 $X(t)$ 中减去 $c_1(t)$，得到剩余信号，即残差 $r_1(t)$：

$$r_1(t) = X(t) - c_1(t) \tag{4-6}$$

将 $c_1(t)$ 视为新的数据时程，重复上述分解过程，可以得到 n 个 IMF 分量 $c_n(t)$ 和对应的残差 $r_n(t)$，$(n=1, 2, \cdots, n)$。直到 $c_n(t)$ 或 $r_n(t)$ 小于预定误差，或残差 $r_n(t)$ 已成为单调函数，无法提取 IMF 分量时，即完成筛选过程。$c_n(t)$ 或 $r_n(t)$ 所设定的预定误差也应取为适中值，即若条件太严格，最后几阶的 IMF 分量意义不大，且耗时；若条件太宽松，则会过早终止 IMF 分量的筛选，造成信号分量的丢失。完成筛选后，最初的信号 $X(t)$ 可分解为 n 个 IMF 分量 $c_n(t)$ 和对应的残差 $r_n(t)$，$(n=1, 2, \cdots, n)$，即：

$$X(t) = \sum_{i=1}^{n} c_i(t) + r_n(t) \tag{4-7}$$

4.2.3.3　正交化 EMD 分解

文献[229]指出，由于 EMD 分解的基底是后设的，其完整性和正交性为后检验。可根据式(4-8)计算所有 IMF 分量的正交性：

$$\mathrm{IO} = \frac{\sum_{j=1}^{n+1}\sum_{k=1}^{n+1} c_j(t)c_k(t)}{X^2(t)} \tag{4-8}$$

式中：IO 为整体正交系数。各 IMF 分量间的正交性指标值在 $10^{-2} \sim 10^{-3}$数量级，因此 Huang 认为各 IMF 分量之间具有近似的正交性[230]，李夕兵[223]也认为经过 Huang 变换得到 IMF 分量之间是基本正交的。楼梦麟[231]对 EMD 分解的正交性进行了系统研究，认为这种近似的正交性在精度上仍属较低，且应用与实际信号分析时，可能造成能量泄露，并进一步给出了正交化的 EMD 分解方法，从而保证各阶 IMF 分量间的严格正交性。其步骤大致为：

（1）根据 EMD 分解，得到第 1 阶 IMF 分量，记为 $\bar{c}_1(t)$ 。直接认为 $\bar{c}_1(t)$ 是正交化 EMD 分解的第 1 阶 IMF 分量，记为 $c_1(t)$，即 $c_1(t) = \bar{c}_1(t)$ 。

（2）继续根据 EMD 分解法，得到第 2 阶 IMF 分量，记为 $\bar{c}_2(t)$，由于 $c_1(t)$ 和 $\bar{c}_2(t)$ 间并不具备严格的正交性，可通过从 $\bar{c}_2(t)$ 中消除其含有的 $c_1(t)$分量来保证正交性，即

$$c_2(t) = \bar{c}_2(t) - \beta_{21}c_1(t) \tag{4-9}$$

式中：$c_1(t)$为 $X(t)$的第 2 阶正交化 IMF 分量。β_{21} 为 $\bar{c}_2(t)$ 和 $c_1(t)$ 间的正交化系数，对于由离散数据形成的信号 $X(t)$，β_{21} 可通过式(4-10)计算：

$$\beta_{21} = \frac{\{\bar{c}_2\}\ \{c_1\}^{\mathrm{T}}}{\{c_1\}\ \{c_1\}^{\mathrm{T}}} = \frac{\sum_{i=1}^{n}\bar{c}_{2i}c_{1i}}{\sum_{i=1}^{n}c_{1i}^2} \tag{4-10}$$

（3）采用上述方法，对每阶 EMD 分解得到的 IMF 分量进行处理，消除其中所含有的前面各阶正交化 IMF 分量。最终，$X(t)$被分解为

$$X(t)=\sum_{j=1}^{n}c_j^*(t)+r_n(t)=\sum_{j=1}^{n}a_jc_j(t)+r_n(t) \tag{4-11}$$

式中：$a_j=\sum_{i=j}^{n}\beta_{i,j}(j=1,2,\cdots,n)$。经过上述处理，式(4-11)中的 $c_j^*(t)$ 可保证其正交性。

可以看出，正交化 EMD 分解对原方法的改进，在于在提取每阶 IMF 后，对其进行了正交化处理。由于只是数学层面上的重组，也没有改变 EMD 分解提取 IMF 的过程，因此可以在保证 IMF 属性的同时，使得各阶 IMF 分量正交。

本文即采用正交化 EMD 分解方法，求解实测强震数据的 IMF 分量。

4.2.3.4 Hilbert 变换

经 EMD 分解，可得到信号 $X(t)$ 的多个 IMF 分量组合，采用 Hilbert 变换，可得到每个 IMF 分量的瞬时频谱。Hilbert 变换是线性变换，对 IMF 分量 $c_i(t)$ 做 Hilbert 变换，有

$$H[c_i(t)]=\frac{1}{\pi}\mathrm{PV}\int_{-\infty}^{\infty}\frac{c_i(t')}{t-t'}\mathrm{d}t' \tag{4-12}$$

式中：PV 表示柯西主值(Cauchy Principal Value)，可构造解析信号 $z(t)$：

$$z(t)=c(t)+\mathrm{j}H[c(t)]=a(t)\mathrm{e}^{\mathrm{j}\Phi(t)} \tag{4-13}$$

式中：$a(t)$ 为幅值函数：

$$a(t)=\sqrt{c^2(t)+H^2[c(t)]} \tag{4-14}$$

$\Phi(t)$ 为相位函数：

$$\Phi(t)=\arctan\frac{H[c(t)]}{c(t)} \tag{4-15}$$

可以看出，式(4-13)~(4-15)以极坐标的形式，提供了瞬时振幅和瞬时相位，反映了数据段的瞬时特性。根据相位函数 $\Phi(t)$ 可定义瞬时频率 $\omega_i(t)$ 为

$$\omega_i(t)=\frac{\mathrm{d}\Phi}{\mathrm{d}t} \tag{4-16}$$

$\omega_i(t)$ 为时间的函数，表示某时刻对应的频率。

对每个 IMF 分量进行 Hilbert 变换后，原始信号 $X(t)$ 可表示为

$$X(t) = \mathrm{Re}\sum_{i=1}^{n} a_i(t)\mathrm{e}^{\mathrm{j}\phi_i(t)} = \mathrm{Re}\sum_{i=1}^{n} a_i(t)\mathrm{e}^{\int \omega_i(t)\mathrm{d}t} \tag{4-17}$$

式中：Re 表示取实部，将残差 $r_i(t)$ 忽略。

4.2.3.5 Hilbert 谱

式(4-17)将 $X(t)$ 表示为均以时间 t 为自变量的幅值函数 $a(t)$ 和相位函数 $\Phi(t)$ 的 n 个分量之和，可构成时间—瞬时频率—幅值的三维时频关系。经过处理的时间频率平面上的幅度分布称为 Hilbert 时频谱，即

$$H(\omega,t) = \mathrm{Re}\sum_{i=1}^{n} a_i(t)\mathrm{e}^{\int \omega_i(t)\mathrm{d}t} \tag{4-18}$$

将振幅的平方对频率积分，可定义 Hilbert 瞬时能量 IE(t)为

$$\mathrm{IE}(t) = \int_{\omega} H^2(\omega,t)\mathrm{d}\omega \tag{4-19}$$

瞬时能量提供了信号能量随时间的变化情况，表示每个时刻在整个频域上所累计的能量，即信号能量随时间的分布被清晰地表述出来。将实测强震加速度数据进行 EMD 分解后，对 IMF 分量进行 Hilbert 变换，可求得 Hilbert 谱，进而得到瞬时能量 IE(t)，即可求出在由实测强震加速度数据记录的一次地震过程中，能量在时域内的分布规律。

4.2.4 瞬时能量下限值的确定

所谓瞬时能量下限值，是用于过滤地震时程中低能量时段的瞬时能量门槛值。根据 HHT 变换，求得实测强震数据在时域内的能量分布后，对于瞬时能量值高于下限值的时段，将予以保留；对于瞬时能量低于下限值的时段，将进行过滤。因此，瞬时能量下限值的大小直接关系到实测强震数据被过滤掉能量的多少，也关系到被过滤掉时段的持时长短，是对实测强震加速度数据进行时域优化时的关键参数。

根据式(4-19)，可得到实测加速度数据瞬时能量的时域分布(见图 4-1)。

记 IE_0为一瞬时能量值，如图 4-2 所示，找出时域内瞬时能量值低于 IE_0的所有时段，记为(p_1, q_1)，(p_2, q_2)，…，(p_n, q_n)。

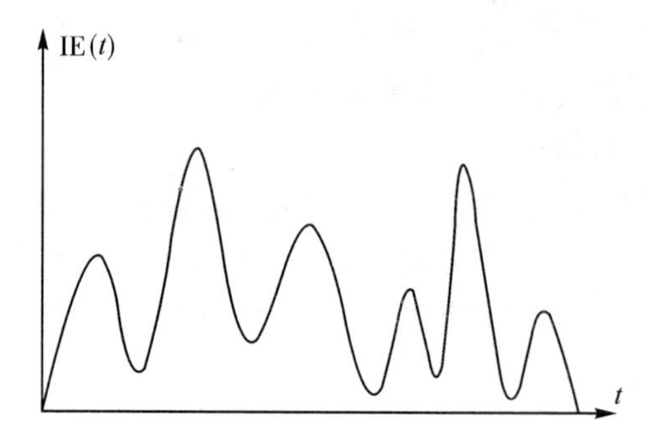

图 4-1 瞬时能量曲线

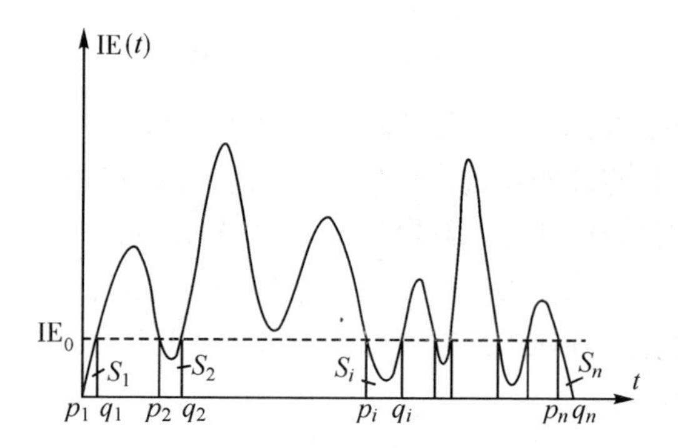

图 4-2 瞬时能量下限值的确定

按式(4-20)分别求出每一时段(p_i, q_i)内的能量 S_i(见图 4-2 中灰色区域)。

$$S_i = \int_{p_i}^{q_i} \mathrm{IE}(t)\ \mathrm{d}t \tag{4-20}$$

将瞬时能量幅值低于 IE_0的所有时段的能量 S_i 累加，即可得时域内低于 IE_0时段的瞬时能量总和，再按式(4-21)计算这些时段的能量和值占时域总能量的比例 $T(\mathrm{IE}_0)$：

$$T(\mathrm{IE}_0) = \sum_{i=1}^{n} S_i / \int_0^{\mathrm{T}} \mathrm{IE}(t)\,\mathrm{d}t \tag{4-21}$$

式中：T 为实测加速度时程总持时。

可以看出，$T(\mathrm{IE}_0)$是一个以瞬时能量值 IE_0为自变量的单调递增函数，它满足式(4-22)，表示时域内低于 IE_0 所有时段的瞬时能量之和占总能量的比例：

$$\begin{cases} T(IE_{max}) = 1 \\ T(IE_{min}) = 0 \end{cases} \tag{4-22}$$

式中：IE_{max} 和 IE_{min} 分别为时域内瞬时能量的最大值和最小值。

式(4-21)给出了低于某特定瞬时能量值的所有时段内能量占时程总能量的比例，即定量描述了瞬时能量值与能量比例之间的关系。因此，对于实测强震数据，可从过滤多少比例的能量考虑，来确定与某一能量比例所对应的瞬时能量下限值。

从能量的观点看，地震对结构的影响实质上是地震动能量的传递，而地震过程中某些时段的能量占总能量比例非常小，可以在结构计算时不予考虑。因此，以保留 95% 实测加速度数据能量为标准，可根据式(4-23)求得瞬时能量下限值：

$$IE_0 = T^{-1}(0.05) \tag{4-23}$$

它表示时域内所有幅值低于 IE_0 的时段瞬时能量之和正好是总能量的 5%。在此过程中，所有低于 IE_0 的时段都可被找出，并被标记为低能量时段。

4.2.5　时域优化过程中的若干问题处理

由于被标记的时段瞬时能量总和仅占总能量的 5%，可认为其对结构的影响非常小，在地震响应分析时可不考虑这些时段对结构的影响，予以标记并过滤。然后，将时域内其他未被标记的时段按前后顺序相连拼接，即得到了优化的加速度时程。在拼接加速度时，还需要进行以下两个处理。

(1)在拼接相邻时段的加速度数据时，应在两段数据之间加入一零值加速度的过渡段。如图 4-3 所示，记 t 为加速度时程的采样时间，t_1、t_2、t_3 为三段相邻时段的待拼接加速度时程。分别在 t_1 和 t_2、t_2 和 t_3 之间插入一零值加速度时刻，并使得 $\Delta t = 2t$。这样处理可避免每个时段首尾加速度的变幅在拼接时被放大(从 t_1 到 t_2)或缩小(从 t_2 到 t_3)。

(2)一般地，强震台的实测记录包括 EW、NS 和 UD 三个方向

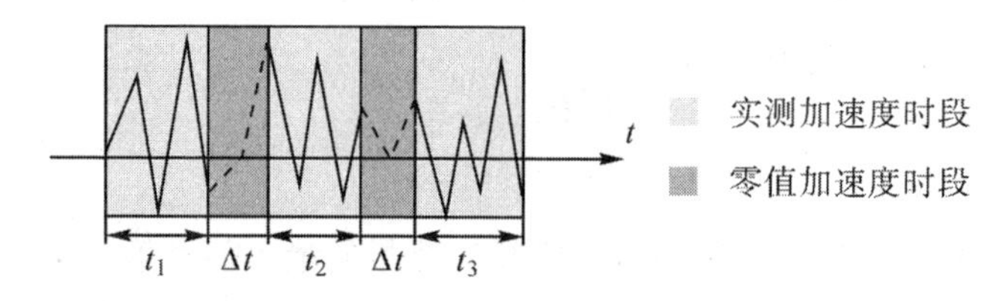

图 4-3　相邻时段拼接时的处理

的加速度时程。根据本优化算法，一次只能对一个方向加速度的时域进行优化。因此，须保证优化得到的三个加速度时程在任意时刻都能一一对应，即任意时刻三个方向的加速度值要么是原实测记录中同一时刻的数据，要么是位于过渡段的零值加速度。为满足此要求，可在拼接每个方向加速度时做一判断，即仅当某时刻在三个方向上同时属于低能量时段，才可将该时刻过滤，若某时刻在任何一个方向上不属于低能量时段，则当前时刻的三个方向加速度值都予以保留。

经过上述处理，优化得到的加速度总时程将有所增长。由于保留了更多的实测加速度数据，最终得到的优化加速度时程能量占实测数据能量的比例会高于 95%，即被过滤的加速度时段能量总和不到总能量的 5%，因此对结构抗震分析的影响有限。

4.2.6　优化算法的有效性验证

以汶川主震时卧龙地震台的实测强震加速度数据为对象进行优化算法的有效性验证。根据 3.4.3 小节的分析，该时程中前 20 s 时段内实测加速度幅值非常小（低于 0.001 m/s^2），故前 20 s 在结构抗震分析时可不予考虑，选取 EW 向和 UD 向加速度时程的 20 ~ 180 s 时段，共计 160 s 持时的实测数据作为优化对象。

首先，将 EW 向和 UD 向加速度时程视为两组信号，分别进行正交化 EMD 分解。EW 向 EMD 分解的结果见图 4-4，可以看出，EW 向加速度时程由 15 阶 IMF 组成。

进一步采用 Hilbert 变换，可求得 EW 向和 UD 向的瞬时能量分

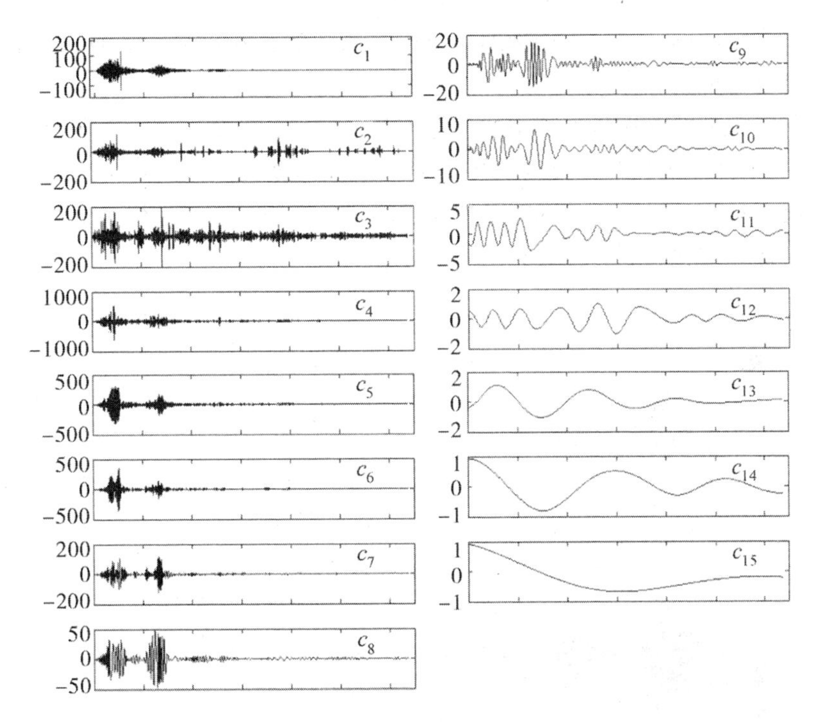

图 4-4　EW 向加速度时程各阶 IMF 分量

布(见图 4-5)。保留 95% 能量为门槛值，求得与 5% 能量比例对应的瞬时能量下限值 IE_0，并将瞬时能量低于 IE_0 时段进行标记。从图 4-5 可以看出，EW 向和 UD 向的瞬时能量分布规律基本相同，

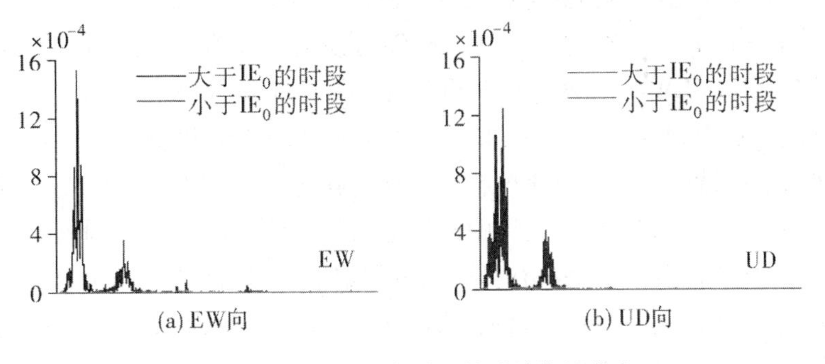

(a) EW向　(b) UD向

图 4-5　实测加速度时程的瞬时能量分布

高于瞬时能量下限值 IE_0的时段都主要集中于 20～40 s 和 50～60 s 两个时段内。对比实测加速度时程发现，上述两个区间所对应的加速度量值也较大。

根据瞬时能量时程中所标记的低于 IE_0的时段信息，分别标记 EW 向和 UD 向加速度时程中所对应的加速度时段。图 4-6 给出低能量加速度时段和非低能量加速度时段，它们分别表示待过滤的和需保留的加速度时程数据。

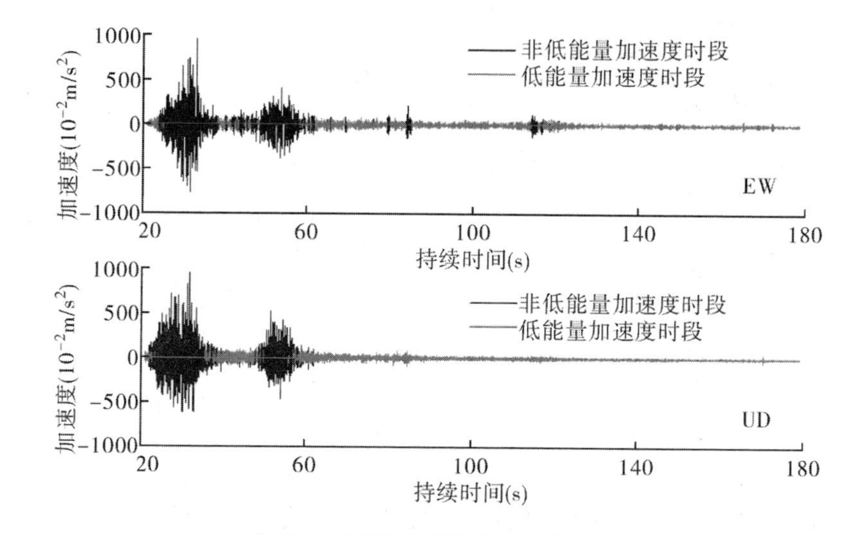

图 4-6　根据 IE_0划分的加速度时段

若不考虑 EW 向和 UD 向时程在每一时刻的对应问题，单独对 EW 向和 UD 向进行过滤，则在相邻时段增加零值加速度时刻并完成拼接后，EW 向加速度持时可优化为 39.61 s，UD 向加速度持时可优化为 26.84 s，仅为原 160 s 总持时的 24.8% 和 16.8%，极大缩短了原持时。若考虑 EW 向和 UD 向在每一时刻的对应问题，则某些在 EW 向和 UD 向时程中被标记为待过滤的时段，会因另一时程的对应时刻位于需保留时段而一同被保留。因此考虑两个方向优化后的持时，会比单一方向优化的持时增加，达到 42.57 s，但也仅为原持时 160s 的 26.6%（见图 4-7）。

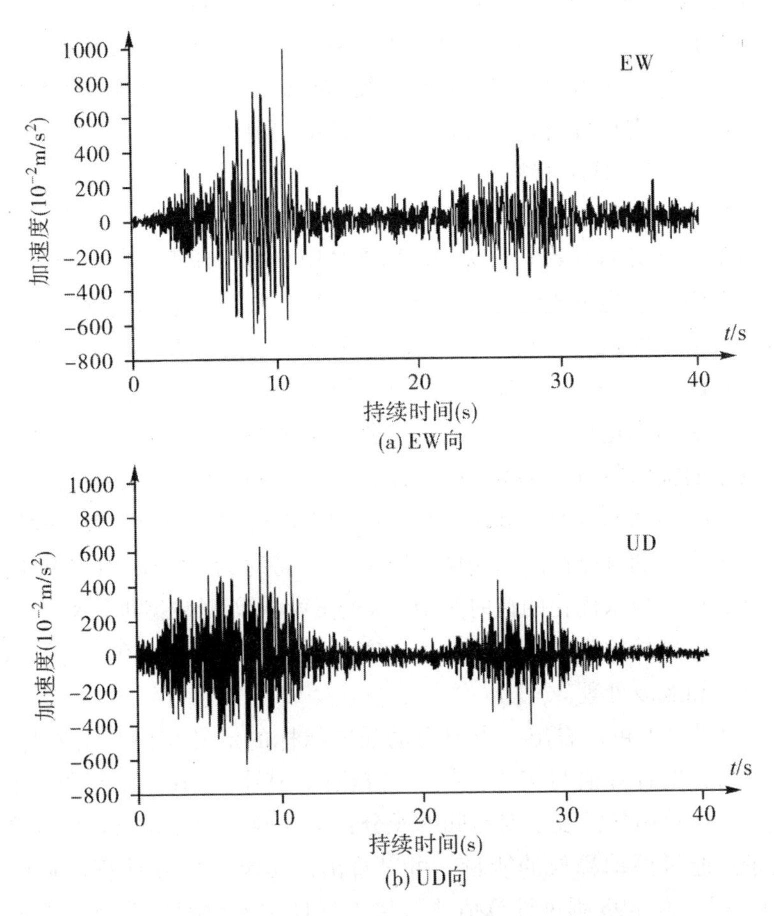

(a) EW向

(b) UD向

图4-7 优化后的EW向和UD向加速度时程

可以看出，采用根据本文提出的时域优化算法，可以将原可将实测的160s加速度时程优化为42.57 s，在显著缩短计算时间的同时，保留了实测强震数据95%以上的能量，这表明该优化算法是有效的。

4.2.7 优化算法的可靠性验证

实测强震数据的三个主要特征为振幅、频谱和持时[11]。根据优化算法得到的加速度时程，应保证在有效缩减持时的同时，并不影响其振幅和频谱特性，且能够被计算实例所检验，才可证明该算法是可靠的。本节分别对优化加速度时程的振幅、频谱和在实例算例中的应用进行分析，以验证优化算法的可靠性。

4.2.7.1 振幅特性

地震动的振幅，可以是加速度、速度、位移的峰值、最大值或具有某种意义的有效值。这些指标都是用来衡量地震波所引起的地面运动强度，也可统称为地震动强度指标。常用的地震动强度指标有：峰值加速度(PGA)，峰值速度(PGV)，加速度与速度峰值比(PGA/PGV)，Housner 强度等多种指标。

本文的优化算法旨在缩短实测强震数据的持时，而有关实测强震数据的幅值特征应被保留。因此采用一些常见的地震动强度指标，对实测加速度时程和优化加速度时程进行对比分析，来检验采用优化算法的可靠性。采用图 4-7(a)中，持时为 42.57 s 的 EW 向优化数据，与未优化的持时为 160 s 的 EW 向实测数据进行对比分析。计算各种地震动强度指标前，实测数据和优化数据都进行了基线校正和滤波处理。

从表 4-1 可以看出，当地震动强度指标的定义与持时无关时，优化时程的计算值与实测数据非常接近。其中，Arias 强度和 A95 强度的计算虽然涉及了对时间的积分，但这两个指标表征的是仪器记录点通过振动释放的能量。可以看出，实测数据和计算数据的 Arias 强度和 A95 强度计算值非常接近，且实测数据计算值稍大于优化数据计算值，这恰好证明了优化算法对实测数据部分低能量时段进行过滤时，并未对时程总能量造成较大影响。

当地震动强度指标的定义计入了持时因素，优化时程的计算值与实测数据存在一定差异。应说明，本文提出该优化算法的出发点，就是缩减实测数据的持时，由于优化数据的持时降低，考虑了持时因素的地震动强度指标值也会随之出现变化。因此，可对计入了持时因素的地震动强度指标进行处理，消去持时的影响。计算发现，不考虑持时后，实测数据和优化数据的计算值也很接近。这表明，根据本文的优化算法得到的优化加速度时程，在地震动强度上

表 4-1 **EW 向实测加速度时程和优化加速度时程的各种地震动强度指标**

地震动强度指标		计算值		备　注
名　称	表达式或计算方法	实测数据	优化数据	
峰值加速度(PGA)[232]	$PGA = \|a(t)\|_{max}$	982.421 cm/s^2	982.467 cm/s^2	实测数据计算值与优化数据计算值非常接近
峰值速度(PGV)[233]	$PGV = \|v(t)\|_{max}$	47.959 cm/s	47.997 cm/s	
峰值位移(PGD[234]	$PGV = \|d(t)\|_{max}$	9.751 cm	10.27 cm	
PGA/PGV[235]	$PGA/PGV = \|a(t)\|_{max}/\|v(t)\|_{max}$	0.049 s	0.049 s	
持续最大加速度[236]	第3～第5个加速度峰值	726.824 cm/s^2	726.862 cm/s^2	
持续最大速度[236]	第3～第5个速度峰值	39.807 cm/s	39.780 cm/s	
Housner 谱强度[237]	$ASI = \int_{0.1}^{0.5} S_a(\zeta = 0.05, T)\,dT$	926.731 cm/s	926.726 cm/s	
	$VSI = \int_{0.1}^{2.5} S_v(\zeta = 0.05, T)\,dT$	211.017 cm	210.625 cm	
Arias 强度[238]	$I_a = \frac{\pi}{2g}\int_0^{\infty} a^2(t)\,dt$	12.977 m/s	12.347 m/s	

续表

地震动强度指标		计算值		备　注
名　称	表达式或计算方法	实测数据	优化数据	
A95[239]	对应95% Arias强度的加速度值	970.036 cm/s^2	970.108 cm/s^2	实测数据计算值与优化数据计算值非常接近
有效设计加速度[240]	以9Hz低通滤波后的加速度时程峰值	916.740 cm/s^2	916.785 cm/s^2	
累计绝对速度[241]	$CAV = \int_0^T \mid a(t) \mid dt$	5268.122 cm/s	3669.508 cm/s	强度指标与持时有关,若将计算式中持时项消去,实测和优化值也很接近
Housner强度 均方根加速度[242]	$a_{rms} = \sqrt{[\int_{t_5}^{t_{95}} a^2(t)dt]/t_D}$	71.171 cm/s^2	135.641 cm/s^2	
Housner强度 均方根速度[242]	$v_{rms} = \sqrt{[\int_{t_5}^{t_{95}} v^2(t)dt]/t_D}$	4.358 cm/s	8.464 cm/s	
Housner强度 均方根位移[242]	$d_{rms} = \sqrt{[\int_{t_5}^{t_{95}} d^2(t)dt]/t_D}$	1.524 cm	3.047 cm	

注:表中 $a(t)$、$v(t)$ 和 $d(t)$ 分别为加速度、速度和位移时程;ζ 为结构阻尼比,S_a、S_v 分别为拟加速度谱和速度谱;T 为时程持时;t_{95} 和 t_5 分别为占整个Arias强度的95%和5%的对应时刻;$t_D = t_{95} - t_5$,称为有效强震持时。

与实测强震数据非常接近。

4.2.7.2　频谱特性

地震动是有各种周期分量按照固定比例组成的，且其频谱构成受到场地条件的影响较大。虽然地震动是三维随机振动，其振幅和频率随时间复杂变化，但对于一个给定的地震动而言，可以将其视为由许多不同频率的简谐波组合而成。表示一次地震过程中，振幅与频率关系的曲线，即统称为频谱。常用的频谱有傅里叶谱、反应谱和功率谱[11]。以下分别给出 EW 向实测数据和优化数据的常用频谱，分析优化算法对频谱特性的影响。

1. 傅里叶谱

傅里叶分析是用来研究复杂函数性质的一种经典数学工具。对于实测强震记录过程 $a(t)$，可按照离散傅里叶变换技术，展开为 N 个不同频率的组合：

$$a(t) = \sum_{i=1}^{N} A_i(\omega)\sin[\omega_i t + \varphi_i(\omega)] = \sum_{i=1}^{N} A_i(\mathrm{i}\omega)\mathrm{e}^{\mathrm{i}\omega_i t} \tag{4-24}$$

式中：$A_i(\omega)$ 和 $\varphi_i(\omega)$ 表示圆频率为 ω_i 的振动分量的振幅和相位角；$\mathrm{i}=\sqrt{-1}$，复函数 $A_i(\mathrm{i}\omega)$ 即为傅里叶谱，其模 $|A_i(\mathrm{i}\omega)|$ 为幅值谱。$\varphi_i(\omega)$ 与 ω_i 的关系曲线为相位谱。

图 4-8 为实测和优化数据的傅里叶幅值谱，可以看出，实测和优化数据的傅里叶幅值谱分布基本相同。其中，实测数据的幅值出

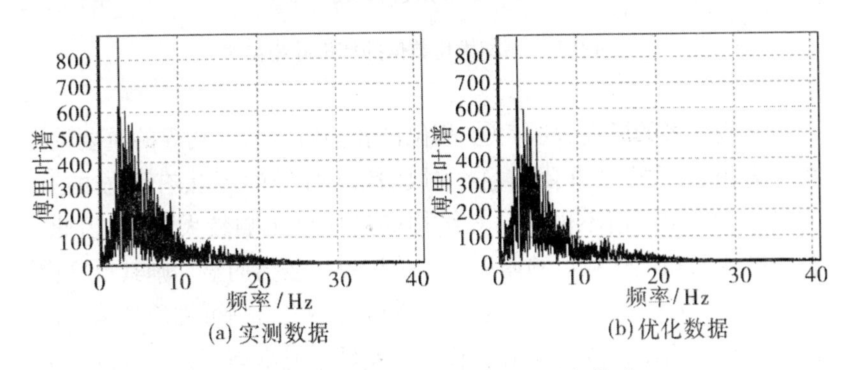

图 4-8　实测和优化数据的傅里叶幅值谱

现在$f=2.350$ Hz 时，对应的幅值为 890.45 cm；优化数据的幅值出现在$f=2.356$ Hz 时，对应的幅值为 882.375 cm，两者非常接近。

对于相位谱，$\varphi_i(\omega)$ 在频域 ω_i 内的分布过于离散(见图 4-9)，无法直接比较实测数据和优化数据的相位谱差异。

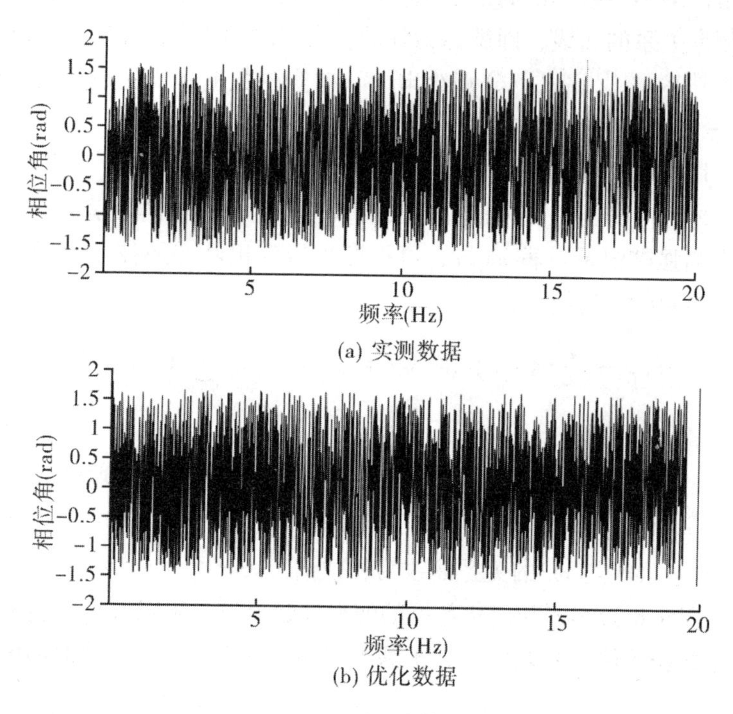

图 4-9　实测和优化数据的傅里叶相位谱

一些学者的研究表明：① 相位谱和幅值谱具有同等的重要性，相位谱包含了较多重要信息，对加速度时程的形状有明显的影响[243]。② 相位谱不同时，对结构的反应谱影响较大[244]。因此，若实测数据和优化数据的傅里叶相位谱差异较为明显，则其反应谱的区别应当也较大；反之，若反应谱区别不大，则可推论认为相位谱的差异不明显，或相位谱虽有一定差异，但影响不大。所以，优化算法对实测数据傅里叶相位谱的影响可通过反应谱的对比进行验证。

2. 反应谱

反应谱的概念由 Biot 于 1940 年提出，他通过简化理想单质点体系的反应来描述地震动特性。反应谱定义为一个自振周期为 T、结构阻尼比为 ζ 的单质点体系，在地震作用下结构反应的最大值 y。y 与周期 T 和阻尼比 ζ 有关。在阻尼比确定后，$y(T,\zeta)$ 为周期的函数。地震作用下的结构反应包括相对位移、相对速度和绝对加速度，因此有相对位移、相对速度和绝对加速度三种反应谱，可根据式(4-25)～式(4-27)计算：

$$S_d(\zeta,\omega) = \left|\frac{1}{\omega}\int_0^t a(\tau)\mathrm{e}^{-\zeta\omega(t-\tau)}\sin[\omega(t-\tau)]\mathrm{d}\tau\right|_{\max} \tag{4-25}$$

$$S_V(\zeta,\omega) = \left|\int_0^t a(\tau)\mathrm{e}^{-\zeta\omega(t-\tau)}\cos[\omega(t-\tau)]\mathrm{d}\tau\right|_{\max} \tag{4-26}$$

$$S_a(\zeta,\omega) = \omega^2 S_d(\zeta,\omega) \tag{4-27}$$

式中：ζ 为阻尼比；ω 为自身频率。

图 4-10 给出了实测和优化数据的反应谱(阻尼比取 5%)。可以看出，实测数据和优化数据的加速度反应谱和速度反应谱曲线都非常吻合。其中，实测和优化数据在加速度反应谱幅值时对应的周期都是 0.42 s。实测和优化数据的位移反应谱在 T=3.6～4.0 s 区间内有所差别，但区别不大。较位移反应谱而言，加速度反应谱和速度反应谱运用较多，因此对实际工程更具有意义。反应谱的对比分析表明，优化算法不仅对反应谱本身的影响较小，也从侧面间接证明了对傅里叶相位谱的影响较小，故而可以验证算法对傅里叶谱的影响也较小。

3. 功率谱

功率谱是功率谱密度函数的简称，表示随机过程在频谱中描述过程特性的物理量。它定义为地震动随机过程 $a(t)$ 的傅里叶幅值谱 $A(\omega)$ 的平方平均值：

$$S(\omega) = \frac{1}{2\pi T}E[A^2(\omega)] \tag{4-28}$$

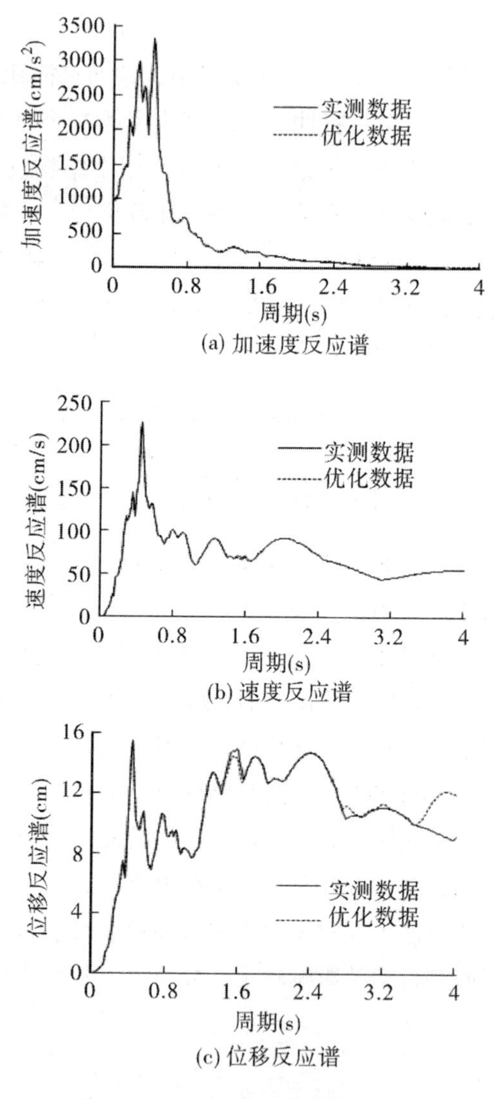

(a) 加速度反应谱

(b) 速度反应谱

(c) 位移反应谱

图 4-10　实测和优化数据的反应谱

式中：T 为地震总持时。从图 4-11 可以看出，实测和优化数据的功率谱分布基本相同，这表明该算法对地震波的频谱特性影响不大。

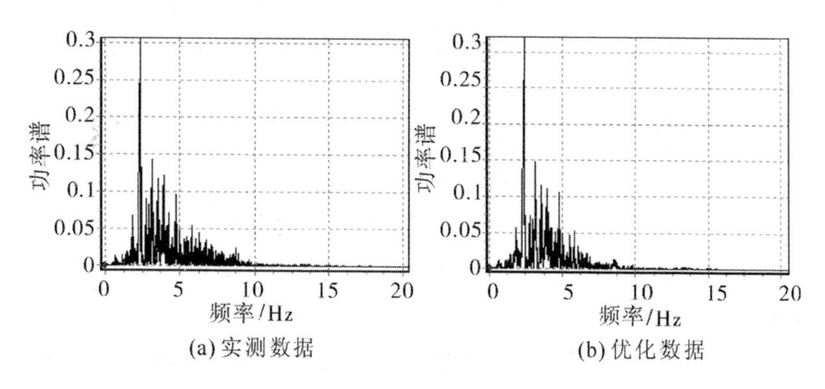

(a) 实测数据　　(b) 优化数据

图 4-11　实测和优化数据的功率谱

综上，对实测数据和优化数据的傅里叶谱、反应谱和功率谱进行对比后发现：优化算法对实测强震数据的频谱特征影响很小，优化所得加速度时程基本继承了实测数据的频谱特性。

4.2.7.3　算例验证

经上述分析发现，采用优化算法对实测强震数据进行优化后，其振幅和频谱特性均可以得到基本保持。然而，优化加速度时程只有在动力分析实例中取得良好的应用效果，才能为实际的工程服务。因此，设计三组计算工况来验证优化算法的实际应用效果，这三组工况计算时均采用同一个小三维模型(见图 4-12)，共剖分了

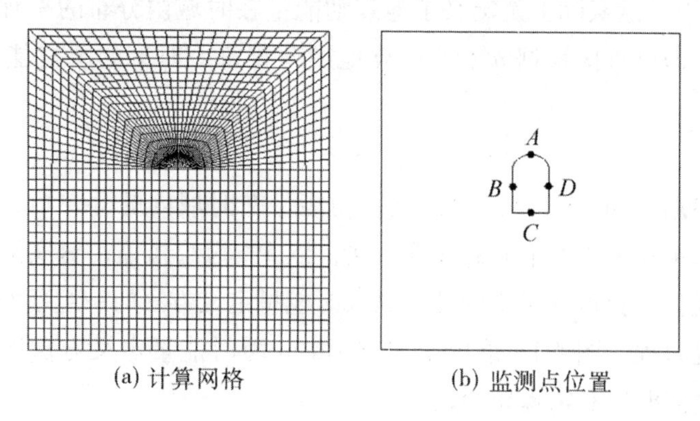

(a) 计算网格　　(b) 监测点位置

图 4-12　算例模型

1 642 个单元，3 408 个节点。考虑地震波从模型底部竖直向上入射，动力分析时，监测模型内位于洞室边墙和顶拱部位的应力和变形时程。

1. 工况设置说明

三组工况采用的地震输入分别为：

工况一：采用 EW 向和 UD 向实测强震数据；

工况二：采用根据本文优化算法优化所得的 EW 向和 UD 向优化数据（见图 4-7）；

工况三：采用依据 Husid 方法表示地震动能量在时域的分布，再以 5% 为门槛值对实测强震数据进行过滤，得到优化的 EW 向和 UD 向优化数据。

工况二和工况三的区别在于优化实测数据时，采用了根据不同方法得到的地震动能量在时域内的分布。即工况二是采用 HHT 变换获得实测数据在时域内的瞬时能量分布，并将其作为地震动能量的时域分布；工况三是采用根据 Husid 方法得到的地震动能量在时域内分布。进行这两个工况的对比，旨在证明本文优化算法的优势，从而进一步揭示该算法能够对实测强震数据进行优化、有效缩减持时的本质原因。

Husid 提出，采用 $\int_0^t a^2(t)\,\mathrm{d}t$ 可用于表示地震动能量随时间的增长[245]。这实际上是定义了地震动能量在时域内分布的一种计算方法，即可直接根据 $a^2(t)$ 计算地震动在每一时刻的瞬时能量 IE(t)：

$$\mathrm{IE}(t) = a^2(t) \tag{4-29}$$

根据式(4-29)，在求得地震动能量在时域内的分布后，可根据 4.2.4 和 4.2.5 小节的处理方法，以 5% 为门槛值，对实测数据进行优化，获得基于不同地震动瞬时能量定义方法的一组新的优化加速度时程。图 4-13 给出了根据 Husid 瞬时能量定义方法所划分的待过滤时段和需保留时段。

进一步考虑 EW 向和 UD 向时程在每一时刻的对应问题，并在

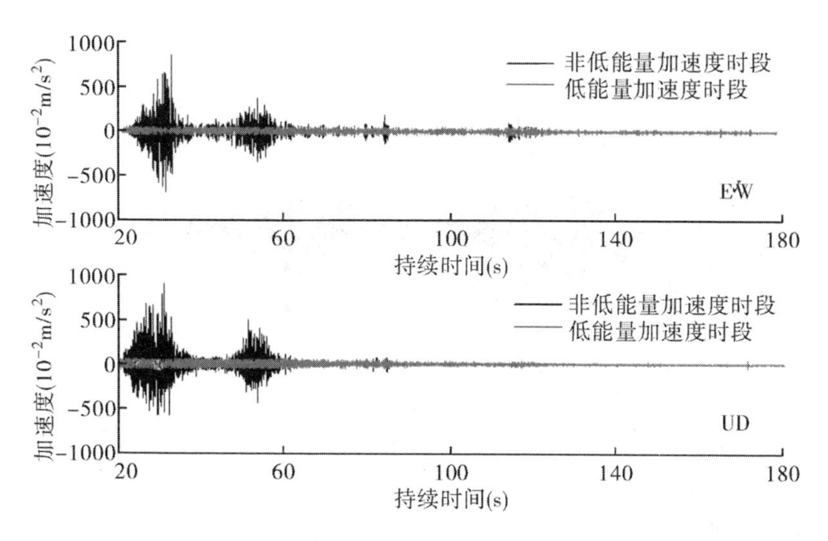

图4-13　根据Husid瞬时能量划分的加速度时段

相邻时段增加零值加速度时刻进行拼接后，即得到了优化的EW向和UD向加速度时程(见图4-14)。该时程持时为36.72 s，为原160 s持时的22.95%。这表明根据Husid方法定义的瞬时能量分布，也能对实测数据进行持时的优化。

2. 计算结果对比

动力计算采用FLAC^{3D}，采用莫尔-库仑屈服准则。初始地应力场考虑自重应力和构造应力，计算模型边界采用FLAC^{3D}提供的自由场边界。岩体阻尼采用FLAC^{3D}提供的局部阻尼，取阻尼比为0.05，则局部阻尼为0.157。

三种地震输入的计算方案均由静力计算和动力计算构成。其中静力计算指洞室的开挖和支护计算，三种工况的静力计算成果是一致的。然后分别输入不同的地震加速度时程，完成动力计算步。

对三种工况的位移指标和应力指标进行了对比。分别统计各指标的计算时程最大值、最小值和时程末残余值(见表4-2)。

采用左侧边墙B点的横向位移时程与右侧边墙D点的横向位移时程之差(图4-12(b))，作为边墙横向相对位移时程做对比；采

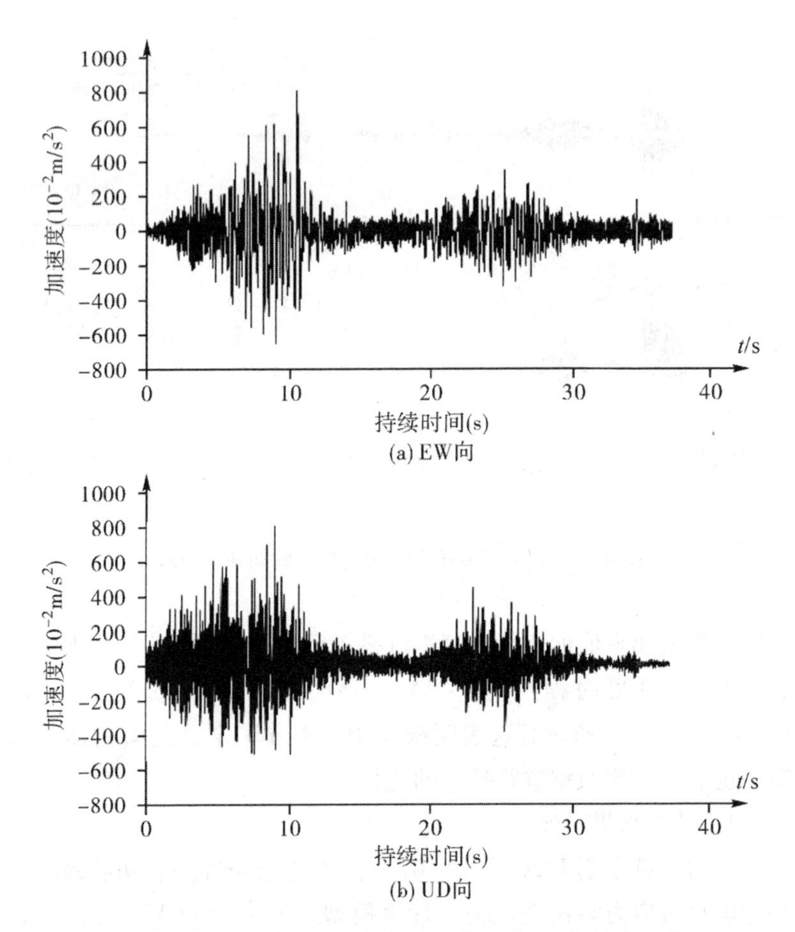

图 4-14　Husid 方法优化后的 EW 向和 UD 向加速度时程

用顶拱 A 点的竖向位移时程与底板 C 点的竖向位移时程之差，作为顶拱和底板的竖向相对位移做对比。此时相对位移值的正负表示两点间的相对运动趋势，即正值表示两点间距离增大，负值表示两点间的距离减小。

从边墙横向相对位移时程统计指标来看(见图 4-15)，三种工况下的时程最大值、最小值和时程末残余值都很接近。从顶拱和底板的竖向相对位移时程来看(见图 4-16)，采用 Husid 方法(工况

表 4-2 **三种工况的动力计算成果对比**

对比指标	对比工况	位移指标(cm)		应力指标(MPa)					
		边墙横向相对位移	顶拱和底板竖向相对位移	顶拱 A		边墙 B		底板 C	
				σ_1	σ_3	σ_1	σ_3	σ_1	σ_3
时程最大值	工况一(实测)	-0.07	0.08	0.03	1.49	-1.45	0.32	-0.05	1.41
	工况二(HHT)	-0.07	0.12	0.05	1.49	-1.45	0.33	-0.04	1.41
	工况三(Husid)	-0.07	**0.29**	0.06	1.51	**-1.66**	0.28	-0.16	**1.25**
时程最小值	工况一(实测)	-0.64	-1.21	-3.19	-0.51	-4.38	-0.07	-3.10	-0.76
	工况二(HHT)	-0.65	-1.21	-3.20	-0.52	-4.40	-0.07	-3.11	-0.76
	工况三(Husid)	-0.66	-1.23	-3.09	-0.52	-4.46	-0.07	**-2.38**	**-0.12**
时程末残余值	工况一(实测)	-0.58	-0.69	-0.89	-0.44	-2.95	-0.04	-6.41	-0.40
	工况二(HHT)	-0.58	-0.70	-0.88	-0.44	-2.98	-0.04	-6.38	-0.40
	工况三(Husid)	-0.58	**-0.23**	-0.86	-0.30	-2.93	-0.04	**-0.97**	**0.34**

注:各计算指标与实测值相差较大者均用黑体标出。

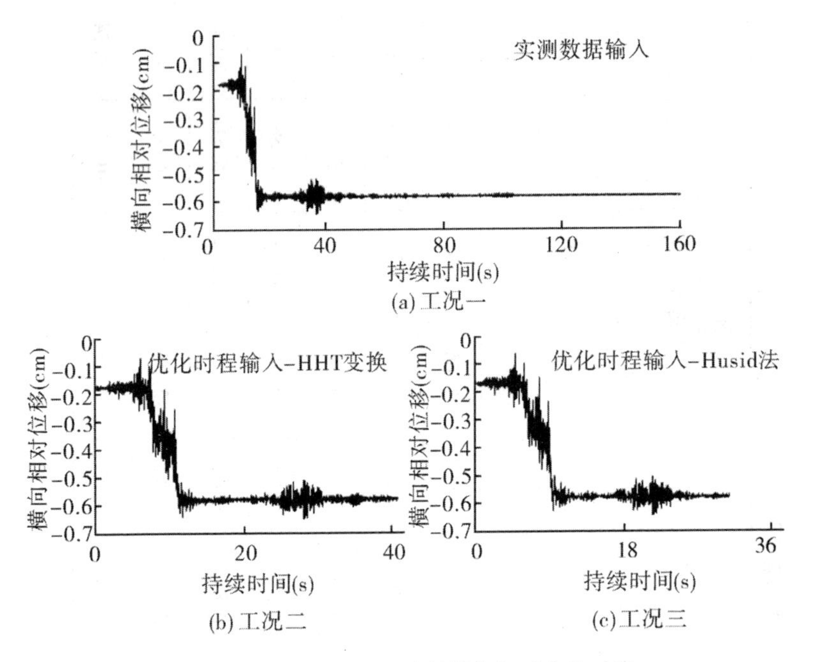

(a) 工况一

(b) 工况二

(c) 工况三

图 4-15　洞室左右边墙的横向相对位移时程

三）的优化数据计算结果与实测数据计算结果（工况一）差异明显，其中时程最大值相差 0. 21 cm，时程末残余值相差 0. 46 cm（见表 4-2）。观察时程曲线（见图 4-16（c））可发现，工况三的相对位移时程在 $t=15$ s 时刻即与工况一出现显著不同，从而导致时程最大值和时程末残余值的差异较大。这表明采用 Husid 方法优化得到的时程，并不能保证位移计算结果与实测数据的计算结果一致。

同时，对比采用 HHT 变换的优化数据计算成果和实测数据的计算成果，发现两者之间的差异非常小。无论是横向相对变形还是竖向相对变形，工况二的相对位移时程（见图 4-16（b）、图 4-17（b））与工况一（见图 4-16（a））、（见图 4-17（a））相似，且可以涵盖工况一时程内所有极值和变幅较大的时段。这表明采用 HHT 变换能够保证位移计算成果的可靠性。

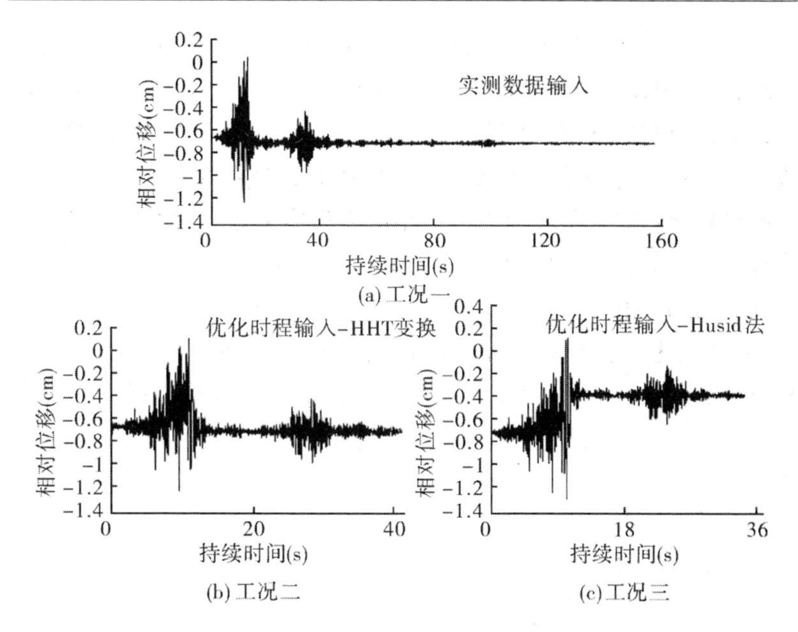

(a) 工况一

(b) 工况二

(c) 工况三

图 4-16　洞室顶拱和底板的竖向相对位移时程

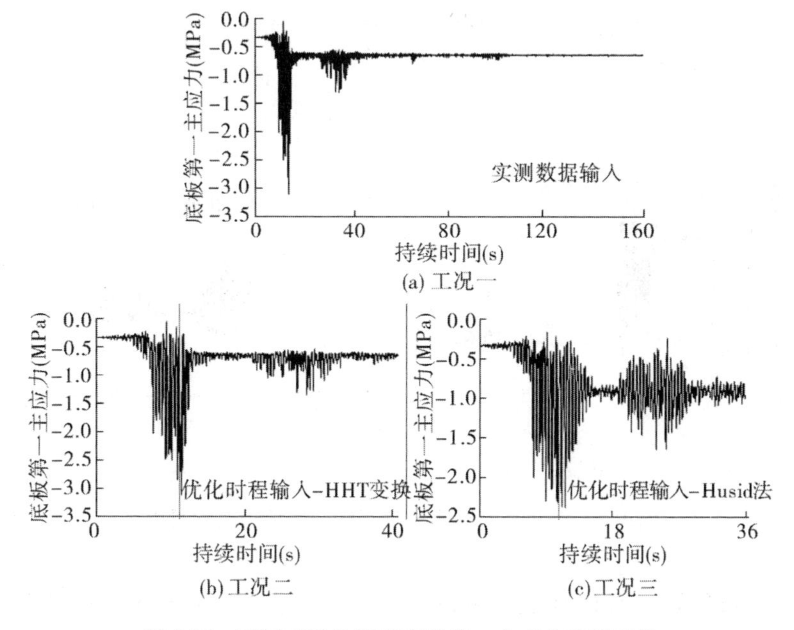

(a) 工况一

(b) 工况二

(c) 工况三

图 4-17　不同工况的洞室底板第一主应力时程对比

进一步对比三种工况的应力计算成果，从统计来看(见表4-2)，采用HHT变换方法的工况二应力计算成果各指标均与实测数据计算成果非常接近。而采用Husid方法的工况三与实测数据计算成果在洞室的部分位置差异明显(见表4-2中黑体字)。其中工况三的底板部位时程最大应力、最小应力和残余应力值均与工况一有明显差别。底板部位的应力时程曲线(见图4-17、图4-18)也表明：工况三的第一和第三主应力时程与工况一差异明显。这表明采用Husid法优化实测数据，同样不能保证应力计算成果与实测数据计算成果的一致性。而HHT变换优化数据的应力计算成果仍与实测数据的应力计算成果非常接近，也能够保证应力计算成果的可靠性。

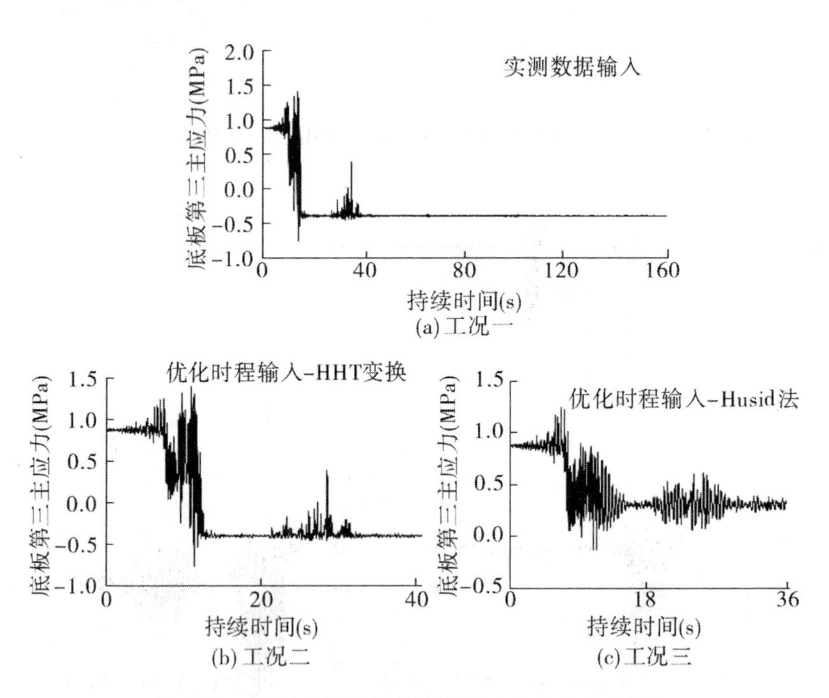

图4-18　不同工况的洞室底板第三主应力时程对比

根据计算对比验证，可以得到结论：① 采用HHT变换方法(即本文的优化算法)的优化数据的计算成果，与实测数据的计算成果差异非常小，完全能够捕捉到采用实测时程计算时的所有应力和变形极值以及变幅较大的时段，且时程中的应力和变形极值以及最终残余值与实测数据的计算结果差别非常小，具有很高的精度。因此，该优化算法的可靠性可以得到验证。② 采用 Husid 方法的优化数据的计算成果，在位移和应力指标上均不能保证与实测数据计算成果的一致性，即优化数据用于实际工程并不可靠。

4.2.8　优化算法的实质

上述算例，不但印证了本节算法应用于实例分析的可靠性，也从另一角度证明了采用 HHT 变换处理实测强震数据的必要性和优势，即并不是只要找到一种可用于地震动能量在时域内分布的表示方法(如 Husid 法)，就可以保证优化数据的可靠性。算例中工况二和工况三都能够有效缩减实测强震数据的持时，但两工况的可靠性完全不同，造成此区别的主要原因在于获得地震动能量在时域内分布时，采用了不同的方法。因此，本文优化算法的实质，是采用了适应于地震动特性的合适方法，即 HHT 变换方法。

根据 Husid 方法求得的瞬时能量所划分的待过滤和需保留时段(见图 4-13)，与根据 HHT 变换求得的瞬时能量所划分的时段相比(见图 4-7)，具有明显的差异。采用 Husid 方法时，待过滤的时段仅与当前时刻的加速度幅值有关，使得待过滤时段在整个持时内呈现出均匀分布(见图 4-13)；采用 HHT 变换方法时(见图 4-7)，待过滤时段不仅与当前时刻的加速度幅值有关，也与时段有关，可以看出，位于 $t=23\sim40$ s 和 $t=50\sim60$ s 时段内的加速度均属于需保留时段，这表明地震动在某时刻的能量大小不仅与当前时刻的加速度幅值有关，也与地震动的其他特性有关。而 HHT 法就能很好地提取地震动信号变化的主要特征，能够适应其突变快、非平稳的特性。

4.2.9　结论和讨论

(1)对实测加速度数据进行 HHT 变换，可以得到实测数据在时域内的能量分布。进一步以保留 95% 总能量为门槛，可以将时域内低能量时段过滤，从而能够有效降低结构计算总时间。采用该算法，对汶川地震卧龙强震台实测加速度数据进行优化，可将总持时降为实测数据的 26.6%，证明了该优化算法的有效性。对比实测数据和优化数据的频谱和振幅特征指标发现，优化后的加速度时程频谱和振幅特性基本保持不变。进一步将实测数据的优化成果用于动力计算，并与实测数据的计算成果对比，可发现，采用优化的时程计算，能够捕捉到所有应力和变形极值以及变幅较大的时段，且应力和变形极值以及最终残余值都具有很高的精度，可证明该算法的可靠性。

(2)对实测加速度时域进行优化时，涉及保留 95% 能量这个指标的确定问题。以本节对卧龙台实测数据确定的 95% 为例，若计算的精度要求更高，则应适当调高门槛值；若计算精度要求较低，则可适当调低门槛值。应当看到，对于不同地震波，由于其持时、幅值和频谱特性各异，因此保留能量的多少对计算精度的影响程度必然存在一定差别。此时，可采用试算的方法，首先建立网格较稀疏的模型进行计算，以既能有效缩减加速度时程的持时，又可保证足够计算精度为原则来确定合适门槛值，再建立结构计算模型进行动力计算。

(3)进一步对 EL-Centro 波等常见地震波进行了时域优化，并运用优化成果对大坝等地面结构进行了动力计算的对比分析，发现优化算法的有效性和可靠性同样可以得到验证。

(4)结构进入塑性后，变形不可恢复，任何微小荷载都会对造成塑性变形累积。从这个意义上讲，任意地震激励都应当在动力弹塑性分析中得到体现。然而，对于结构的地震响应问题，由于地震荷载的时空离散性很强，结构在地震力的重复加卸载作用下，在某些时段以及某时刻内的某些部位会回弹，此时对占能量比例很小的外加地震激励进行优化，并不会对计算结果造成影响；同时，对于已经结构进入塑性的时刻或部位，从提升计算效率出发，对加速度时程进行优化时虽然忽略了部分时段对结构塑性变形累积的贡献，但由于这些时段能量相对比例很小，对结构的塑性状态贡献很小，故对计算结果的影响也很有限。从算例来看，优化后加速度时程在显著降低了计算时间的同时仍有很高的精度。因此，本节“以微小精度损失换取巨大时间节省”的方法完全可行，也具有明显的工程实用价值。

4.3 大型地下洞室群地震响应分析的动力子模型法

4.3.1 问题描述

在地震过程中，地下洞室群受到了从基岩深部向上传播地震波和被地表反射后向下传播地震波的双重影响。因此动力分析时需综合考虑地表自由面和深部岩体的影响。由于地下洞室埋深较大，若动力分析模型向上建至地表自由面、向下达至深部岩体，将必然导致模型规模过于庞大，不利于提高动力分析的效率。查阅地下洞室抗震分析的相关研究，对于这一问题还少有涉及。一般是将洞室计算模型直接建模至地表[64]，这样处理将导致较大的计算量；或者是在岩体中截取一块区域进行分析[63]，这样便无法考虑地表反射地震波的影响。因此，采用何种处理方法，能够既保证输入地震波考虑了较大范围岩体特性的影响，又能使得结构动力计算模型可适当缩减，是提升洞室地震响应分析效率又一亟待解决的问题。

针对这个问题，借鉴静力分析中的子模型计算思路，本节提出了大型地下洞室群地震响应分析的动力子模型法。

4.3.2 基本思路

获取洞室所在岩体区域的地震波动场是实现地震荷载输入和结构动力计算的前提。计算地震波动场时，应尽可能考虑地下洞室群的地质赋存条件，包括地表的走势和岩层分布等因素，则模型向上应建至地表自由面，向下应达至比洞室所处部位更深的岩层，故而建模时要有较大的覆盖范围。而模型网格尺寸仅须满足波在网格中精确传播时所要求的精度。另外，用于结构动力分析的模型不要求大覆盖范围，但在靠近开挖面的岩体网格尺寸应足够小以满足工程精度的要求。

可以看出，地震波动场计算要求建模范围较大而对网格尺寸要求较少，可称为“大范围、粗网格”；结构动力计算要求模型网格尺寸足够小而对建模范围要求较少，可成为“小范围、细网格”。基于此，可将地震波动场计算和洞室群的动力响应计算分开，分别建立符合两者要求的模型：

（1）根据实际地质赋存环境，建立地震波动场计算模型（以下称为“大模型”）。该模型覆盖范围较大，模拟了地表自由面和岩层分布等条件，同时模拟了洞室群的开挖轮廓，以考虑地下洞室群的开挖面对地震波传播的影响。大模型的网格尺寸可设置较大，仅满足波在网格中精确传播的要求即可。

（2）根据地震波在基岩内的传播特点，以幅值线性折减法对地表加速度时程进行折减，得到在大模型人工边界处的地震动特性。采用第 2 章介绍的等效人工黏弹性边界单元的地震荷载输入方法，完成对大模型的地震荷载输入，计算得到大范围岩体区域内的地震波动场，并记录整个时程中模型各节点的运动状态（包括位移、速度、加速度），并算得各单元的应力状态。

（3）建立洞室群动力计算模型（以下称为“小模型”），使其在洞周关心部位的网格尺寸具有足够精度。虽然小模型建模范围比大模型小，但仍须具有足够的跨度以降低模型边界条件的设置对模型中心关键部位的影响。一般认为，当地下洞室动力分析的模型截取范围取为静力开挖计算的范围时，即可有效消减动力边界条件对计算结果的影响。对于这一问题，本节分析暂以静力分析的标准确定动力计算模型的截取范围，并将在 4.4 节部分专门研究动力计算模型的合理截取范围。

（4）将小模型套入大模型，对大模型进行插值，获取小模型边界节点在每一时刻的运动状态和应力状态，再将小模型的地震荷载输入视为自由场输入问题，进行波场分解后，在小模型的上下、左右、前后 6 个边界上都施加节点荷载，从而完成对小模型的地震荷载输入。

（5）在实现对小模型地震荷载输入的基础上，采用第 3 章的三维弹塑性损伤动力有限元法进行计算，完成地下洞室群的地震响应分析。

上述步骤可简单概括为“大模型计算大范围地震动波场”——“小模型对大模型插值以获取边界点运动和应力状态”——“对小模型边界点施加节点荷载”——“小模型结构地震响应分析”，这一思路与静力分析中的子模型技术[246]相似，可称为动力子模型法。由于(1)、(3)、(5)步已有相关研究成果[247,67]，下述重点介绍(2)和(4)步骤，这也是实现大型地下洞室群地震响应分析动力子模型法的核心环节。

4.3.3　基于幅值折减的地震波动场计算

4.3.3.1　地表加速度时程向基岩深处的推算

本书在 2.7.4 小节已经对地下洞室地震响应时输入地震波的折减问题进行了陈述。一般而言，强震加速度数据都是由地面强震台测得。因此，在计算大范围地下地震波场之前，应对地表加速度数据向基岩深处推算，得到大模型底边界所在基岩深度的加速度时程，从而输入模型底边界进行地震波动场计算。

地面或浅埋地下结构的范围较小，地表可建为平面，地下结构的上覆介质也可简化为水平成层结构，则可简化为一维线性波动问题。根据成层土频域本构和成层土的暂态地震反应理论[248]，可推算得到具有较高精度的地下加速度时程，相关研究也验证了其合理性[249]。而大型地下洞室群却难于适用，这是由于：① 地下洞室群建模跨度较大，所建出的地表往往起伏不平，反映了上覆山体的地形走势和岩层分布，且洞室所处的地质条件往往非常复杂，难以满足水平成层的假设。② 地震震级较大时，介质可能出现非线性特征，而成层土的频域本构仅对线性问题才有意义。因此，有必要根据地震波在深层基岩内的传播特性，研究适于深埋地下工程地震动的推算方法。

地震动特性分别在加速度数据的时域和频域内表达。地表加速度时程向基岩深层推算的理想效果，是已知地表加速度时程和推算完成后再正算至地表的加速度时程在时域内(加速度幅值)和频域内(频谱特性)都很接近。胡进军[250]和徐龙军[251]根据日本和美国的观测数据进行了分析，认为地下地震波在基岩不同深度(-400 ~0 m)传播时，地震波在基岩内的频谱特性变化很小，而加速度幅值随深度变化相对显著。针对这一特点，在推算深层基岩的地震动时，可直接在时域内对已知地表加速度时程进行幅值的线性折减，当幅值折减系数取值合适时，即可使已知和计算所得地表加速度在时域内的幅值特性接近。则地面加速度向基岩深处的推算可转换为对已知地表加速度时程幅值线性折减系数的搜索：

$$a'(t) = \beta a(t) \tag{4-30}$$

式中：$a'(t)$为推算所得的地下加速度时程，$a(t)$已知地表加速度时程，β为幅值折减系数。

地表加速度时程向基岩深处推算的过程如图 4-19 所示。

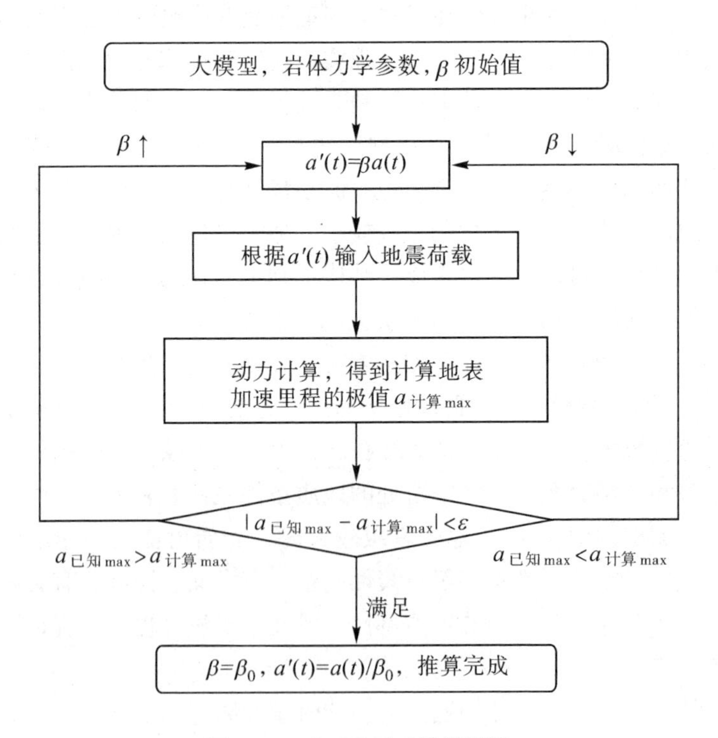

图 4-19　地下地震动推算框图

幅值折减系数初始值可取为 $\beta=0.5$，同时对大模型顶部点进行监测。每次动力正算完毕，求得计算地表加速度时程的极值 $a_{计算max}$，并与已知地表加速度时程极值的 $a_{已知max}$ 对比。若 $a_{已知max}>a_{计算max}$，表明地表加速度时程的幅值折减过多，则需增大 β；若 $a_{已知max}<a_{计算max}$，表明地表加速度时程的幅值折减过少，则需减小 β。通过对幅值折减系数的搜索（可采二分法），最终可求得满足精度要求的幅值折减系数 β_0 和推算得到的地下加速度时程 $a'(t)$。

4.3.3.2　地震波动场计算时地震荷载的输入

根据 2.3 节的方法，在大模型的竖向边界和底部边界设置三维等效黏弹性边界单元作为人工边界条件，即在大模型的基础上在竖向边界和底部边界上沿着边界外法向延伸了与一层厚度相等的实体单元，并将平推形成的实体单元最外层固定。然后，根据输入地震动时程，采用 2.4 节的方法，即可完成对大模型的地震荷载输入。

4.3.4　动力子模型法的实现

4.3.4.1　结构计算模型对地震波动场计算模型的插值

建立地下洞室群动力分析结构计算模型（小模型），可将模型建为长方体，顶部不必建至地表自由面，只需使模型范围具有足够的跨度以消减边界条件的设置对模型中心关键部位的影响。

将小模型的所有边界节点（上下、左右、前后共计 6 个边界面）放入大模型中，采用形函数插值求得计算模型边界点在每一个时刻的运动状态和应力状态[252]，采用六面体 8 节点单元形函数插值：

$$N_i=\frac{1}{8}(1+\xi_i\xi)(1+\eta_i\eta)(1+\zeta_i\zeta)\quad(i=1,2,\cdots,8)\tag{4-31}$$

式中：ξ_i，η_i，ζ_i 为节点的局部坐标；ξ，η，ζ 为待插值点的局部坐标。

4.3.4.2　结构计算模型的地震荷载输入

获取小模型的所有边界节点在整个时程的运动状态后，实质上即是获得了计算模型所有边界(包括顶部边界)的地震波动场。此时，可将地震荷载的输入视为外源波动时的自由场输入问题，把小模型每个边界上的总波场分解为散射波动场和自由波动场。

根据位移连续条件和力学平衡条件，小模型人工边界上任意一点 l 的运动方程为

$$m_l \ddot{u}_{lj}^{\mathrm{T}}(t) + C_l \dot{u}_{lj}^{\mathrm{T}}(t) + K_l u_{lj}^{\mathrm{T}}(t) = R_{lj}^F(t) + R_{lj}^S(t) \qquad (4\text{-}32)$$

式中：$R_{lj}^F(t)$ 和 $R_{lj}^S(t)$ 分别为模拟自由场和散射场需要在人工边界节点施加的荷载。

在小模型的边界也设置等效黏弹性人工边界单元，则 $R_{lj}^S(t)$ 由边界提供，不需要再行施加荷载。

为模拟自由场，需在边界节点施加荷载 $R_{lj}^F(t)$ 。它由两部分构成：一是克服人工边界单元的刚度和阻尼所需要的力，与式(2-29)的 F_2 意义一致；二是边界自由场在人工边界单元处的应力场，与式(2-27)中的 F_1 意义一致，则有

$$R_{lj}^F(t) = A_l[K_{lj} \cdot \dot{u}_{lj}^F(t) + C_{lj} \cdot \dot{u}_{lj}^F(t) + \sigma_{lj}^F(t)] \qquad (4\text{-}33)$$

式中：K_{lj} 和 C_{lj} 分别为边界节点 l 在 j 方向上构造黏弹性人工边界时附加的弹簧、阻尼系数，当 j 向为边界面法向时，$K_{lj} = K_N$ ，$C_{lj} = C_N$ ；当 j 向为切向时，$K_{lj} = K_T$ ，$C_{lj} = C_T$ ，$\sigma_{lj}^F(t)$ 为自由场波动产生的应力场。

可以看出，小模型对大模型的动力计算结果插值后，即获得了边界上所有节点在每一时刻的运动状态和应力状态，即 $u_{lj}^F(t)$ 和 $\sigma_{lj}^F(t)$ 均为已知，则可根据式(4-33)算得 $R_{lj}^F(t)$ ，即为模拟自由场而需在边界施加的荷载，从而可实现对结构计算模型的地震荷载输入。由于 $u_{lj}^F(t)$ 和 $\sigma_{lj}^F(t)$ 均由大模型插值得来，而大模型的建模范围较大，考虑了地表自由面和深部岩体，因此小计算模型虽范围较小，但在动力计算中可以反映出地表自由面的影响和深部基岩的地震动特性。

完成对小模型的地震荷载输入后，即可进一步对地下洞室群进行三维弹塑性损伤动力有限元分析，具体过程即为3.3节内容。

4.3.5 算例验证

4.3.5.1 地下地震动的推算

1. 计算模型和计算参数

表4-3　**岩体力学参数取值**

材料	变模/GPa	泊松比	凝聚力/MPa	内摩擦角/(°)	抗拉强度/MPa	容重/kN·m^{-3}
围岩	4.88	0.22	1.0	41.6	1.97	20.0

本节动力分析计算采用依据第2章和第3章内容所自主开发的地下洞室三维有限元动力分析程序。首先建立大范围地震波动场计算三维模型，见图4-20(a)，取z向为竖直向。采用六面体8节点单元，共剖分了8 416个单元和9 738个节点。模型长×宽×高为350 m×350 m×550 m。在大模型内部设置了一个长×宽×高为100 m×20 m×30 m的长条形洞室(见图4-20(b))。然后，进一步沿竖向边界和底边界向外平推一层作为人工边界单元，厚度h=3 m。

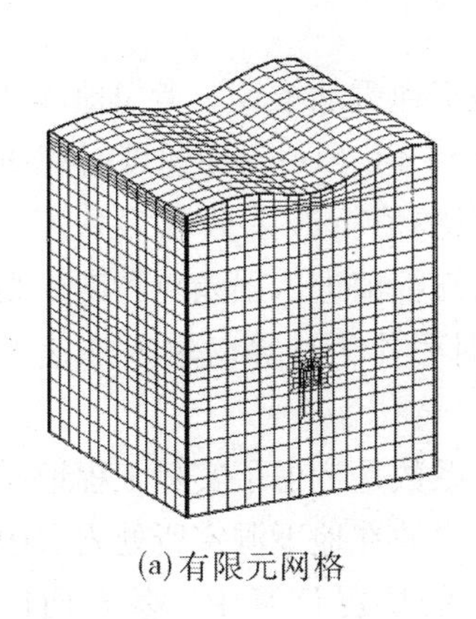

(a)有限元网格

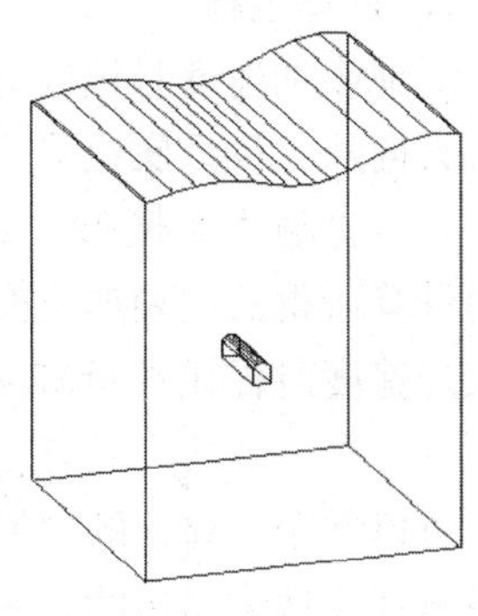

(b)洞室在模型中位置

图4-20　地震波动场计算模型

采用EL-Centro波(见图4-21)作为地表加速度时程，持时30 s。滤波时截止频率取为5 Hz，并进行基线校正。由于波在网格中传播时，最大网格尺寸应不大于波长的1/8～1/10，才能保证计算的精度。因此需对大模型的网格尺寸进行验算。根据岩体力学参数取值(见表4-3)，可算得在岩体中的剪切波速为1 000 m/s。则滤波后的EL-Centro波在岩体内的波长为200 m，故尺寸应不大于20～25 m，大模型的最大网格尺寸为20 m，满足这一要求。等效人工边界单元弹簧和阻尼系数根据式(2-8)和式(2-9)确定，其中对于竖向边界，$R=175$ m；对于底边界，$R=275$ m。

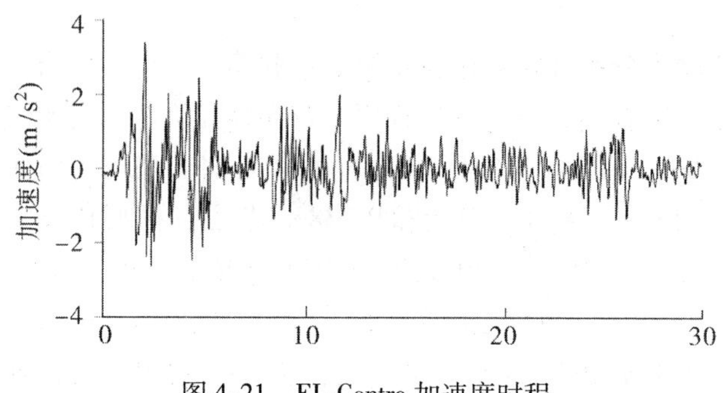

图4-21　EL-Centro加速度时程

2. 推算过程

对地表加速度时程进行对应的地下地震动推算。考虑地震波沿竖直方向从大模型底边界入射。首先将EL-Centro加速度时程折减50%，再将输入大模型。经搜索，当幅值折减系数取为0.43时，动力计算所得的地表加速度幅值与已知幅值进入误差范围内，则将地表加速度时程线性折减43%后的时程作为计算时输入加速度时程。

可以看出，43%的幅值线性折减系数是考虑了实际工程地质条件通过计算搜索得出的，能够反映地震波在地下洞室所处岩层中的传播特性。规范[161]认为在地下结构的抗震计算中，基岩面以下50 m及其以下部位的设计地震加速代表值可以取为规定值的50%。该规定较笼统，没有刻画出深部岩体内加速度幅值的变化规律。若仅以其规定的固定折减系数对地表加速度进行折减，并输入模型底边界计算，则会使计算出的地表加速度幅值稍稍偏大。

4.3.5.2　基于动力子模型法的结构模型计算

1. 计算模型和分析过程

首先，根据加速度时程的推算成果，计算地震波动场，根据大模型在每一时刻的节点的运动状态求得每个单元的应力状态。然后，在大模型的洞室附近截取一个长×宽×高为200 m×200 m×200 m的局部网格(见图4-22(a))，对该局部网格进行加密，形成一个结构计算的小模型(见图4-23(b))。小模型最大网格尺寸为10 m，共有16 352个单元和20 512个节点。将小模型的所有边界沿外法向平推一层作为人工边界单元，平推厚度 $h=3$ m。等效人工边界单元弹簧和阻尼系数仍根据式(2-8)和式(2-9)确定，取 $R=100$ m。

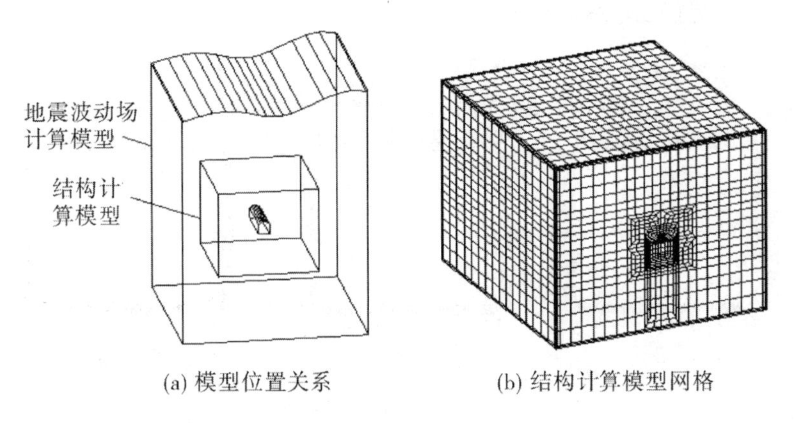

(a) 模型位置关系　　(b) 结构计算模型网格

图4-22　结构计算模型

将小模型每个人工边界节点放入大模型插值，求得计算时程的运动和应力状态。在小模型的上下、前后、左右6个边界设置人工边界单元，并在边界上根据4.3.4.2中的方法输入荷载 $R_{lj}^{F}(t)$ 计算。图4-23为输入小模型 $+X$ 向一个边界节点的应力时程，即边界自由场在该节点处的应力场 $\sigma_{lj}^{F}(t)$，其中 x 向和 y 向的应力分量时程比较接近，量值在0.3MPa以内；z 向应力分量时程与水平向应力时程变化规律一致，量值在 0.8MPa 以内。

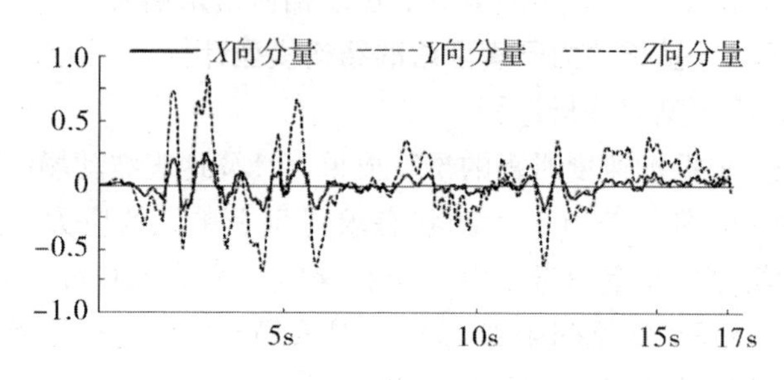

图 4-23 输入小模型的应力时程 $\sigma_{ij}^{F}(t)$ (MPa)

2. 对比工况设置

将根据动力子模型法计算所得的结果作为工况一(见图 4-24(a))，并另外设置 3 个计算工况进行对比分析，以验证该法的精度和优势(见图 4-24)。

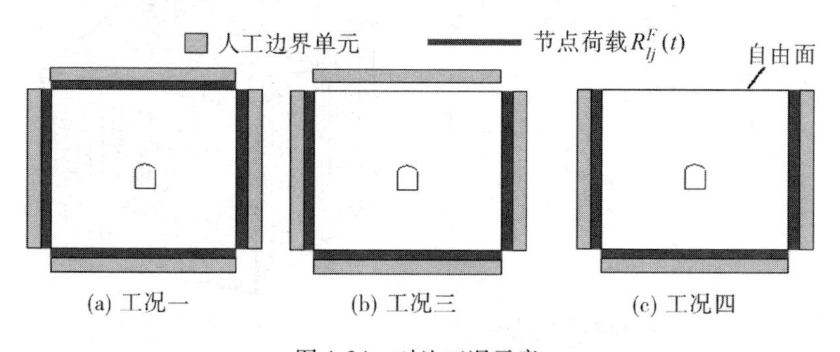

图 4-24 对比工况示意

工况二：对图 4-20 的大模型加密，输入地震荷载直接计算。被加密后的大模型网格尺寸与小模型相同，但网格规模庞大，有 67 328 个单元和 77 904 个节点。该模型的计算结果既考虑了地表自由面和深部岩层分布，也能够满足结构分析对网格尺寸的要求，可作为对比分析时的准确解。

工况三：在小模型的上下、前后、左右 6 个边界设置人工边界单元，但仅在 4 个竖向边界和 1 个底边界上根据 4. 3. 4. 2 方法输入荷载 $R_{lj}^{F}(t)$ ，顶部边界不输入荷载(见图 4-24(b))。因为模型顶部只设置了人工边界单元作为透射边界，而未考虑地震输入，即在计算时不考虑从地表自由面反射回的地震波对洞室的影响，所以该工况实质上是把洞室埋深等同为无限大。

工况四：仅在小模型的 4 个竖向边界和 1 个底边界设置人工边界单元，并仅在这 5 个边界上根据 4. 3. 4. 2 中的方法输入荷载 $R_{lj}^{F}(t)$ ，顶部边界不约束也不输入荷载(见图 4-24(c))。该工况未对模型顶部作任何处理，即直接视模型顶部为自由面，即山体地表面。

3. 工况对比分析

对比工况一和工况二的计算结果来验证动力子模型法的精度。首先验证动力子模型法的输入精度，取工况一计算时，大模型内位于小模型人工边界上一点的位移时程，即输入位移时程，记为 $P(t)$,再取出小模型人工边界上位置相同点的位移时程，即计算位移时程，记为 $Q(t)$。统计 $P(t)$ 和 $Q(t)$ 在每一计算步的量值相对误差(见图 4-25)，可以看出，80% 计算步的输入和计算位移时程量值误差在 3% 以内，95% 计算步的误差在 5% 以内，仅有 5% 计算步的误差超过 5% 。进一步分析发现，造成极少数计算步误差较大的原因，是由于输入和计算位移的绝对值很接近零值，造成相对误差增大。整个时程内，输入和计算位移时程的绝对量值之差在 5 mm 以内，人工边界的输入精度能够满足结构模型分析的要求。

再验证动力子模型法的计算精度。取工况二加密大模型洞室边

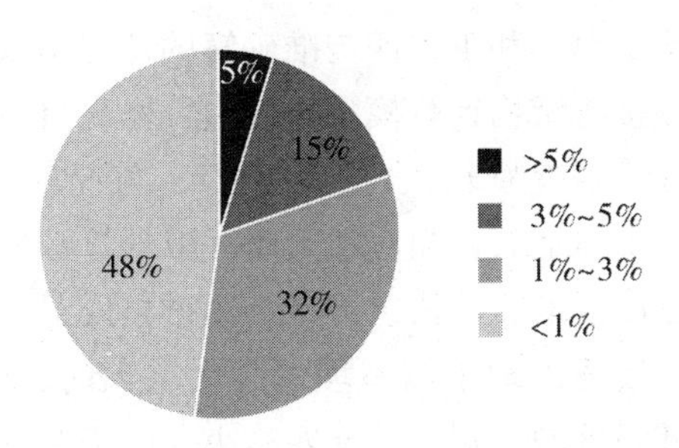

图 4-25　人工边界节点位移相对误差

墙上一点和工况一小模型相同位置一点的前 17 s 位移时程对比(见图 4-26)。可以看出，采用工况一的动力子模型法所计算出的位移时程，与工况二由加密网格的大模型直接算得的准确解基本吻合。从边墙监测点位移时程来看，加密的大模型位移量值要比小模型量值稍大 1 ~2 mm。这是由两个原因导致，其一是工况一大模型的网格尺寸大于工况二被加密的大模型，故而计算地震波动场时工况一中未经加密的大模型算得的位移场分布在量值上稍稍偏小；其二是工况一的小模型在插值获取人工边界节点运动状态和应力状态过程中，由于采用形函数插值，可能会损失部分精度。但从实际计算效果来看，工况一的小模型计算成果可满足工程分析的精度要求。同时，采用动力子模型法后，工况一计算耗时不足工况二耗时的 10%，动力计算效率提升十分明显。因此，通过计算精度上的微幅损失来换取分析效率的极大提升，这种做法对于实际工程是可取的。

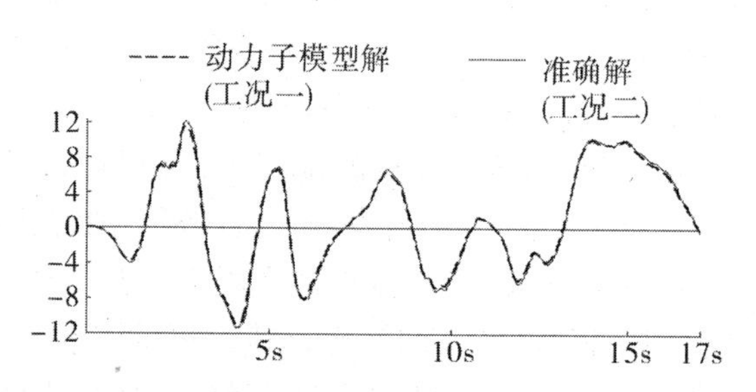

图 4-26　工况一和工况二监测位移时程对比(cm)

进一步对比工况三和工况四与准确解的计算结果(见图 4-27)。可以看出，若直接将结构计算模型顶部边界作为自由面，计算得到的位移时程与准确解差别较大(见图 4-27，工况四)。因此，若不把模型顶部建至山体地表，而直接把所截取计算域的顶部边界作为自由面处理，会使得地震波被顶部自由面过早反射，导致计算结果出现较大误差。当考虑地下洞室埋深为无限大时(工况三)，计算所得的结果与准确解的差别比工况四略小，但仍有一定误差，这是由于模型顶部设置吸收边界后，地震波无法被地表自由面反射，对计算结果也会造成影响。

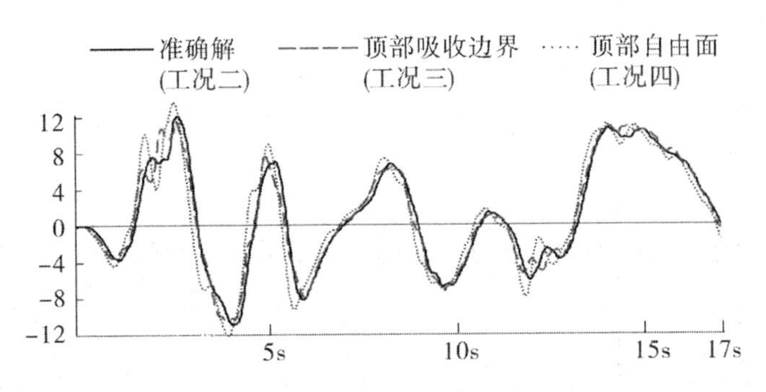

图 4-27　工况三和工况四监测位移时程对比(cm)

综上可知，若直接将截取的结构计算模型顶部取为自由面，会导致地震波过早地被反射，使结果出现较大误差；若在模型顶部设置吸收边界而不考虑地震波在地表自由面的反射，也会使计算结果出现一定误差。因此，在地下洞室动力分析时，必须合理地考虑地震波在地表自由面反射后对地下洞室的影响，才能保证计算结果的准确性。由于地下洞室埋深常较大，将动力分析模型建至地表自由面势必造成过大的计算开销，本节提出的动力子模型法正好在保证精度的同时经济地解决了这个问题，具有较好的应用前景。

4.3.6　动态子结构法及其与动力子模型法的区别

4.3.6.1　动态子结构法概述

动态子结构法由静力分析的子结构技术发展而来。对大型复杂结构进行静力分析时，可将结构划分为若干个子结构，先进行各子结构的局部分析，然后再综合组装为整体结构。20 世纪六十年代初，为了解决大型复杂结构系统的整体动力分析难题，动态子结构法被提出并取得较大的发展[254~255]。动态子结构法能够从量级上大幅缩减整体结构的自由度而不改变问题的本质[253]。其基本思想是将大型复杂结构划分为若干个子结构，首先分析研究每个子结构的动力特性，仅保留其低阶主要模态信息，然后再根据各个子结构交界面的协调关系，组装成整体结构的动力特性。用分析较少自由度的整体结构，使得大型复杂结构整体动力特性问题得到求解。动态子结构法可分为四个步骤，见图4-28。

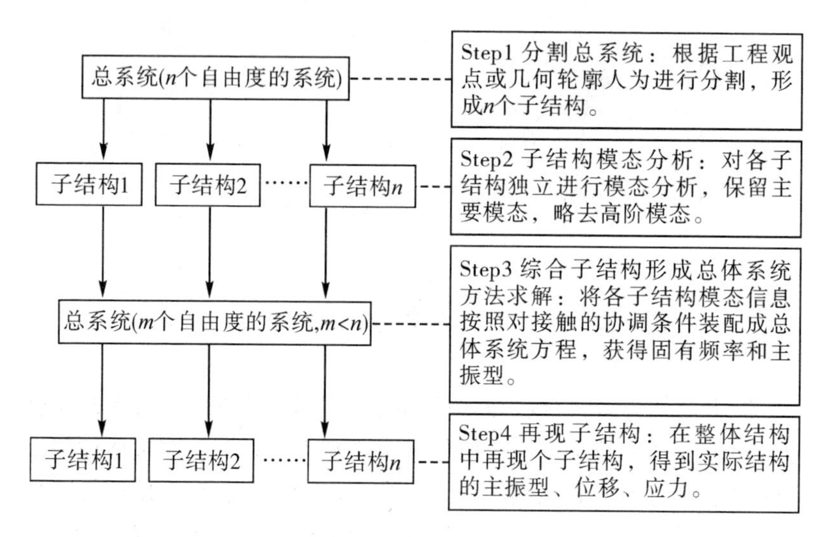

图4-28 动态子结构法的分析流程[253]

4.3.6.2 动态子结构法与动力子模型法的区别

从动态子结构法的分析流程其实现方法来看，它与本节提出的动力子模型法有一定的区别：

首先，动态子结构法将复杂结构分为若干个子结构进行分别求解，实际上仍然对原结构在空间内所覆盖的所有自由度进行了分析，各个子结构的求解对最终计算结果都具有同等的重要性。动力子模型法仅以结构计算模型所关心的区域为分析重点，对远离洞室的深部岩体和地表自由面附近的覆盖层在地震作用下的动力响应并不关心，只需采用粗网格的大模型进行相应地震波动场计算。因此，对于地下洞室的地震响应问题，若采用动态子结构法，将增加较多次要部位的子结构计算量，显然没有动力子模型法更适用。

其次，动态子结构对系统运动状态的求解采用基于坐标变换的模态叠加法，而动力子模型法对大模型和小模型的计算都采用基于直接积分的 Newmark 隐式解法。受限于求解方法，动态子结构法多用于弹性问题的分析，动力子模型法所基于的 Newmark 隐式解法更为灵活，能够处理非线性动力响应问题。

综上，本节提出的动力子模型法比动态子结构法更适合地下洞室的地震响应分析。

4.3.7 结论和讨论

本节提出了适于大型地下洞室群地震荷载输入的动力子模型法，对地震波动场计算和结构动力计算分别使用不同网格疏密的模型进行，简便实现了大型地下洞室群的地震响应分析。主要有以下结论：

(1)根据地震波在基岩深部的传播特性，采用幅值线性折减的方法实现了已知地表加速度时程将基岩深部的推算，进而可算得较大范围的地震波动场。算例表明，搜索得到的幅值折减系数考虑了具体工程条件，比规范规定的单一折减系数更能反映实际工程的地下地震动特性。

(2)把结构计算模型对地震波动场计算模型插值，可得到小模型的边界条件，进而完成地下洞室的结构动力分析。对比算例表明，地震波过早被地表自由面反射或不考虑地震波的反射，都会对计算结果造成误差。因此，地震波被地表自由面反射后对洞室的影响作用对计算结果的影响较大，在分析时不可忽略。而动力子模型方法既可使结构计算模型不建至地表自由面，又能保证计算结果的精确性，可显著降低模型规模，从而提升动力计算效率。

(3)本节根据折减地表加速度时程幅值的方法将地表加速度时程向地下推算，虽抓住了地震波在深部基岩中传播时加速度幅值变化较大的主要特点，但尚未考虑频谱特性变化的影响。虽地震波在深部基岩中工程所关心的区域内传播时频谱特性变化较小，但随着洞室埋深的不断增大，应仍有一定影响，该问题有待进一步研究。

4.4 地下洞室地震响应计算的结构模型合理截取范围确定方法

4.4.1 问题描述

建立洞室地震响应的结构计算模型时，若覆盖范围过大，会导致动力分析的效率降低；覆盖范围过小，模型边界处的人工边界条件的设置则可能对内部洞室围岩的动力响应造成影响。因此，洞室的地震响应计算涉及模型取多大，即边界截取范围的问题。

值得注意的是，在动力计算之前，对模型的合理截取范围进行分析，是一项十分必要和有意义的工作。因为计算模型的网格尺寸受到动力计算的制约，不能划分得过于稀疏。即使对于位于模型边界的单元，也应使其网格尺寸满足地震波传播的要求。这些对网格的限制要求显然比静力计算建模苛刻很多。因为位于静力分析模型边界的单元尺寸可以划分得很大，所以即使把计算模型截取范围取得较大，也不会使网格规模突增。然而对于动力计算，模型的网格规模对截取范围的增减非常敏感。例如，若能够将人工边界距洞室为5倍洞径的动力计算模型缩减为4倍，则缩减后模型体积仅为原模型的$4^3/5^3=51.2\%$，即缩减了约一半的覆盖空间，相应地就省去了在这些空间内划分网格的工作。因此，对洞室地震响应计算模型进行合理截取范围的分析，也与动力计算效率直接相关。

根据静力计算的经验，结构模型边界到洞室的距离与洞室自身的跨度之间应满足一定的比例(根据不同的岩性和地应力水平，一般为3~5倍)，才能保证模型边界处固定约束处理对内部洞室开挖基本无影响。然而，动力计算建模不能简单参照静力计算的建模截取范围结论，因为二者在荷载的施加方式上存在着明显不同。

如图4-29所示，洞室施工开挖过程中，施工荷载作用于洞室开挖面，模型的固定边界模拟的是距洞周较远的岩体，处于没有受到施工开挖扰动的原岩应力和零位移状态。因此可以直观地认为，固定边界距洞室越远，其模拟的边界就越接近原岩未扰动状态。故

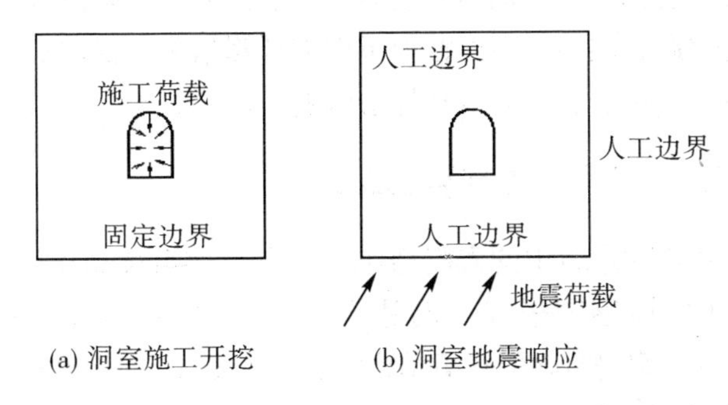

图4-29　施工开挖荷载和地震荷载对洞室的作用方式

而“模型覆盖范围越大，洞室计算受到边界的影响越小”这一结论具有明确的物理意义。然而，在地震过程中，地震荷载通过人工边界进入模型，在模型内部传播完成后再从人工边界外行散射，人工边界模拟的是地震荷载所引起的深部岩体的应力状态和运动状态。此时，人工边界距洞室开挖面的远近对洞周围岩动力响应的影响趋势并不明确，因此，是否存在“动力计算模型覆盖范围越大，人工边界对洞周围岩的动力响应影响就越小”的结论就有待探讨。

4.4.2　基本方法

静力分析研究模型边界的截取范围时，常通过建立多组不同覆盖范围的模型，通过计算对比模型覆盖范围对洞室变形等指标的影响，确定合理的建模范围。

动力分析时，对模型边界的合理截取范围确定也可采用这一思路。然而，地震波在地表自由面被反射后会再次对洞室群造成影响。从这个意义上讲，洞室地震响应分析时，应将模型建至地表，故而结构模型在洞室大于高程的竖直方向上似乎无法进行边界截取范围的优化。此时，前文提出的动力子模型法正好可以解决这个问题。即大范围的地震波动场可用粗网格的大模型进行计算，而在确定结构计算模型的范围时，可采用与静力分析一致的方法，直接建立多组不同尺度的小模型。动力计算时，把每个小模型套入大模型，通过插值得到人工边界处的地震波动场，从而完成地震荷载的输入。可以看出，采用动力子模型法，能够避免地震波被地表自由面反射的问题，使模型不同截取范围的计算结果，仅反映人工边界的远近对洞室围岩动力响应特性的影响。

4.4.3 计算工况和参数设置

采用4.3.5小节中的大模型作为大范围地震波动场计算模型。以大模型中的洞室为中心，分别建立人工边界距洞室边墙为 S、$2S$、$3S$、$4S$、$5S$ 和 $6S$ 的6组结构动力计算模型，其中 S 为洞室跨度(见图4-30)。

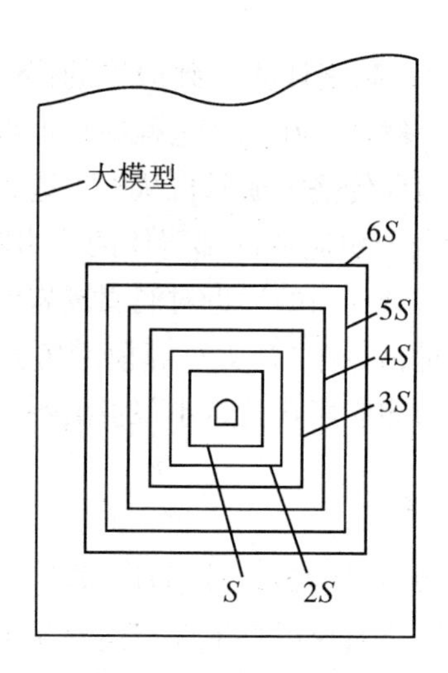

图4-30 不同边界截取范围的结构计算模型

地震波选择和地震波输入均与4.3.5小节相同。岩体取为弹模10 GPa，泊松比0.22。

4.4.4 结构计算模型的合理截取范围分析

监测结构计算模型顶拱和边墙部位的位移时程，同时监测大模型底部的位移。求得不同截取范围的模型洞室监测点与模型底部位移的时程之差，即相对位移进行分析。

从不同截取范围的顶拱竖向相对位移时程来看(见图4-31)，

各模型相对位移时程的变化规律相同，这表明即使人工边界距离洞室很近，计算都能获得洞室围岩在地震荷载作用下的动力响应情况，只是人工边界距洞室的远近、即模型截取范围会对动力计算成果造成较大的影响。从各模型的幅值分布来看，人工边界距洞室越近，顶拱的竖向相对位移幅值就越大。而通过不断增大人工边界与洞室的距离，即增大模型的截取范围，可使得变形幅值趋于恒定。其中，4*S* 和 6*S* 模型的位移时程已经基本重合，量值差异很小。洞室边墙的横向相对变形规律与顶拱相似。上述计算规律，与文献[256]采用 $FLAC^{3D}$ 计算所得规律相同。

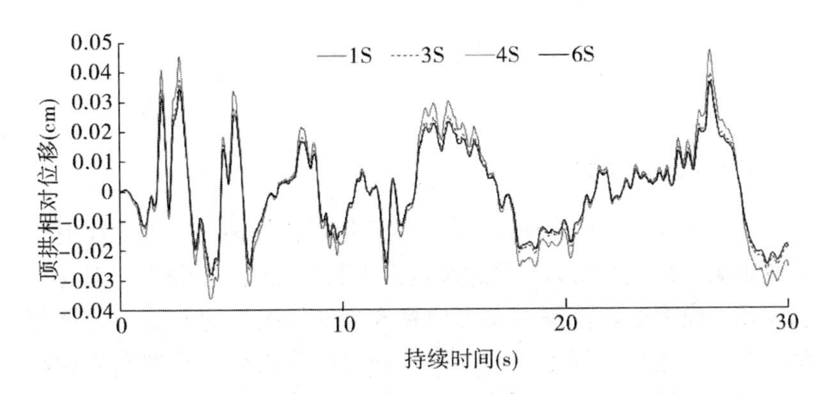

图 4-31　顶拱竖向相对位移统计

上述计算分析表明，模型的截取范围对动力计算成果存在着影响，且影响规律与静力计算相似，即人工边界距洞室越远，动力计算成果受到的影响就越小。因此，也可以进一步借鉴静力分析时确定模型合理截取范围的思路，即通过对比分析不同截取范围模型计算成果的变化规律来确定动力计算时的合理模型截取范围。

图 4-32 给出了不同模型截取范围时，边墙和顶拱的相对位移峰值变化曲线。可以看出，当人工边界距洞室为 1 ~ 3倍洞室跨度时，洞室特征部位的相对位移峰值随模型截取范围不同而显著变化，这表明此时人工边界对洞室围岩的动力响应特性上尚存在较大影响；当人工边界距洞室大于 4*S* 后，洞周动力计算结果开始趋于

恒定，这表明此时人工边界的设置对洞周围岩的影响已经不大。因此，可确定在此种岩性条件下，边界距洞室为 4 ~5倍洞径为动力计算模型的合理截取范围。

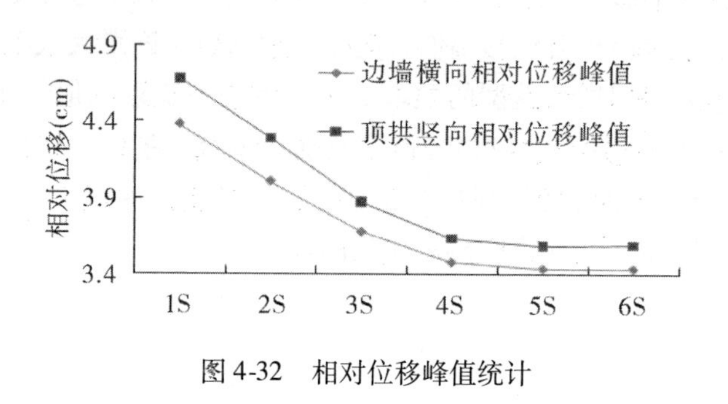

图 4-32　相对位移峰值统计

4.4.5　结论和讨论

(1)采用动力子模型法，能够避免地震波被地表自由面反射问题的影响，从而对动力计算模型的合理截取范围进行研究。对比分析发现，模型截取范围对动力计算成果的影响规律与静力计算相似，即人工边界距洞室越远，洞室动力计算成果受到的影响就越小。以本节算例为例，当人工边界距洞室的距离在 4 倍洞径以上时，洞周围岩的动力响应特性受到影响较小，则可确定 4 ~5倍洞径为动力计算模型的合理截取范围。

(2)改变算例中岩体参数，分析不同岩性对动力计算模型建模范围的影响后发现：当岩性变好时，建模范围可适当缩减，例如当弹模为 40 GPa 时，人工边界距洞室仅大于 3 倍洞径时，计算结果受到边界的影响就已不大。由于本节算例中所取的岩性已属较差(10 GPa)，因此可大致确定以 4 ~5倍洞室跨度作为计算模型截取范围的上限。实际工程应用时，可根据首先建立稍粗的网格模型试算，求得在当前岩性和地应力条件下的模型合理截取范围，再建立细网格的计算模型进行动力分析。

4.5 本章小结

本章提出了适于在大型地下洞室群地震响应计算的多尺度优化分析方法，虽然优化方法分别从时域和空间两方面提出，但其出发点一致，都是以微小的、对实际工程分析成果不构成影响的计算精度损失为代价，换取计算耗时和计算量的大幅度压缩，从而实现动力计算的优化。实例分析不仅验证了算法的有效性，也证明了算法的可靠性，为大型地下洞室群的地震响应提供了一个显著提升分析效率的实现途径。

本章分别从时域尺度和空间尺度提出了具体的优化方法。因此，这些优化分析方法的“多尺度”概念，旨在描述研究大型地下洞室群地震响应优化这一问题时，所基于的多个考虑视角、所尝试的多种实现途径以及所采用的多个技术手段。可以看出，上述各方面都重在刻画研究过程的多尺度特性，而并非描述研究对象在度量尺度分布上的差异。

第5章 地下洞室群结构面控制型围岩破坏的有限元分析

5.1 概 述

地下洞室围岩破坏可区分为应力控制型和结构面控制型。对于前者，如拉裂破坏、折断破坏(层状岩体)、剪切破坏，可根据直接根据有限元法或有限差分法计算成果，采用岩体的强度判据和极限应变判据来评价洞室开挖后洞周围岩的破坏情况。然而，岩体的强度判据和极限应变判据取值多从室内的岩样试验中获得，所测材料参数只能反映小范围内完整性较好的岩体强度，而不能体现地质断层或软弱夹层等大范围不连续地质构造对岩体强度影响。同时，受到分析手段的限制，有限元和有限差分法目前也不能很好地解决结构面控制型的围岩稳定性分析。究其原因，是因为地下洞室赋存岩体的地质结构面非常复杂，由于大型地下洞室群的空间分布也非常复杂，在数值分析时很难充分实现对不连续结构面的准确模拟。本章针对这个问题，研究了基于有限元方法的结构面控制型围岩稳定分析方法，首先提出了基于单元重构的岩土工程复杂地质断层建模方法，接着提出了基于薄层单元并考虑复核强度准则的地下洞室断层结构计算方法，然后提出了基于有限元网格的三维复杂块体系统搜索和不稳定块体识别方法，最后提出了考虑结构面层面应力作用的块体稳定分析方法。

断层、破碎带和软弱夹层等结构都属于地质结构面的范畴。根据延伸长度、切割覆盖范围、层面厚度及相关联的力学效应，结构面可分为5级(见表5-1)[257]。其中，1级结构面主要决定了洞室所

表5-1 **结构面的工程分级[257]**

	实测结构面			统计结构面	
分级	1级结构面（软弱）	2级结构面（软弱）	3级结构面（软弱）	4级结构面（硬性）	5级结构面（硬性）
类型	大断层、区域性断层	较大断层、层间错动带、夹层	较小断层及区域性节理	节理、层面、片理、次生裂隙灯	微小节理、裂隙等、微结构面
描述	延伸数公里至数十公里以上，破碎带宽数米至数十米	延伸长但宽度不大的区域性地质界面。长数百至数千米，破碎带宽数十厘米至数米	长数十米至数百米的断层、区域性节理、延伸较好的层面及层间错动。宽度为数厘米至数米	延伸较差的节理、层面、次生裂隙、小断层较发育片理、劈裂面。长度数十厘米至数十米，宽为零或很小	隐节理、微层面、微裂隙及不发育的片理等。规模小、连续性差，常分布在岩体内，影响其物理力学性质

在地区的地壳稳定性，是一种较为宏观的结构面，如汶川地震中的龙门山断裂带，该级结构面的规模一般要大于工程建筑的尺寸量级，是地质学和地震学的研究范畴；4、5级结构面多随机分布，其精确产状和空间分布难以明晰，是一种较为微观的结构面，对其描述多借助统计学方法，其对岩体的影响主要通过岩体力学参数体现。2级结构面常贯穿整个地下洞室群，3级结构面主要影响或控制局部区域的洞周围岩。2、3级结构面即构成了地下洞室围岩的边界条件和破坏方式，其组合即为结构面控制型围岩破坏的主要失稳因素，直接威胁到地下洞室围岩的稳定性。因此，本章所分析的结构面，主要是指2、3级结构面，即中小型地质断层、软弱夹层、破碎带、泥化夹层等结构。它们的共同之处是具有一定的厚度

（数十厘米到数米），层间介质物理力学参数要明显低于上下盘岩体。

5.2 基于单元重构的岩土工程复杂地质断层建模方法

5.2.1 问题描述

断层和软弱夹层是岩土工程建设中经常遇到的地质构造，它是地壳岩层因受力达到一定强度而发生破裂，并沿破裂面发生明显相对移动的产物。地质断层通常被泥和地下水充填，变成软弱结构，这些软弱地质断层在岩体中广泛分布，构成了岩土工程中失稳的主要因素。以地下工程为例，地下洞室结构的破坏大多就是受到地质断层结构影响造成的。又由于地下工程的规模越来越大，地下洞室结构日趋复杂，使处在复杂地质环境中的洞室群被断层结构面切割，因此较难模拟地质断层的影响。

许多学者利用数值分析的方法，对地质断层进行了研究，使断层分析理论得到了较大的发展。赵海军等[258]采用理论分析和数值计算的方法，对陡倾断层上下盘开挖的岩移机制进行了研究；张志强等[259]应用FINAL有限元分析软件中独有的COJO单元模拟接触面，针对软弱夹层的分布对洞室稳定性的影响进行了研究；朱维申等[260]通过系统的数值仿真试验，研究了断层的厚度、倾角、弹性模量和地应力侧压力系数等4个主要因素对隧洞稳定的影响；王祥秋等[261]对含软弱夹层的层状围岩建立了有限元模型，用Goodman接触面单元模拟层间接触面，将计算结果和实测数据进行了对比。这些数值分析着重于研究断层的计算方法，并没有考虑地质断层在三维空间内分布的任意性，因此多把地质断层的模拟简化为二维问题，分析也仅限于隧洞等简单断面。而实际工程中，地质断层具有较大的复杂性。以水电站地下洞室为例，由于洞室群众多，必须采用三维建模才能模拟洞室纵横交错的形态。而三维建模时，对洞室群结构本身的离散就是一项复杂的工作[262]，且当地质断层穿过地下洞室群后，由于地质断层与洞室相交的任意性，若将地质断层和地下洞室群按照实际情况进行离散，则是一项更加困难的工作，尚未有文献给出有效的解决方法。根据统计，采用基于网格模型的数值分析方法，如有限元法，有限差分法解决实际问题时，前处理、求解和结构后处理所占用的时间为45%∶5%∶50%。对于被复杂地质断层结构穿过的地下洞室群围岩稳定性分析问题，地质断层的建模问题就更加凸显，成为限制计算效率提升的一个重要因素。

在总结以往研究工作的基础上，本节提出了一种基于“单元重构”思想的岩土工程复杂地质断层建模方法。该方法首先不考虑断层，对分析对象独立离散。再对断层穿过网格，运用单元重构方法，可快速将复杂地质断层建入模型。通过将该建模方法应用于岩土工程中几个断层模拟的实例，证明了该建模方法的有效性。进一步将含有地质断层结构的模型导入大型岩土工程软件，用实体单元模拟断层结构进行计算，可验证含地质断层模型的可靠性，为岩土工程的复杂地质断层建模提供了便捷的实现途径。

5.2.2　基本思路

该方法进行复杂地质断层建模，可用实际建出的网格模拟地质断层，其基本思路可以概括为：

(1)首先根据分析对象的布置和格局，建立不考虑地质断层的模型。以水电站地下洞室为例，虽然其规模巨大，且洞室众多彼此交错，但借助 AutoCAD 和 OpenGL 等开发工具，这项工作已变得十分简洁，可以快速实现复杂洞室群的建模[247]和可视化[263]。

(2)考虑地质断层的存在，对已建模型中被断层穿过的网格进行单元重构，离散出考虑了断层结构的模型。根据本节的单元重构算法，模型每进行一次单元重构，可将一条结构面建入模型。因此，每模拟一条地质断层而又要考虑断层的厚度时，需要对模型进行 2 次单元重构，即需要把 2 条结构面建入模型。

(3)对岩土工程中各类需要进行地质断层分析的场合，应用基于单元重构的建模方法，建出含有地质断层的模型，从而验证该方法的有效性。

(4)以地下洞室为例，编写接口程序，将考虑了地质断层的模型导入大型岩土工程软件，用实体单元模拟断层结构，计算并对比分析地质断层对地下洞室群围岩稳定的影响，验证该方法的可靠性。

上述几项工作中，(1)已有了较为成熟的实现方法，因此下面主要对(2)~(4)进行详述。

5.2.3 基于单元重构技术的结构面建模

5.2.3.1 单个结构面的建模方法

首先，采用六面体8节点单元，建立不模拟断层结构的模型；然后，再考虑地质断层的存在。此时，暂不考虑地质断层实际延伸范围，即构成地质断层的结构面都被视为无限延伸的平面，则在不模拟断层的模型中，被结构面穿过的单元，即8节点六面体单元被结构面切割，单元被任意平面切割后的形态如图5-1所示。

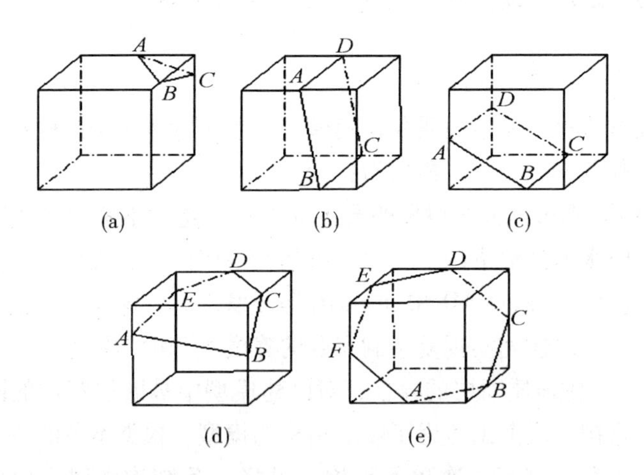

图5-1 单元被任意平面切割后的形态

上述截面形态，除了图5-1(b)将原单元划分为2个六面体8节点单元，其他形态的截面切割原单元后都产生了多面体，它们形态复杂，难以识别并进行计算。因此，应考虑对这些多面体添加面内辅助线和体内辅助线，将其划分为 4 节点四面体，5 节点四棱锥，6 节点三棱柱等可被识别和使用的单元形态。

借助图 5-2 中 4 种单元形态，通过添加面内和体内辅助线，可实现对图 5-1 中的任意平面切割单元后形成的多面体的单元重构。单元重构的规则和重构后生成的单元形态详见表 5-2。表 5-3 给出了每种类型截平面切割 8 节点六面体进行单元重构后生成单元类型统计。可以看出，除了图 5-1(b)所示截平面单元在重构后仍为 8 节点六面体单元，其他类型截平面单元的重构都使用了原模型中没有的单元形态。虽然原单元被重构后，新增单元数目较多，但由于单元重构仅在断层穿过的单元进行，因此重构模型的单元总数增加较少。同时，可以实现考虑结构面了存在的全自动单元重构，这样大大降低了建模难度，也显著提高了建模速度。

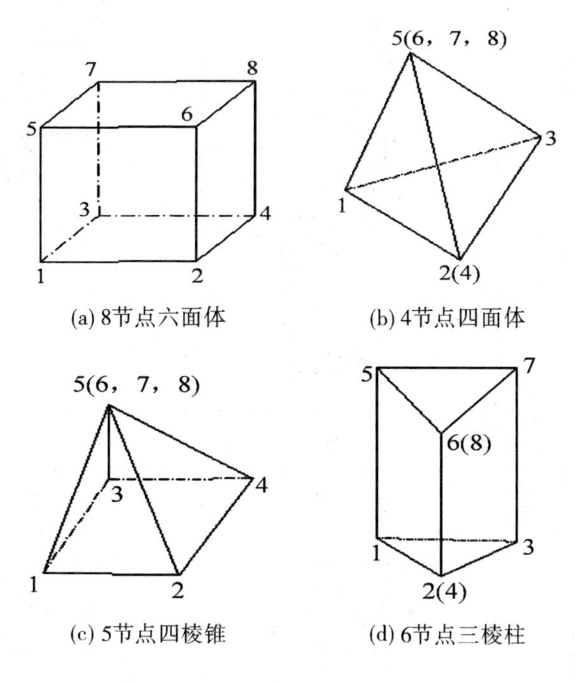

图 5-2　单元重构中使用的单元形态

表 5-2　**各种截平面的单元重构示意**

平面切割单元	辅助线		重构后生成的单元形态	备注
	面内	体内		
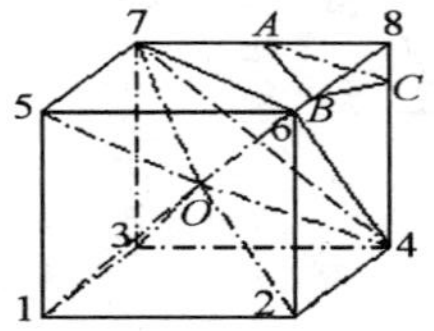	46，47，67	$O1$ ~ $O7$	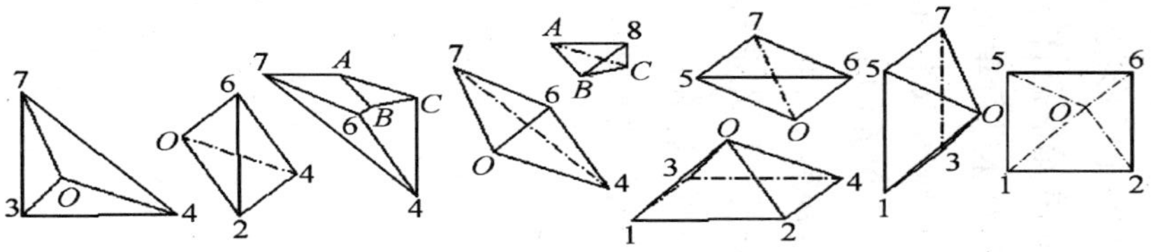	O 为体 1234 ~ 567 的形心
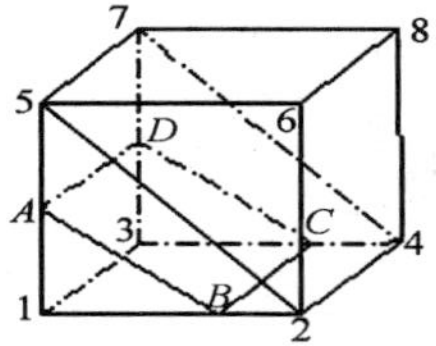	25，47	无	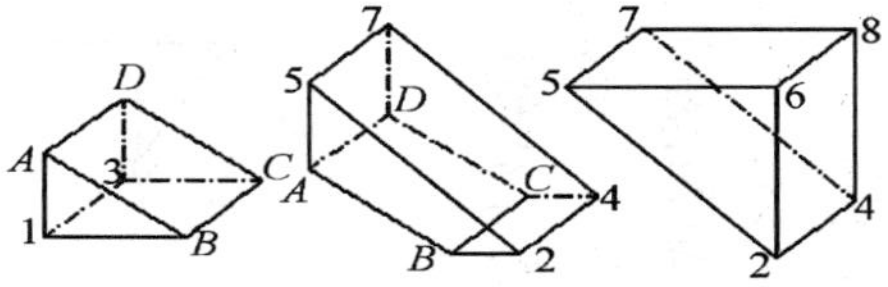	—

续表

平面切割单元	辅助线		重构后生成的单元形态	备注
	面内	体内		
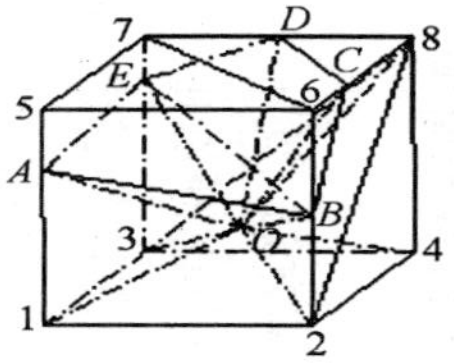	38，28，67，	$O1$ ~ $O4$，OA ~ OE，	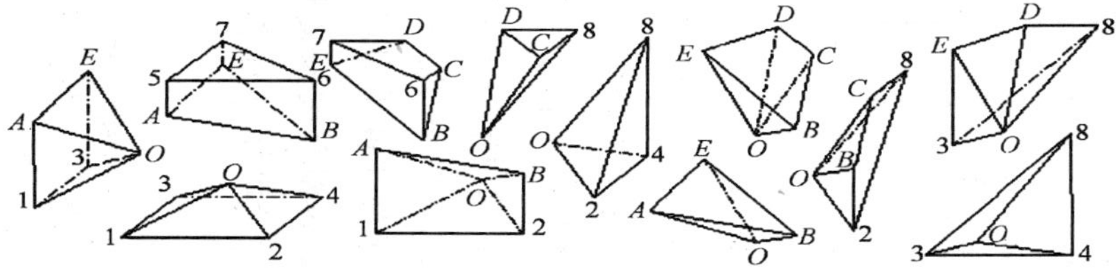	O 为体 1234 ~ ABC $8DE$ 的形心
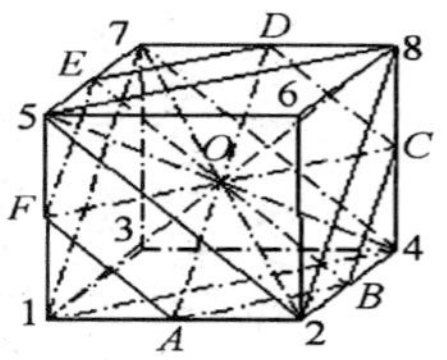	25，28，58，47，17，14	AO ~ FO，$O1$ ~ $O8$	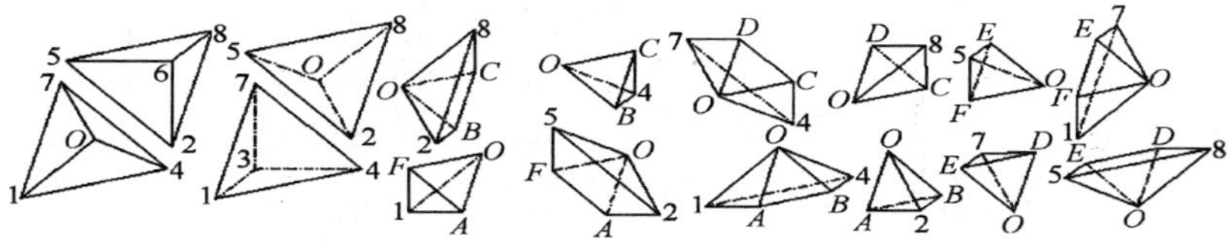	O 为六边形 $ABCDEF$ 的形心

表 5-3　单元重构完成后生成单元类型统计

截平面	四面体	四棱锥	三棱柱	8 节点六面体
三角形	5	3	1	0
棱相对四边形	0	0	0	2
棱相交四边形	0	0	2	1
五边形	4	6	2	0
六边形	10	6	0	0

需要说明，为使重构的模型可用于结构计算，应保证进行单元重构后的模型在单元交界面上的节点和棱边是融合的。从表 5-2 可以看出，新增的体内辅助线和单元体内新增的节点 O，都只属于该单元自身，因此不存在与相邻单元的网格融合问题，而面内辅助线的添加可根据下述规则：当结构面 AB 与平面 1234 的相邻棱 12，24 相交(见图 5-3)时，规定将节点 1，4 相连，从而生成面内辅助线 14，将五边形 134BA 分成三角形 134 和四边形 14BA。单元重构时，对所有出现结构面与单元面的相邻棱相交的情形，都使用这个规则来添加面内辅助线，则可保证相邻单元之间的网格融合。

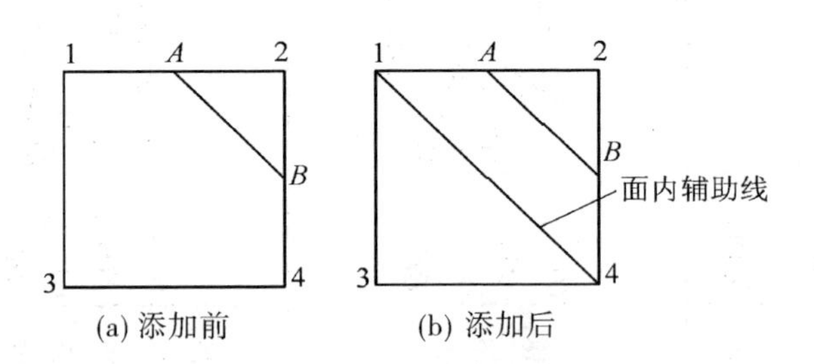

图 5-3　面内辅助线添加规则

5.2.3.2　多个结构面的建模方法

为模拟实际断层结构，应当考虑断层的厚度，即需要建出含 2 个及以上的结构面模型。这就需要对上述得到的考虑了单个结构面的模型进行多次结构面建模。由于此时的模型已经具有图 5-2 所示的多种单元形态，则进行多次结构面建模时，需要解决非 8 节点六面体的单元被任意平面平切后的单元重构问题。

表 5-4　　**常规单元与退化单元的关系**

	单元类型	节点编号存储格式	重合节点数
常规单元	8 节点六面体	1 2 3 4 5 6 7 8	0
退化单元	6 节点三棱柱	1 2 3 2 5 6 7 6	2
	5 节点四棱锥	1 2 3 4 5 5 5 5	3
	4 节点四面体	1 2 3 2 5 5 5 5	4

图 5-2 和表 5-4 都给出了常规单元和其他形态单元之间的关系，可以看出，将 8 节点六面体中的 2，3 和 4 个节点重合，即可分别退化成 6 节点三棱柱、5 节点四棱锥和 4 节点四面体。因此，对这些退化单元进行重构时，可将其视为存在重合节点的 8 节点六面体单元，仍然使用 8 节点六面体的存储格式(见表 5-4)，则可以套用表 5-2 的算法，完成退化单元的重构。

应该指出，在退化单元的重构过程中，由于程序仍识别为 8 节点六面体单元，则在当前单元重构完成时，必然生成了一些节点共线或共面，而并不构成实体的单元。因此，需要对新生成的单元进行检查，以剔除这一类单元，检查的标准有以下 2 条：

(1)单元存储格式中的 8 个节点编号，不相同的节点编号数量要大于 3 个，因为只有 3 个或 3 个以下不同节点的单元最多仅能构成一个平面，而无法形成实体。

(2)单元的体积大于 0。

只有当同时满足上述标准时，生成的单元才可以充入新模型。

5.2.3.3　重构模型的单元形态优化

地质断层在岩体中分布具有任意性，为保证考虑断层结构的重构单元有良好的计算效果，需要对重构模型进行必要的单元形态优化。

首先，在不考虑地质断层时，应建出具有良好单元形态的模型，即应使模型的8节点六面体单元尽量接近正六面体。同时，在结构分析所关心的重点部位应适当加密网格。借助AutoCAD等开发工具建模，可完全由人工控制生成网格的形态，因此这一步对单元的形态优化较容易实现[247]。

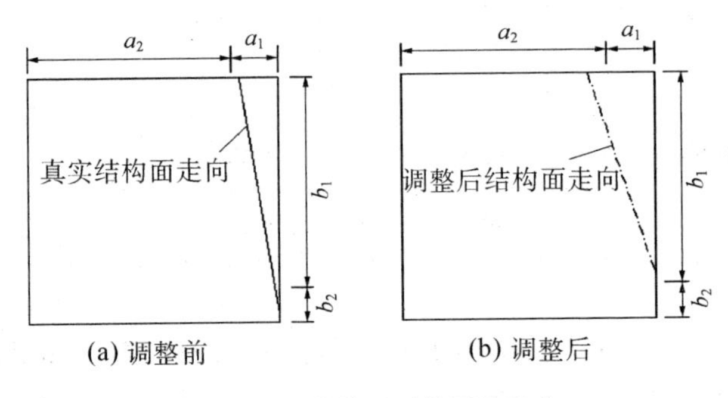

图5-4　重构单元时的网格优化

进行单元重构时，可对结构面切割单元平面后的棱边内的线段长短边之比进行控制，以优化单元形态。如图5-4(a)所示，真实的结构面走向将平面的两棱边分为a_1，a_2和b_1，b_2，由于未对结构面走向进行控制，生成的以a_1和b_1构成直角边的三角形过于狭长。此时，可引入一控制长短边比的参数λ，规定结构面截单元棱边后，生成长短边之比应满足：

$$\max\left[\frac{\max(a_1,b_1)}{\min(a_1,b_1)},\frac{\max(a_2,b_2)}{\min(a_2,b_2)}\right]\leqslant\lambda \tag{5-1}$$

可以看出，引入λ后，图5-4(b)中的结构面有了一定的调整，生成的以a_1和b_1构成直角边的三角形的单元形态得以改善，避免了单元重构过程中过于狭长单元的出现。在单元内对结构面走向进行微调，虽然使得建出的地质断层结构面略显“坑洼”，但由于模型的每个单元都不大，因此对模拟地质断层的总体走向影响很小，但却可以显著改善重构模型的单元形态。

5.2.4　岩土工程中的复杂地质断层建模实例

根据基于单元重构的地质断层建模方法，可在已建好的不考虑地质断层的模型基础上，实现考虑复杂地质断层的快速建模，即可概化为解决“在已建的模型中，建入多个任意截平面”的问题。

5.2.4.1　复杂地下岔管的断层建模

对一抽水蓄能电站地下高压岔管结构的地质断层进行建模。首先建立将不考虑断层的模型(见图5-5(a))，共剖分了14 519个8节点六面体单元，共16 882个节点。然后对模型进行单元重构，共考虑了3条相交的断层，共6个结构面，断层的厚度均为0.5 m。重构后模型网格共有44 466个单元和28 210个节点(见图5-5(b))，各种类型的单元数目和所占比例见表5-5。

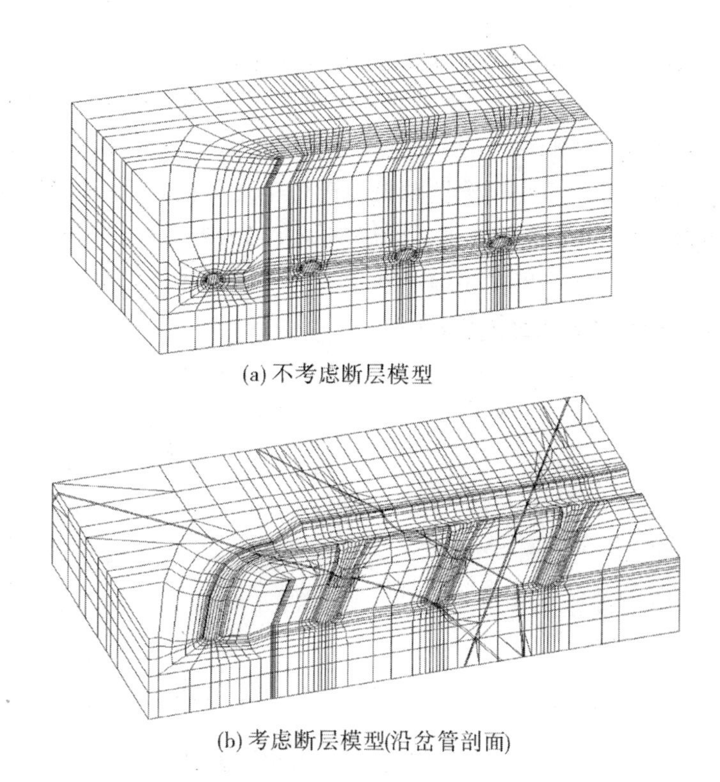

(a) 不考虑断层模型

(b) 考虑断层模型(沿岔管剖面)

图5-5　不考虑和考虑断层结构的地下岔管模型

表 5-5　　重构模型中各种类型的单元数目和比例

岩土工程应用实例		8 节点六面体	6 节点三棱柱	5 节点四棱锥	4 节点四面体	总计
复杂地下岔管	数目	17 920	8 493	6 270	11 783	44 466
	比例	40. 3%	19. 1%	14. 1%	26. 5%	100. 0%
重力坝坝肩和坝基	数目	42 996	9 595	8 131	12 525	73 247
	比例	58. 7%	13. 1%	11. 1%	17. 1%	100. 0%
大型地下洞室群	数目	17 429	7 205	5 572	8 293	38 499
	比例	45. 3%	18. 7%	14. 5%	21. 5%	100. 0%

5. 2. 4. 2　重力坝坝肩和坝基的断层建模

对一重力坝坝肩和坝基的地质断层进行建模。首先建立不考虑断层的模型(见图 5-6(a))，共剖分了 40 228 个 8 节点六面体单元，共46 699 个节点。然后对模型进行单元重构，共考虑了 3 条相交的断层，共 6 个结构面，断层的厚度均为 1. 0 m。重构后模型网格共有 73 247 个单元和 61 976 个节点(见图 5-6(b))，各种类型的单元数目和所占比例见表 5-4。

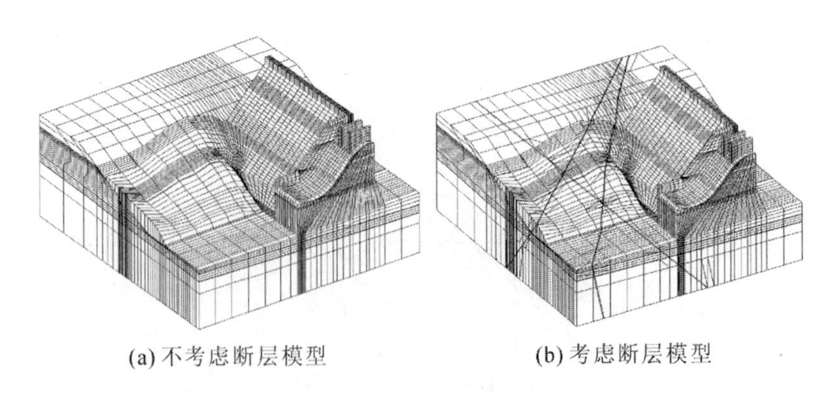

(a) 不考虑断层模型　　(b) 考虑断层模型

图 5-6　不考虑和考虑断层结构的重力坝模型

5.2.4.3　大型地下洞室群的断层建模

对一水电站地下洞室群的地质断层进行建模。首先建立不考虑断层的模型(见图 5-7(a))，共剖分了 15 484 个 8 节点六面体单元，共 16 746 个节点。然后对模型进行单元重构，建立考虑地质断层的模型，共考虑了两条断层，分别为 F1 和 F2，共 4 个结构面，断层的厚度分别为 1.0 和 0.5 m。重构后模型网格共有 38 499 个单元和 26 902 个节点(见图 5-7(b))，各种类型的单元数目和所占比例见表 5-5。

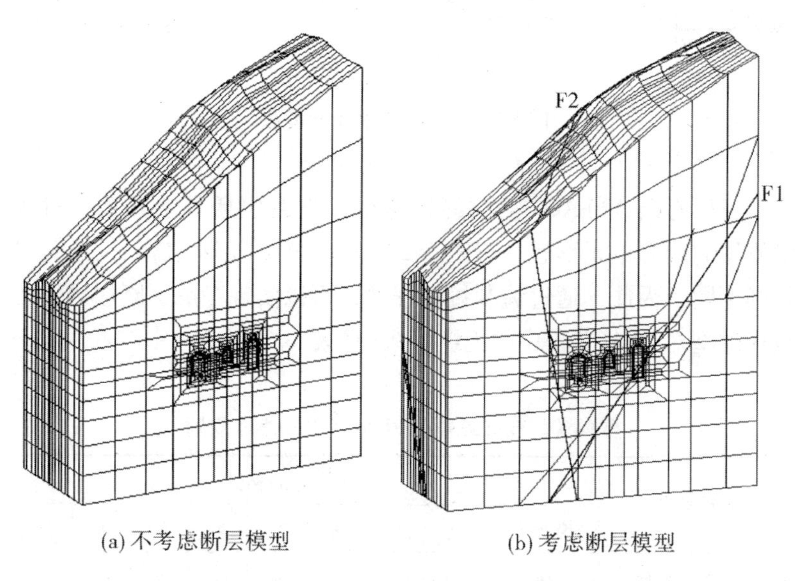

(a) 不考虑断层模型　　(b) 考虑断层模型

图 5-7　不考虑和考虑断层结构的地下洞室群模型

5.2.5　含地质断层的重构模型计算分析

为验证上述复杂地质断层建模方法的可靠性，需保证考虑断层结构的重构模型能用于数值计算。因此，以地下洞室群重构模型为例(见图 5-7(b))，将其导入大型岩土工程软件 FLAC^{3D}进行计算和对比分析。

5.2.5.1 重构模型导入 FLAC^{3D}

大型岩土工程软件 FLAC^{3D}，为结构计算提供了丰富的单元类型库[264~265]，包括8节点六面体，6节点三棱柱，5节点四棱锥和4节点四面体等单元种类(见图5-8)。

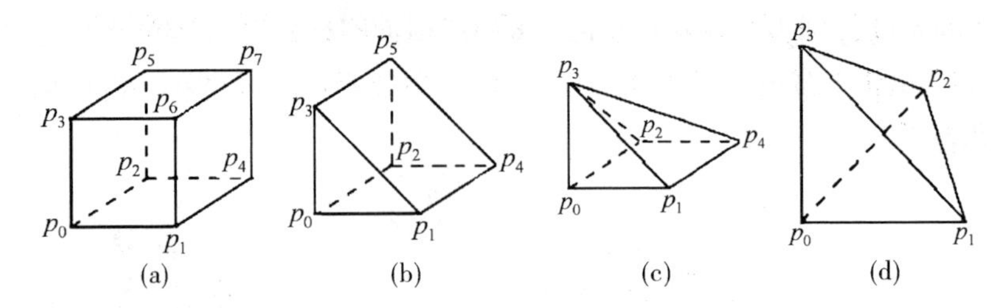

图5-8 FLAC3D的单元类型

可以看出，FLAC^{3D}提供的计算单元类型包括了单元重构过程中使用的所有单元形态，与图5-2所示的单元形态相比，只是编号规则不同。因此，通过编制接口程序，可以实现考虑了断层结构的重构模型对FLAC^{3D}程序的无缝导入(见表5-6)。

表5-6 **重构模型节点编号在 FLAC^{3D} 中的编号规则**

单元类型	FLAC^{3D}中的格式								
	类型名	p_0	p_1	p_2	p_3	p_4	p_5	p_6	p_7
8节点六面体	B8	1	2	3	5	4	7	6	8
6节点三棱柱	W6	1	3	5	2	7	6	–	–
5节点四棱锥	P5	1	2	3	5	4	–	–	–
4节点四面体	T4	1	2	3	5	–	–	–	–

5.2.5.2 地下洞室群的开挖计算和对比分析

从图5-9可以看出，三大洞室被F1和F2地质断层切割明显，2条断层在1#~2#机组段的主厂房下游的洞周相交汇，围岩被结构面切割尤为严重。

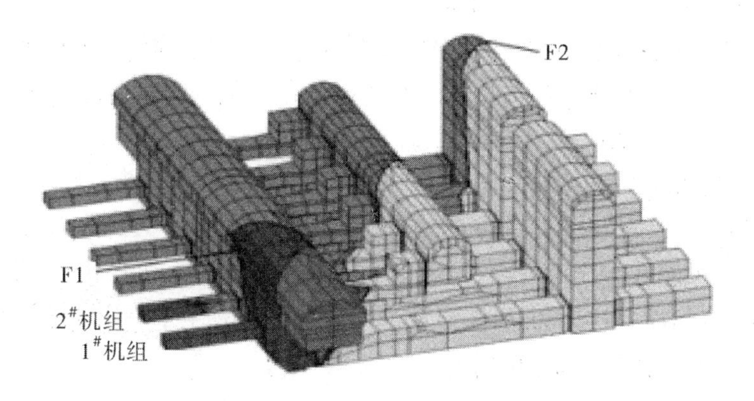

图 5-9　洞室群开挖单元被断层结构切割的形态

将图 5-7 中不考虑断层模型和含有断层模型分别导入 $FLAC^{3D}$ 进行洞室开挖计算，采用莫尔－库仑屈服准则。其中，对重构模型用实体单元直接模拟其中的断层结构。围岩和断层单元的岩石力学参数取值见表 5-7[266]。计算的工况为毛洞一次开挖，将是否考虑了断层结构的计算成果予以对比分析。由于 2 条断层的厚度分别为 1.0 和 0.5 m，结构面间距较大，因此在计算过程中，相邻结构面的节点并未发生相互嵌入的情形，且由于计算工况为一次开挖，围岩和断层单元没有受到重复的加卸荷作用，受到开挖扰动影响较小。因此，在考虑断层结构的开挖计算中，没有因围岩和断层单元的参数取值相差较大而造成计算不收敛。

表 5-7　**岩体力学参数取值**[10]

材料	变形模量 /GPa	泊松比	黏聚力 /MPa	内摩擦角 /(°)	抗拉强度 /MPa	容重 /($kN \cdot m^{-3}$)
围岩	10.0	0.26	1.5	45	1.67	27
断层	0.1	0.40	0.6	23	0.00	23

从洞周位移分布规律看(见图5-10)，不考虑断层时，主厂房顶拱位移在4 cm左右，上游边墙位移为11 cm左右，母线洞所在岩柱的变形在2 cm左右。整体来看，无断层切割洞周围岩的变形连续，变化梯度也较为均匀。考虑断层结构后，顶拱部位被断层切割，拱顶一侧位移在2 cm左右，下游拱座一侧的位移在4 cm左右；上游边墙被断层切割后，在断层下盘的边墙变形增幅明显，达到13 cm；母线洞所在的岩柱被断层切割，变形增大，达到3～5 cm。可以看出，考虑断层切割后，围岩的变形呈现出不连续性，在上游边墙和母线洞所在岩柱的断层单元都发生了一定的张开位移，造成围岩局部变形增大。

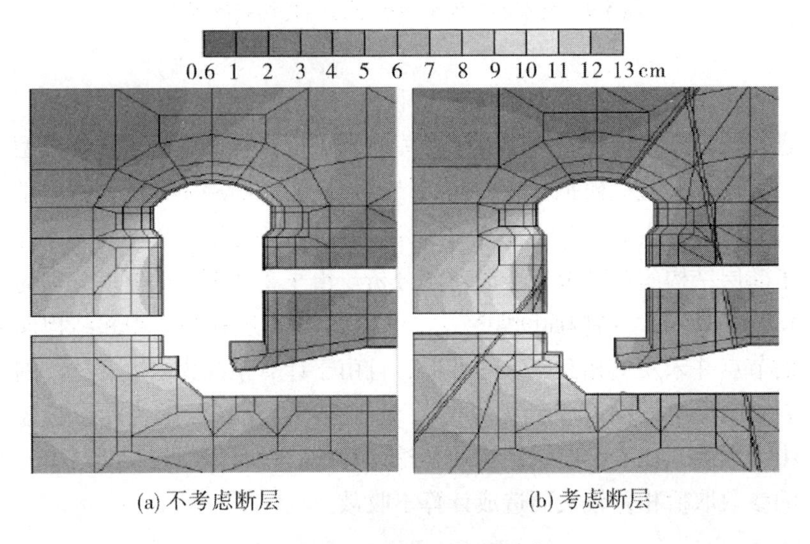

(a) 不考虑断层　　(b) 考虑断层

图5-10　洞周位移分布规律

规定应力压为负，拉为正。从洞周第一主应力分布规律(见图5-11)看，在断层穿过的上游边墙和母线洞岩柱部位，第一主应力都出现了显著的降低。其中，上游边墙第一主应力为-2 MPa，较不考虑地质断层的情形减小4 MPa左右；在母线洞岩柱部位，沿断层穿过的部位应力出现松弛，降幅在5 MPa左右。

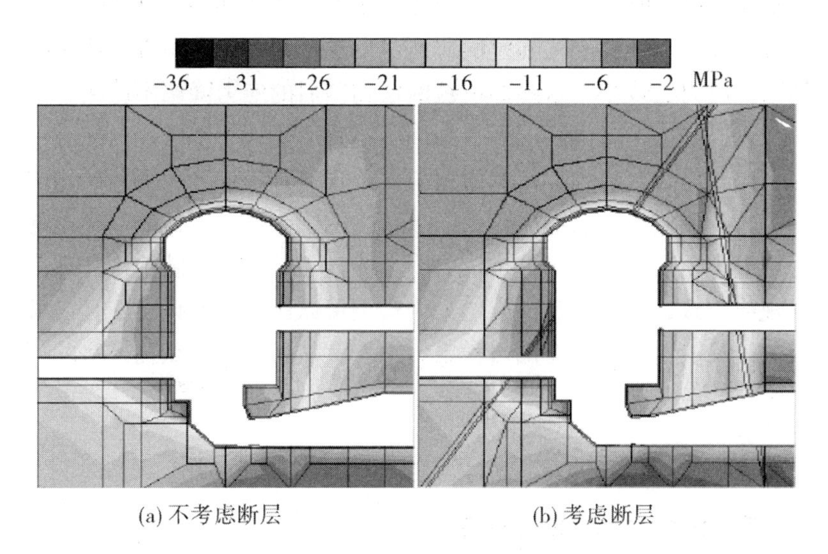

(a) 不考虑断层　　(b) 考虑断层

图5-11　洞周第一主应力分布规律

考虑断层切割后，第三主应力（见图5-12(b)）在顶拱部位呈现

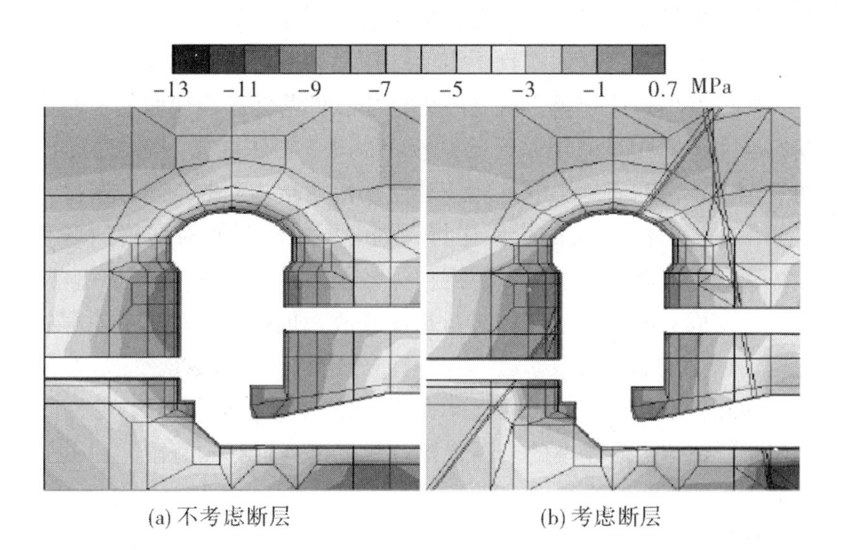

(a) 不考虑断层　　(b) 考虑断层

图5-12　洞周第三主应力分布规律

出不连续性，断层切割部位的围岩上下盘应力差值在6 MPa左右，上游边墙和母线洞岩柱部位的应力也出现松弛，由于不考虑断层的第三主应力已较小，这些部位被断层切割后的应力降幅不甚明显。

可以看出，考虑断层后，洞周围岩变形呈现不连续性，在主厂房上游和母线洞岩柱部位的断层单元出现张开趋势，使得断层切割的围岩变形增大。洞周应力受断层结构的影响显著，被断层穿过的部位应力出现松弛，第一主应力降幅明显。计算所反映的规律与一般规律一致，表明含有断层的重构模型可以用于数值计算，且能够有效地反映地质断层对围岩稳定的影响，从而证明了重构模型的可靠性。

5.2.6 讨论

5.2.6.1 关于“单元重构”

本节提出的地质断层建模方法之核心环节在于对断层穿过的单元进行“单元重构”，即为把断层穿过的单元根据一定的剖分模式，重新构建为由多种形态单元构成的一组单元。同时，借助不同形态单元与原模型单元之间的形态退化关系，可完成对同一部位的多次嵌套式单元重构，从而实现了多组结构面和多条断层的建模。

可以看出，该建模方法与各种通用软件前处理模块所基于的建模方法完全不同。通用软件的建模常基于“实体定义—网格离散”的步骤进行，对于地下洞室轮廓和主要地质结构面的空间分布位置定义都在“实体”定义的阶段进行，划分网格时只能对网格的形态和疏密进行控制，无法对具体网格线的走向进行干预，而且一旦网格划分完成，就无法对实体进行再次修改，也就无法对洞室轮廓或结构面进行增添和修改。

因此，本节对断层结构建模所基于的“单元重构”方法，是一种应用于复杂结构面建模的全新建模技术。这为现有的有限元建模方法提供了一个新的思路，对现有的建模方法也是一个较好的补充。

5.2.6.2 关于“复杂地质断层”

地质断层在岩体空间内分布的复杂性毋庸置疑，而何谓“复杂”，似乎没有明确的标准。根据本节所提出的断层建模方法，可认为地质断层的复杂性应满足两个要件：① 地质断层分布的任意性；② 地质断层之间是否相交。

从本节给出的复杂地质断层建模实例来看，对多条地质断层建模，需要考虑的实质内容，是由断层分布的任意性和断层之间的相交这两个问题造成的网格划分困难，而并不体现在所需模拟断层的数量上。图 5-5(b)给出了复杂地下岔管的断层建模实例，共模拟了 6 个结构面，3 条断层。图 5-13 中，给出了一个考虑 12 个结构面，共 6 条断层的模型。虽然后者比前者在模拟断层数量上多出一倍，但从建模技术而言，后者并不涉及断层之间的相交情形，6 条断层之间的分布也很整齐，可以视为若干组含单条断层模型的简单叠加。因此，后者地质断层的复杂性显然比前者低。所以，地质断层的复杂性并不取决于模拟断层的数量，而体现在断层建模中需要解决的实质问题。

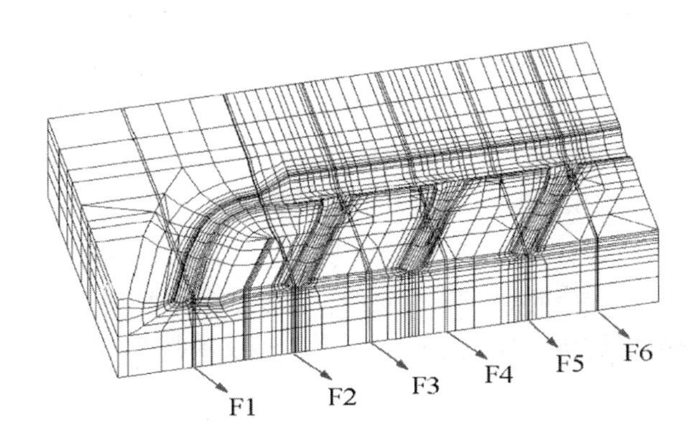

图 5-13　含 6 条断层的地下岔管结构

5.2.7　结论

本节主要解决了岩土工程数值分析中复杂地质断层的建模问题，通过对所提断层建模方法的有效性和可靠性的验证，可以得到以下结论：

(1)首先对分析对象进行独立离散，再考虑断层结构，仅对断层穿过的网格进行单元重构，可以快速将地质断层嵌入已建模型，从而方便实现了考虑复杂地质断层的岩土工程数值分析建模。

(2)岩土工程中断层建模的实例分析，表明本文建模方法可以在已建模型的基础上，快速离散出考虑了多组地质断层的模型，可证明其应用于实际工程的有效性。

(3)以大型地下洞室群为例，将考虑了断层结构的重构模型导入大型岩土工程软件 $FLAC^{3D}$，用实体单元模拟断层结构进行洞室开挖计算。通过与不考虑断层的计算结果对比可以发现，考虑断层结构时，位移和应力规律都有显著不同，其中位移和应力分布都呈现出不连续性，被断层切割部位的围岩变形增大，应力出现松弛，可以明显看出断层结构对围岩的影响。这表明根据所提建模方法离散出的含有地质断层的模型，能够用于结构计算，且能有效反映地质断层对结构稳定的影响，从而可证明其应用于实际工程的可靠性。

(4)由于只对断层穿过的网格进行单元重构，重构模型中仍以 8 节点六面体单元为多数(见表 5-5)，4 节点四面体的常应变单元数量较少。因此，运用重构后的模型进行计算，仍可保证计算结果具有较高的精度。

(5)本节提出的断层建模方法为研究适于地质断层的数值分析方法奠定了建模基础。算例中采用 $FLAC^{3D}$ 软件进行的断层分析仅用于验证含有地质断层的重构模型可以用于数值计算，需要进一步研究适于断层结构的数值分析方法，才能反映其对地下洞室围岩稳定性的影响。

5.3 基于薄层单元的地下洞室断层结构计算分析

本节承接 5.2 节内容，即在含有采用实体薄层单元直接模拟断层结构的重构模型基础上，研究适于断层结构的数值分析方法。

5.3.1 基于形函数通用格式的多种形态单元计算

5.3.1.1 非六面体单元的退化模式

单元的形函数定义是有限元计算的重要步骤之一，虽然各种形态单元的形函数可根据函数覆盖理论[267]构造，但若对每种单元类型专门构造形函数，无疑会增加程序自主开发的规模和难度。已有的研究[268~269]显示，对于线性单元，当相邻节点合并后，得到的退化单元形函数可以直接应用原单元的形函数。本节根据这一思路，将四面体、四棱锥和三棱柱视为六面体节点重合后形成的退化单元，以 8 节点六面体单元线性形函数为基础，提出了可适应于多种形态单元有限元计算的形函数通用格式，并给出了程序编制层面的具体实现方法。通过算例，可验证这种形函数应用于多种形态单元计算时的精度。

8 节点六面体形式简单，精度相对较高，是有限元分析中最常使用的单元形态。5.2.3.2 中指出，对 8 节点六面体而言，可通过分别重合 4 个、3 个和 2 个节点，将 8 节点六面体单元退化为 4 节点四面体、5 节点四棱锥、6 节点三棱柱单元（见图 5-14）。

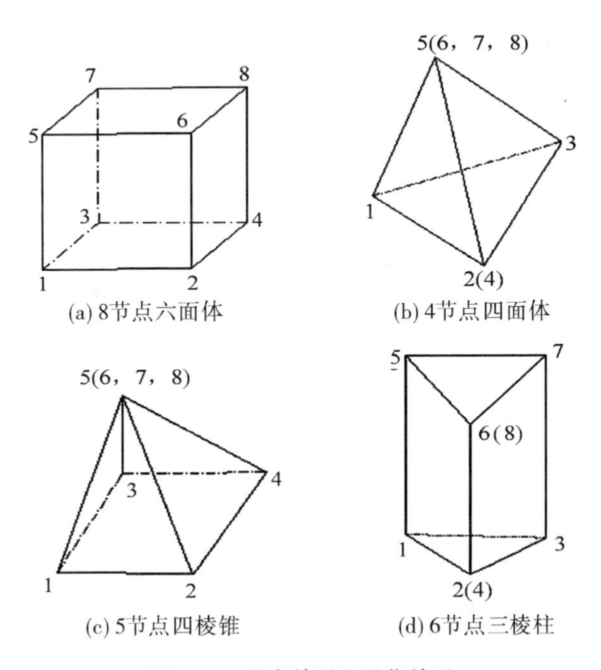

图 5-14　基本单元和退化单元

同时根据该退化关系，仅对重合的节点进行重复编号，即可实现非六面体单元的存储(见表5-3)。因此存储混合单元模型时，可将退化单元视为特殊的六面体单元，而不需对非六面体单元进行专门处理。

5.3.1.2 多种形态单元的形函数通用格式及其性质

8 节点六面体的线性形函数为

$$N_i = \frac{1}{8}(1+\xi_0)(1+\eta_0)(1+\zeta_0) \quad (i=1,\ 2,\ \cdots,\ 8) \tag{5-2}$$

式中：$\xi_0=\xi_i\xi$；$\eta_0=\eta_i\eta$；$\zeta_0=\zeta_i\zeta$。ξ、η、ζ 为局部坐标。

以四面体为例，当把六面体的节点 2 和 4 重合，节点 5、6、7、8 重合后，8 节点六面体即退化为 4 节点四面体(见图 5-14)。由于节点 2、4 和节点 5、6、7、8 分别表示同一点。则可把节点 2、4 的形函数 N_2和 N_4合并，用 N_2表示；把节点 5、6、7、8 的形函数 N_5、N_6、N_7和 N_8合并，用 N_5表示；并将 N_4、N_6、N_7和 N_8值置零，即为 4 节点四面体形函数：

$$\begin{cases} N_1 = \frac{1}{8}(1-\xi)(1-\eta)(1-\zeta),\ N_2 = \frac{1}{4}(1+\xi)(1-\eta), \\ N_3 = \frac{1}{8}(1-\xi)(1+\eta)(1-\zeta), \\ N_5 = \frac{1}{2}(1+\zeta),\ N_4 = N_6 = N_7 = N_8 = 0 \ \text{4 节点四面体} \end{cases} \tag{5-3}$$

同理，可得 5 节点四棱锥和 6 节点三棱柱的形函数，有

$$\begin{cases} N_1 = \frac{1}{8}(1-\xi)(1-\eta)(1-\zeta),\ N_2 = \frac{1}{8}(1+\xi)(1-\eta)(1-\zeta), \\ N_3 = \frac{1}{8}(1-\xi)(1+\eta)(1-\zeta),N_4 = \frac{1}{8}(1+\xi)(1+\eta)(1-\zeta), \\ N_5 = \frac{1}{2}(1+\zeta),N_6 = N_7 = N_8 = 0 \quad \text{5 节点四棱锥} \end{cases} \tag{5-4}$$

$$\begin{cases} N_1 = \frac{1}{8}(1-\xi)(1-\eta)(1-\zeta),\ N_7 = \frac{1}{8}(1-\xi)(1+\eta)(1+\zeta), \\ N_2 = \frac{1}{4}(1+\xi)(1-\eta), N_3 = \frac{1}{8}(1-\xi)(1+\eta)(1-\zeta), \\ N_5 = \frac{1}{8}(1+\xi)(1+\eta)(1-\zeta),\ N_6 = \frac{1}{4}(1-\xi)(1+\eta) \\ N_4 = N_8 = 0 \qquad\qquad \text{6 节点三棱柱} \end{cases} \tag{5-5}$$

可以看出，作为 8 节点六面体的退化单元，四面体、四棱锥和三棱柱都可用六面体形函数的格式表示。这样在计算混合单元模型时，可根据当前单元类型，直接调用式(5-2)～(5-5)中的形函数值 $N_i(i=1, 2, \cdots, 8)$。因此，式(5-2)～(5-5)可称为多种形态单元的形函数通用格式。

形函数是在单元内部定义的连续函数，它具有下述性质[118]：

(1) 用其定义的未知量在相邻单元间是连续的。

(2)包含任意线性项，因而用它定义的单元位移可满足常应变条件。

(3)在节点 i 处：$N_i=1$。在其他节点处：$N_i=0$。且满足各节点形函数之和为 1，即权重为 1。

式(5-2)作为六面体单元最常用的线性形函数，自然满足上述条件。对于上述式(5-3)～(5-5)中以六面体形函数格式表示的非六面体单元形函数，由于只是将重合节点的形函数值相加，并未改变形函数在单元内部的连续性，同时形函数值的总和保持不变，也未改变节点上的形函数值。因此，式(5-3)～(5-5)的非六面体单元形函数也满足形函数的性质，上述给出的多种形态单元的形函数通用格式符合形函数的定义。

5.3.1.3　程序实现

从程序层面看，所有类型的单元都以 8 节点六面体的格式存储(见表 5-4)，即非六面体单元通过重复编号的方法占满 8 个节点存储位置。同时，各种类型单元的形函数也都使用了 8 节点六面体形函数的格式存储。故而在计算多种形态单元时，程序会将所有单元都视为8节点六面体，无须针对非六面体单元形态另行专门构造新的形函数，因此大大地降低了程序编制的规模和难度。

当非六面体使用六面体格式存储、非六面体单元的形函数也使用六面体单元形函数格式时，须对程序进行下述一些处理，即可实现多种形态单元的有限元计算。

1. 形函数模块

在调用单元形函数时，可根据不重复的节点数目来判断当前单元的类型。再根据单元类型分别调用形函数通用格式中相应类型的形函数值，即式(5-2)～(5-5)给出的形函数。同时，在求解单元应变等未知量时，还需要使用形函数的偏导形式。因此还要对形函数偏导数组进行相应修改。以四面体形函数的通用格式为例，对式(5-3)求局部坐标偏导，见式(5-6)：

$$\begin{cases}\dfrac{\partial N_1}{\partial \xi}=-\dfrac{1}{8}(1-\eta)(1-\zeta),\ \dfrac{\partial N_1}{\partial \eta}=-\dfrac{1}{8}(1-\xi)(1-\zeta),\\ \dfrac{\partial N_1}{\partial \zeta}=-\dfrac{1}{8}(1-\eta)(1-\zeta),\ \dfrac{\partial N_2}{\partial \xi}=\dfrac{1}{4}(1-\eta),\\ \dfrac{\partial N_2}{\partial \eta}=-\dfrac{1}{4}(1+\xi),\ \dfrac{\partial N_2}{\partial \zeta}=0,\dfrac{\partial N_3}{\partial \xi}=-\dfrac{1}{8}(1+\eta)(1-\zeta)\\ \dfrac{\partial N_3}{\partial \eta}=\dfrac{1}{8}(1-\xi)(1-\zeta),\ \dfrac{\partial N_3}{\partial \zeta}=-\dfrac{1}{8}(1-\xi)(1+\eta),\\ \dfrac{\partial N_5}{\partial \xi}=0,\dfrac{\partial N_5}{\partial \eta}=0,\dfrac{\partial N_5}{\partial \zeta}=\dfrac{1}{2}\\ \dfrac{\partial N_j}{\partial \xi}=\dfrac{\partial N_j}{\partial \eta}=\dfrac{\partial N_j}{\partial \zeta}=0\ (j=4,6,7,8)\end{cases}\tag{5-6}$$

六面体、四棱锥和三棱柱的形函数偏导形式同法可求，则当计算需使用形函数对局部坐标的偏导数值时，首先判断当前单元的类型，再使用相应类型的偏导数数组即可。

2. 单元刚度矩阵模块

对于8节点六面体单元，当所有节点均未约束时，其单元刚度矩阵为一个24×24的矩阵，矩阵中每个元素代表一个自由度对另一个自由度的刚度。由于非六面体单元也被程序识别为8节点六面体，这些单元的刚度矩阵也是 24 × 24 矩阵。非六面体单元存在重复节点，故需对这些节点进行识别以避免刚度的重复累加。以四面体为例，它的节点存储格式为 1-2-3-2-5-5-5-5，节点 2 在第 4 个存储位置、节点 5 在第 6、7 和 8 个存储位置上被重复编号。因此在计算四面体单刚时，当程序计算上述 4 个存储位置上的节点自由度对其他自由度的刚度时应直接跳过不计算；同样的，当其他自由度计算对这 4 个存储位置上的节点自由度刚度时也跳过不计算。

通过上述处理，即可实现混合单元的有限元计算。可以看出，程序层面的主要改动在于以单元为基本单位的计算步。有限元计算的其他主要计算步还有计算自由度、分解刚度矩阵、解平衡方程等，由于这些计算步的基本单位是节点[270]，不涉及单元概念且不使用形函数或形函数的偏导，因此不需进行修改。

5.3.1.4　算例验证

1. 计算模型

为验证采用形函数通用格式时，多种形态单元模型计算的可靠性，设置算例进行对比分析。建立一单洞室模型，洞室的长宽高分别为 120 m，28.7 m 和 47.0 m。首先不考虑断层结构对洞室的切割进行建模，全部采用 8 节点六面体进行剖分，所得模型共含 9676 个单元和 10 919 个节点（见图 5-15（a），称为常规模型）。然

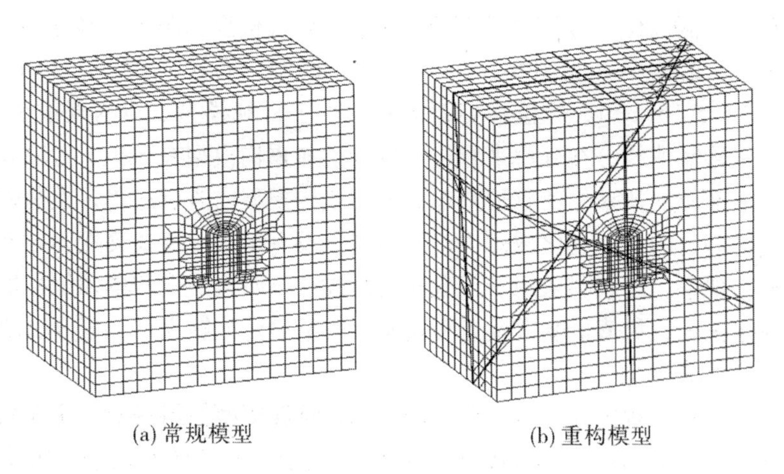

(a) 常规模型　　(b) 重构模型

图 5-15　对比计算模型

后考虑4条断层，共计8条结构面，断层的厚度均取为0.5 m，根据5.2.3的方法将断层逐条建入模型，形成包含地质断层结构的模型(称为重构模型)。重构模型共计34 637个单元和22 192个节点(见图5-15(b))。

2. 计算方案

本节算例计算时在自主编制的有限元计算平台上进行。分别对常规模型和重构模型进行洞室开挖计算，不考虑支护。常规模型全部采用8节点六面体离散，计算时采用8节点六面体的线性形函数，计算结果可作为基准工况。重构模型含多种形态的单元，采用形函数通用格式进行计算。

应指出，重构模型用于数值分析的可靠性已经在5.2.5小节验证。本例的计算，旨在验证重构模型采用形函数通用格式计算时，计算成果的正确性和精度，而不是分析断层结构对洞室围岩稳定的影响。因此，重构模型计算时，不考虑断层结构的影响，即把重构模型中的断层单元取为与岩体单元相同的物理力学参数。这样处理后，就使得重构模型与常规模型的计算成果之间具有可比性，进而验证重构模型计算成果正确性及其精度。

3. 计算方案

选取位于常规模型和重构模型相同洞室横截面部位进行对比分析。从洞周位移等值线彩图分布来看，常规模型的洞周位移分布在0.11～2.28 cm(见图5-16(a))。重构模型分布在0.05～2.20 cm(见图5-16(b))，在位移量值上稍稍小于常规模型，但幅度很小。从位移等值线分布规律来看，常规模型和重构模型在顶拱、边墙和底板部位的位移量值范围基本相同。重构模型内进行过单元重构的网格部位的位移变化规律也非常均匀，没有出现等值线突变等异常分布现象。这表明采用形函数通用格式计算所得的重构单元位移场规律正确，量值也非常接近常规模型的量值，能够满足工程分析的精度要求。

进一步对比分析洞周应力的分布。常规模型的洞周第一主应力分布在－15.8～－3.0 MPa(见图5-17(a))；重构模型的第一主应力量值范围与常规模型非常接近，分布在－16.0～－3.0 MPa(见

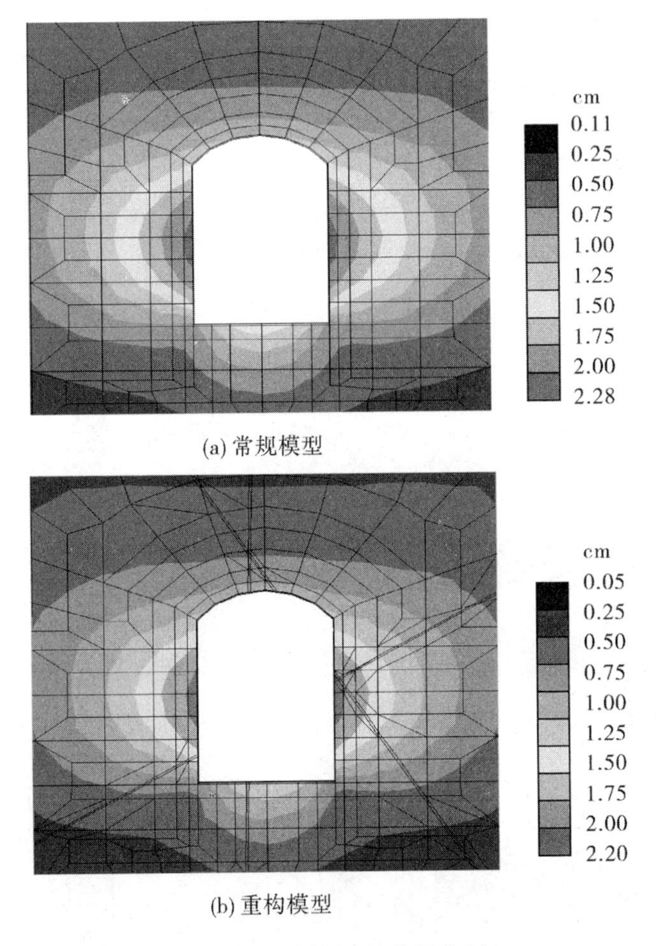

(a) 常规模型

(b) 重构模型

图 5-16　洞周围岩等值线分布

图 5-17(b))。从第一主应力的分布规律来看，两模型的分布规律相同，都是在边墙和底板的交汇处出现较为明显的应力集中现象，在边墙中部的压应力为洞周最小。观察重构模型中进行过单元重构的单元，发现这些单元附近的第一主应力的变化梯度仍然较为均匀，没有出现应力突变等异常规律。重构模型中一些部位的单元应力与常规模型位置相同的单元应力相比，量值出现微幅变化，但总体的应力分布规律没有出现显著的改变。

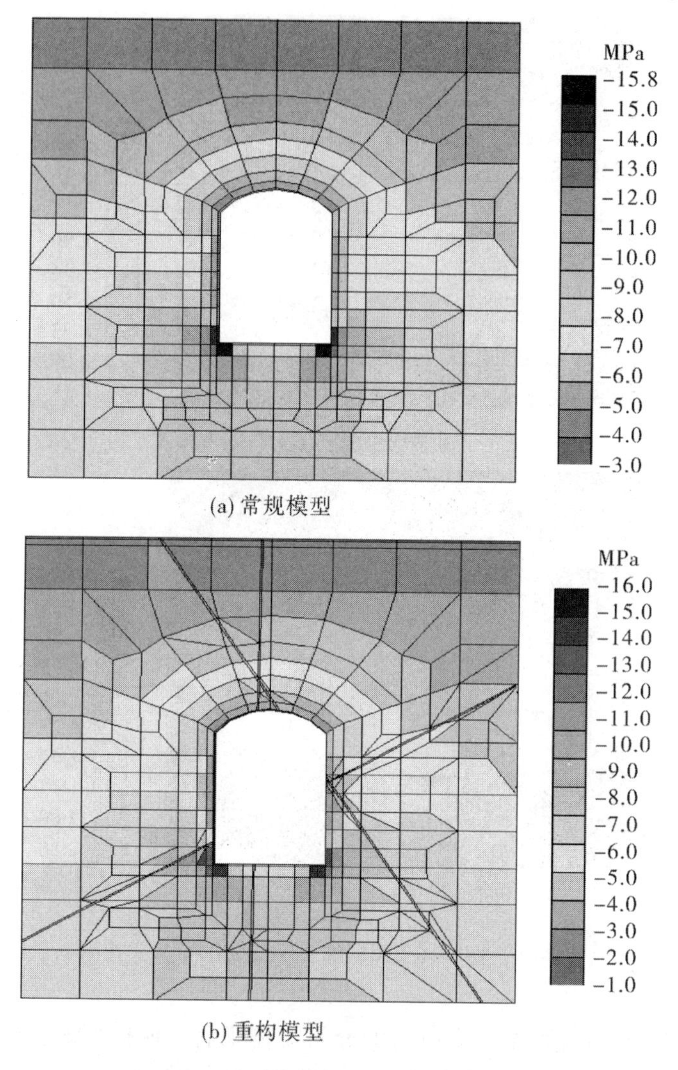

(a) 常规模型

(b) 重构模型

图 5-17　洞周围岩第一主应力分布

常规模型的洞周第三主应力分布在 -8.4 ~0 MPa（见图 5-18(a)）；重构模型的第三主应力量值范围与常规模型非常接近，分布在 -8.5 ~0 MPa(见图 5-18(b))。常规模型和重构模型的洞周第三主应力分布规律相同，即整个洞周的第三主应力均较小。重构模型中进行过单元重构的网格应力分布规律正常。

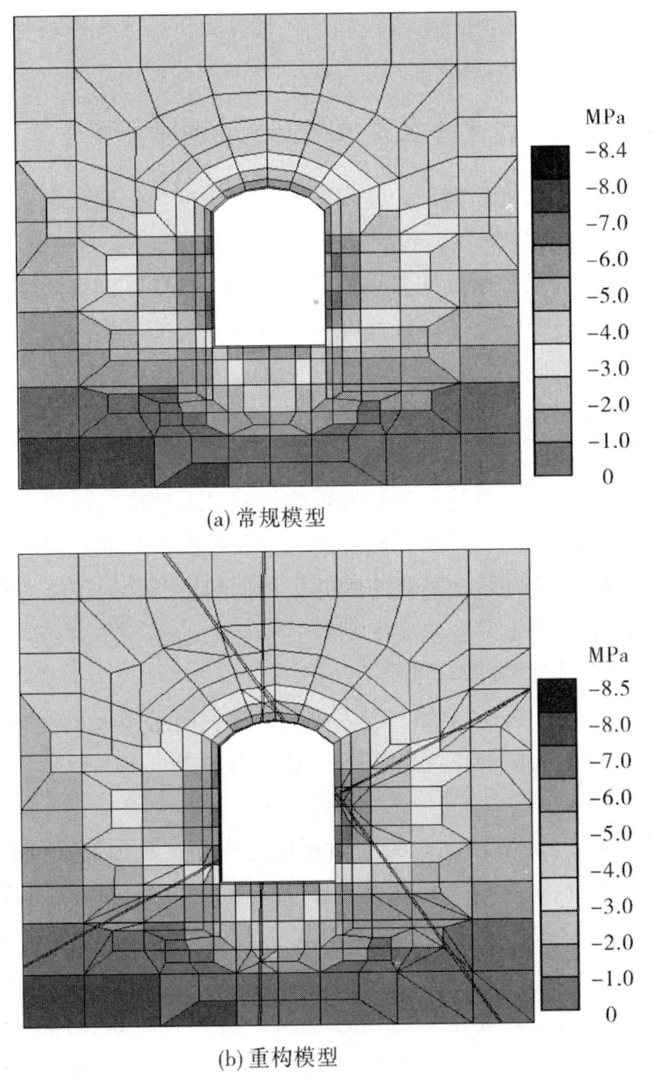

(a) 常规模型

(b) 重构模型

图 5-18　洞周围岩第三主应力分布

经过上述对常规模型和重构模型的位移和应力计算成果之对比，可以看出，采用基于形函数通用格式的方法对重构模型计算分析时，洞周的位移和应力与常规模型的计算成果在量值上非常接近，在规律上完全一致。这表明采用形函数的通用格式，完全可以对含有多种形态单元的重构模型进行计算分析，为程序自主编制省去了较大的工作量。

5.3.2 考虑复合强度准则的地质断层结构计算

地质断层结构的物理力学参数比上下盘的岩体要低很多，在工程作用(开挖、爆破)或自然作用(地震、渗流)下，易在层面间出现脱开、滑移或挤压等现象。因此，除采用岩体本构对断层结构进行计算外，还应根据断层层面在外荷作用下可能产生的破坏形式建立复核强度准则。

计算时采用三维弹塑性损伤有限元进行分析，其屈服准则、损伤本构关系和非线性迭代方法，与3.3.1~3.3.3小节中相同。岩体单元和断层单元都根据弹塑性损伤有限元方法进行计算。不同的是，在迭代计算的过程中，断层单元不仅根据Z-P准则判断单元的屈服状态，还要在每次荷载施加时，根据断层层面的正应力和剪应力状态，建立以下复合强度准则：

1. 断层层面的脱开准则

对于垂直于断层层面的破坏情况，根据断层单元的应力状态，判断其垂直于层面的正应力状态，记F_t为

$$F_t = \sigma_{nk} - R_t \tag{5-7}$$

式中：σ_{nk}为断层单元的层面正应力状态；R_t为层面的极限抗拉强度。当$F_t > 0$时，说明垂直层面的正应力为拉应力且超过了断层单元的极限抗拉强度，认为断层单元将发生脱开。此时须将超过层面抗拉强度的应力$\Delta\sigma_z = \sigma_z - R_t$转化为节点荷载，施加到与断层单元交界的上下盘岩体单元节点上。一般地，断层结构的垂直层面的抗拉强度非常小，在实际计算时，R_t取零值或非常小的正值，即认为垂直层面不抗拉或仅能承担很小的拉应力。

2. 断层层面的滑移准则

对于平行于断层层面的破坏情况，判断其是否沿断层面发生滑移，记F_s为

$$F_s = \tau_{nk} - (f_k\sigma_{zk} + c_k) \tag{5-8}$$

式中：f_k和 c_k分别为沿断层面的摩擦系数和黏结力。则断层层面滑移安全系数 K 可根据式(5-9)计算：

$$K = (f_k\sigma_{zk} + c_k)/\tau_{nk} \tag{5-9}$$

当 $F_s > 0$ 或 $K < 1$，层面滑动力超过阻滑力，此时平行于断层层面方向将产生剪切滑动。对于超出抗剪强度的剪应力 $\Delta\tau_k = F_s$，应将其转换为节点荷载，转移到上下盘岩体上。

3. 断层层面的嵌入判断

本节主要对 2，3 级结构面进行分析，断层厚度达数十厘米，因此计算中断层层面出现嵌入的可能性较小。但是仍然存在层面嵌入的可能性，此时可在每级荷载计算时，根据式(5-10)计算当前断层薄层单元两侧岩体对应节点是否发生相互嵌入，记 L 为

$$L = |\delta_1 - \delta_2| - h \tag{5-10}$$

式中：δ_1 和 δ_2 分别为当前荷载加载后，薄层单元两侧对应节点的层面法向位移增量；h 为断层层面的厚度。当 $L<0$ 时，节点不发生嵌入；$L>0$ 时，可判断为节点发生嵌入，此时，应在对应的节点上施加反向荷载，使嵌入的位移“退回去”。

每级荷载计算时，在完成对断层单元的脱开、滑移和嵌入判断后，由于断层单元的应力状态可能根据复合强度准则进行了修正，且可能在上下盘岩体单元的节点上作用了转移的荷载作用。单元的应力状态并不一定位于屈服面，为保证后续迭代的收敛性，应将单元应力状态沿着垂直于屈服面方向拉回，并重新修增塑性刚度矩阵，再进入下步增量荷载的迭代计算。

5.3.3　实例分析

5.3.3.1　工况概况

某水电站地下厂房位于四川省大渡河上，装机规模 330×10^4 kW，安装 6 台单机容量 55×10^4 kW 的混流式水轮机，水库库容 50.6×10^8 m^3，调节性能好，保证出力 92.6×10^4 kW，多年平均发电量 145.8×10^8 kW·h，是一座以发电为主，兼有漂木、防洪等综合利用任务的大型水利水电工程。地下厂房洞室群由主厂房、主变室、

尾水闸门室、2条无压尾水隧洞组成和六条引水隧洞组成。地下厂房深埋于左岸山体内，埋深220~360 m，距河边约400 m。地下厂房洞室结构纵横交错，洞室结构巨大。主厂房洞室内安装6台单机容量55×10^4 kW的水轮发电机组，主厂房尺寸290.65 m×27.3 m×66.68 m(长×宽×高)，吊车梁以上的宽度达到32.4 m。在主厂房的下游平行布置主变室和尾水闸门室。主变洞的尺寸250.3 m×18.3 m×25.58 m，尾水闸门室的尺寸178.87 m×17.4 m×53.35 m。地下厂房硐室群位于坝轴线下游左岸花岗岩山体中，以Ⅱ、Ⅲ类围岩为主。计算时采用Ⅱ类围岩参数，断层结构取为Ⅴ类围岩参数，岩体力学参数见表5-8。

表5-8　**岩体物理力学参数**

岩体类别	密度/(g/cm³)	变形模量GPa	泊松比	内摩擦系数	黏聚力/MPa	抗拉强度/MPa
Ⅱ	2.61	15	0.26	1.35	1.5	1.5
Ⅴ	2.70	0.5	0.35	0.42	0.1	0

地下厂房区岩体质量可分三大区：F12、F13断层以西区域，小断层发育，岩体完整性较差，大多属Ⅲ类岩体；F7以南区域，岩体弱风化，围岩质量多属Ⅲ类围岩；F12、F13断层以东、F7断层以北区域，构造简单，岩体完整，多属Ⅰ、Ⅱ类围岩。主厂房范围内不能避开的小断层主要有4条，4条断层中3条属岩脉断层，从断层主产状看可分为两组：一组走向N60~80°E，倾向NW，包括F9、F9-1，断层厚度为0.30~0.45 m；一组走向N70~75°W，倾向SW，包括F14、F15两条，0.15~6.0 m。走向与厂房纵轴线基本平行，且位于主厂房和主变洞之间的断层有一条，为F18，走向为N40~50°E，断层厚度为4.5 m。

5.3.3.2　计算模型和计算条件

首先建立包含三大洞室在内的地下厂房区域模型，共剖分了19 773个8节点六面体单元和21 232个节点(见图5-19(a))。

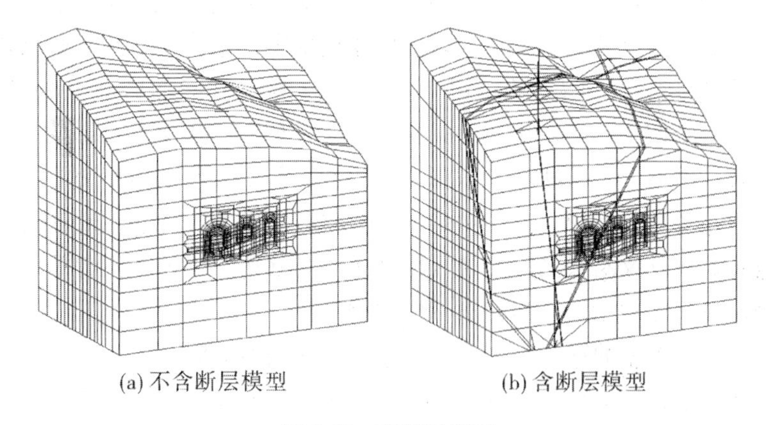

图 5-19　有限元模型

地质断层建模时，考虑 F9、F14 和 F18 三条断层，建模时断层厚度分别取为 0. 45 m，2. 0 m 和 4. 5 m。对不含断层模型先后进行 6 次单元重构，分别将 6 个结构面建入模型，3 条断层建好后，含断层的模型共有 71 706 个单元和 40 744 节点，包含多种单元形态(见图 5-19(a))。图 5-20 给出了所模拟的三条地质断层与三大

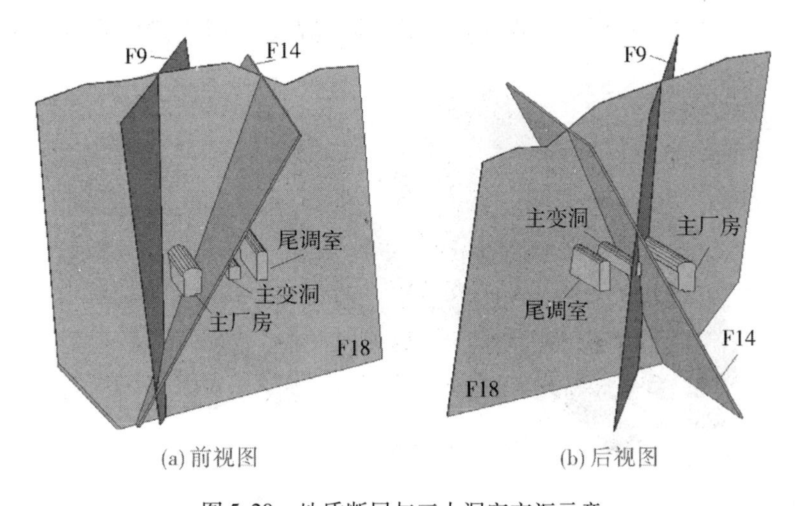

图 5-20　地质断层与三大洞室交汇示意

洞室的交汇情况，该图仅保留了断层、洞室的轮廓线以及它们的交线，而将网格线隐去不显示。从网格消隐图观察，三条地质断层均属陡倾角断层。F9 断层斜穿主厂房，并和主变洞端墙部分相交；F14 断层走向与厂房纵轴线基本平行；F18 断层横穿三大洞室。可以看出，不仅 3 条断层全部对洞室切割，断层之间也相互交汇，形态十分复杂。同时，采用网格消隐效果后的模型，能够清晰地将断层和洞室以及断层之间的相互位置关系可视化，为洞室围岩稳定性的评价工作提供了直观的基础性资料。

洞室支护的锚杆主要布设在洞室顶拱和边墙部位，以 $\Phi 28$ 和 $\Phi 32$、间排距为 1.2 m×1.2 m 和 1.5 m×1.5 m 为主；锚索主要布设在各洞室的边墙部位，间距 4×4.6 m，长度为 15～20 m，预应力均为 2 000 kN。以根据实测资料进行反演的三维初始地应力场为基础，确定本例的初始地应力场。计算工况为支护一次开挖。

5.3.3.3 围岩稳定性计算成果

1．围岩破坏区

围岩的破坏区总量为 19.28×万 m^3(见图 5-21 和图 5-22)。破坏区类型以塑性区和开裂区为主，其中塑性区总量 18.17 万 m^3，开裂区总量 1.11 万 m^3。受到地质断层的切割影响，洞室边墙被断层穿

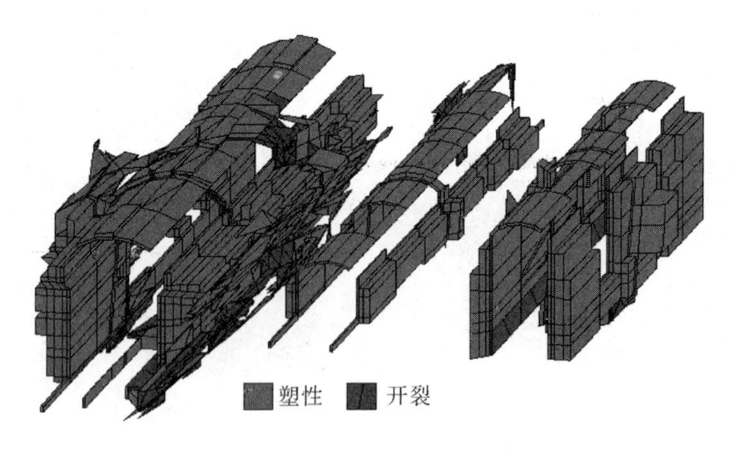

图 5-21　洞周围岩破坏区透视图

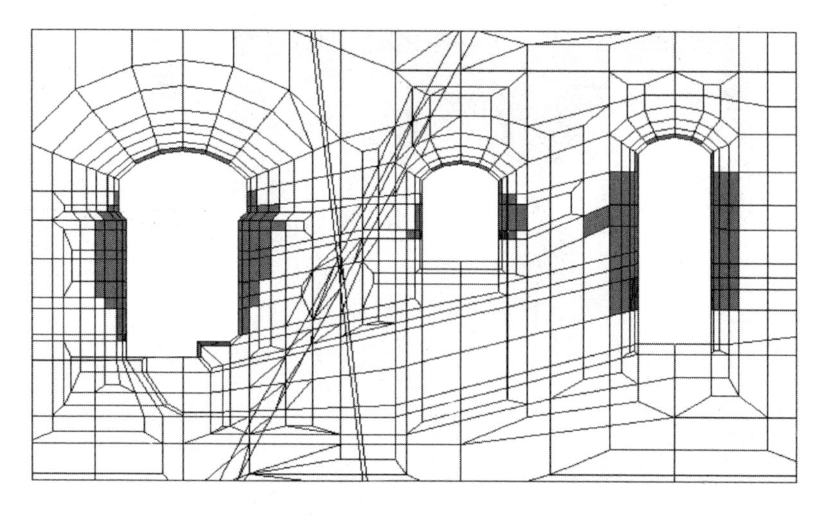

图 5-22　2#机组段洞周围岩破坏区

过的部位破坏区深度稍大，可以体现出断层对围岩稳定的影响。

2. 围岩应力

在该机组段，断层在主厂房和主变洞之间的岩柱穿过，且距主厂房较远，因此其洞周应力受到的影响较小，分布较为均匀(见图 5-23)。主变洞上游拱座处距断层较近，第一和第三主应力的分布都受到了一定影响。观察断层附近区域的应力，可以看出断层上下盘的围岩应力分布出现明显的不连续性。这些都表明计算结果可以体现出断层结构对洞周围岩的应力分布的影响。

3. 围岩位移

从围岩位移的分布可以发现(见图 5-24)，受到断层切割的影响，围岩变形呈现明显的不连续性。主厂房和主变洞之间的岩柱，受到断层结构的切割，上下盘位移错动达到 2 ~4 cm。主厂房上右边墙、主变洞下游边墙和尾调室没有受到断层的影响，变形分布较为均匀。主厂房下游和主变洞上游边墙受到地质断层的影响明显，变形幅度明显大于洞周其他部位。

沿主厂房纵轴线方向观察下游边墙的位移分布(见图 5-25)，被断层切割部位的围岩位移明显有所增加，其中 F9 断层与下游边

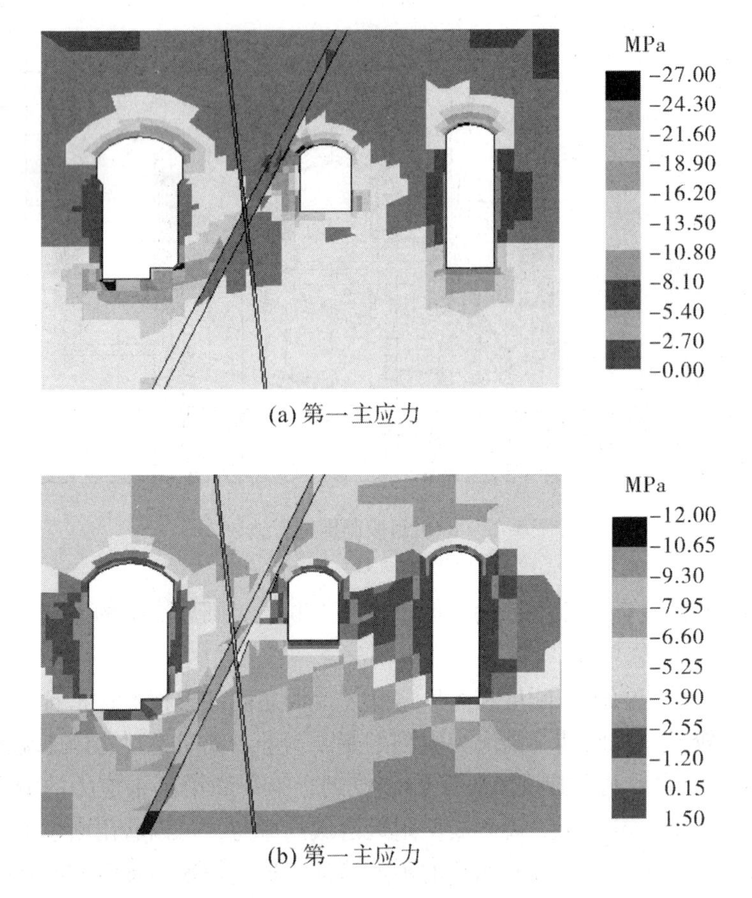

(a) 第一主应力

(b) 第一主应力

图 5-23　2#机组段洞周围岩应力

墙交汇处的围岩横向变形达到 9.0 cm，F18 断层交汇处为 6.0 cm，两断层切割洞室的部位位移等值线都呈现出显著的不连续性。其中，F9 断层穿过部位的位移不连续性比 F18 断层更为显著，分析其原因，是由于 F9 断层走向与纵轴线方向夹角较小所导致。这表明，虽然 F9 层面厚度没有 F18 大，但其走向与纵轴线方向的夹角更小，对洞室位移的影响就越显著。从下游边墙的位移矢量来看，F9 和 F18 断层部位的位移方向均沿着其层面的指向外，这显示在洞室开挖作用影响下，断层上下盘岩体的相对滑动趋势较为明显。

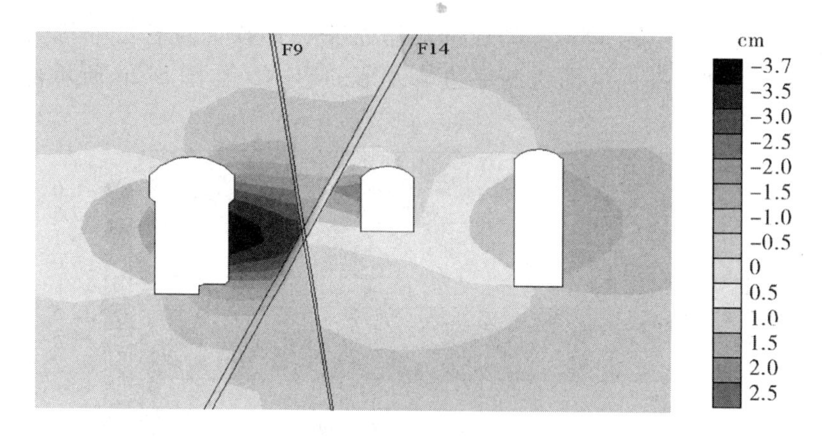

图5-24 2#机组段洞周围岩横向位移

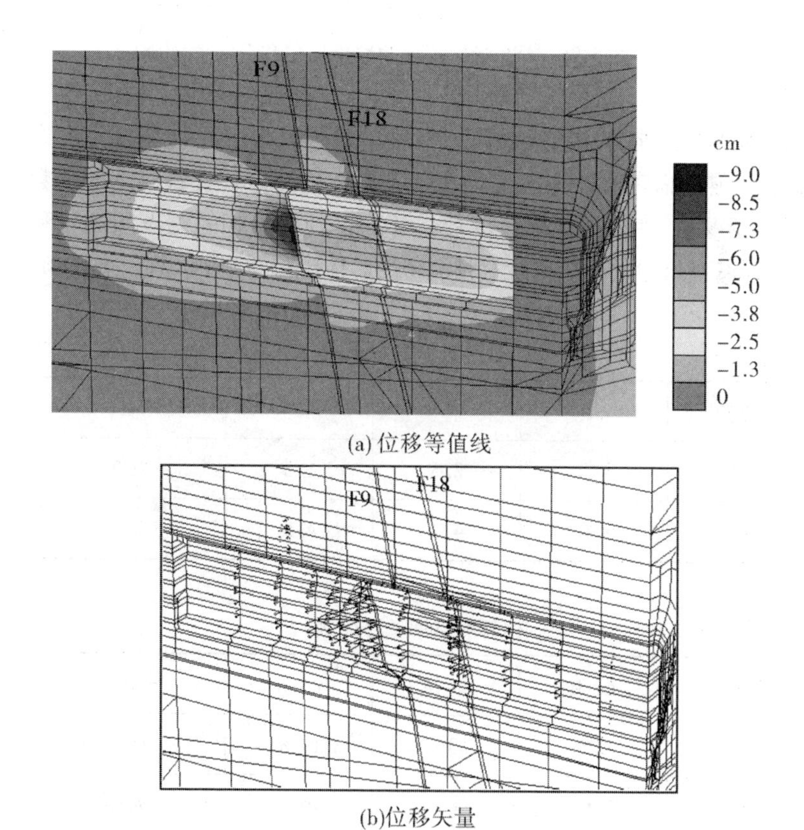

(a)位移等值线

(b)位移矢量

图5-25 主厂房下游边墙横向位移分布

进一步取出688米高程的洞室水平截面横向位移分布图分析，为研究断层层面对洞室边墙变形的影响，在图5-26所示部

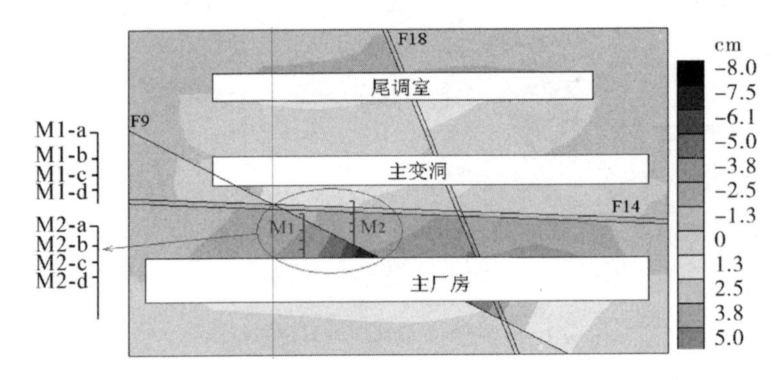

图5-26　688米高程处边墙横向位移分布

位设置两个虚拟的多点位移计M1和M2，求得位移计各测点所在部位与洞室临空面的横向位移之差，即为虚拟位移计各测点的读数(见表5-9)。并根据位移计读数，计算得到各个相邻测点间的位移量，计算各部分位移量占位移计测得的总体位移的比例，列入表5-10。

表5-9　**位移计读数(cm)**

测点	a	b	c	d
M1	4.3	2.5	1.5	0.7
M2	8.0	4.7	4.5	4.2

表5-10　**相邻测点间位移比例**

测点	a－b	b－c	c－d	d-孔口
M1	**42%**	23%	19%	16%
M2	**33%**	3%	4%	**60%**

可以看出，M1 位移计最深处两测点被 F9 断层穿过，两点间的位移占位移计监测值的 42%；M2 位移计同时被 F9 断层和 F14 断层穿过，被断层穿过部位的位移合计占位移计监测值的 93%。这些因断层、岩脉所穿过而形成的位移，称为“张开位移”。上述分析发现，M1 和 M2 位移计所测的位移有相当一部分比例都是由张开位移导致的，对于 M2 位移计，断层上下盘岩体本身的变形仅占监测值的 7%。这些从计算成果中得到的岩体变形规律，与文献[106]在该洞室施工开挖过程中从监测资料中发现的规律一致。这表明在数值分析时，只要能够充分地模拟实际地质条件，实现对断层结构的准确建模，并采用合适的算法来模拟断层结构的力学特性，就完全能够实现地质断层影响下洞室围岩稳定性的有效分析。

5.3.3.4　地质断层层面计算成果

1. 层面状态

从计算完毕的断层层面状态来看，F9 断层层面(见图 5-27)在主厂房上下游边墙和主变洞上游边墙部位都产生了脱开和滑移区域。其中脱开区域仅限于洞室表层岩体，分布范围很小，滑移区延展范围在 6 m 以内。

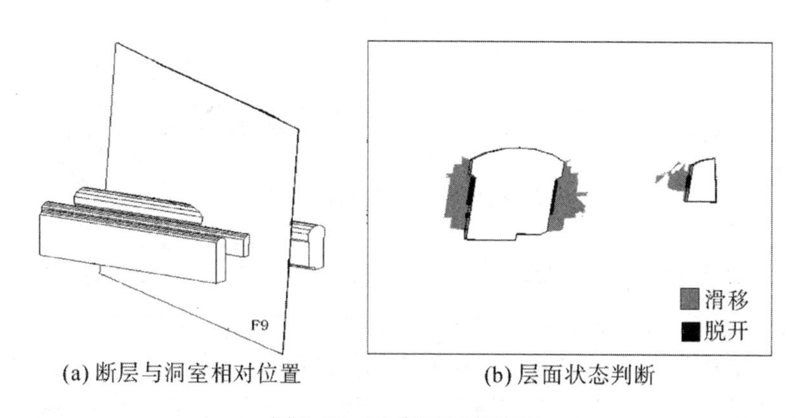

(a) 断层与洞室相对位置　　(b) 层面状态判断

图 5-27　F9 断层层面状态

F14 断层与位于主厂房和主变洞之间的岩柱内，不与洞室相交，层面没有出现滑移和脱开区域(见图 5-28)。

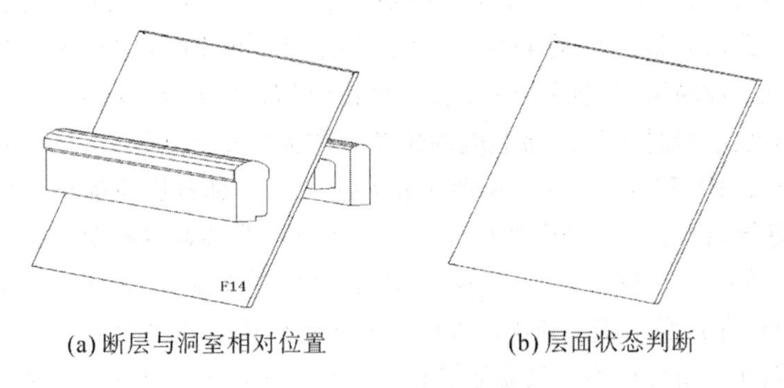

(a) 断层与洞室相对位置　　(b) 层面状态判断

图 5-28　F14 断层层面状态

F18 断层虽然同时穿过三大洞室，但其与洞室的交角较大，仅在主厂房下游边墙和顶拱、尾调室上游边墙局部出现滑移，且分布范围较小(见图 5-29)。

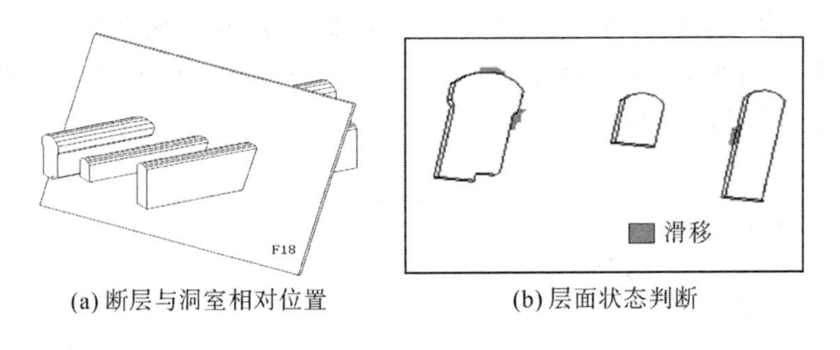

(a) 断层与洞室相对位置　　(b) 层面状态判断

图 5-29　F18 断层层面状态

可以看出，虽然断层层面均取为Ⅴ类围岩参数，但各断层层面与洞室的交角不同，计算完毕的层面状态也各异。F9 断层虽厚度最小，但与洞室呈现斜交，层面受到的影响最明显；F18 断层虽然同时切割三个洞室，但与洞室交角较大，层面受到影响较小。这表明当物理力学参数取值相同时，不同地质断层与洞室的相互影响程度主要取决于断层走向和洞室纵轴线方向的夹角，也说明本节基于薄层单元的地质断层算法能够反映出断层的走向、厚度和倾角对洞室围岩稳定的影响，比二维断层分析更反映工程实际。

2. 层面正应力和剪应力分布

从计算完毕的层面应力分布来看，F9 断层的正应力在洞周最小(见图 5-30(a))，部分区域正应力为零，显示这些区域出现脱开，与图 5-27 的层面脱开区域分布一致。边墙部位层面的正应力较小，在 3.62 MPa 以下，顶拱部位较大，在 9.05 ~ 12.67 MPa。

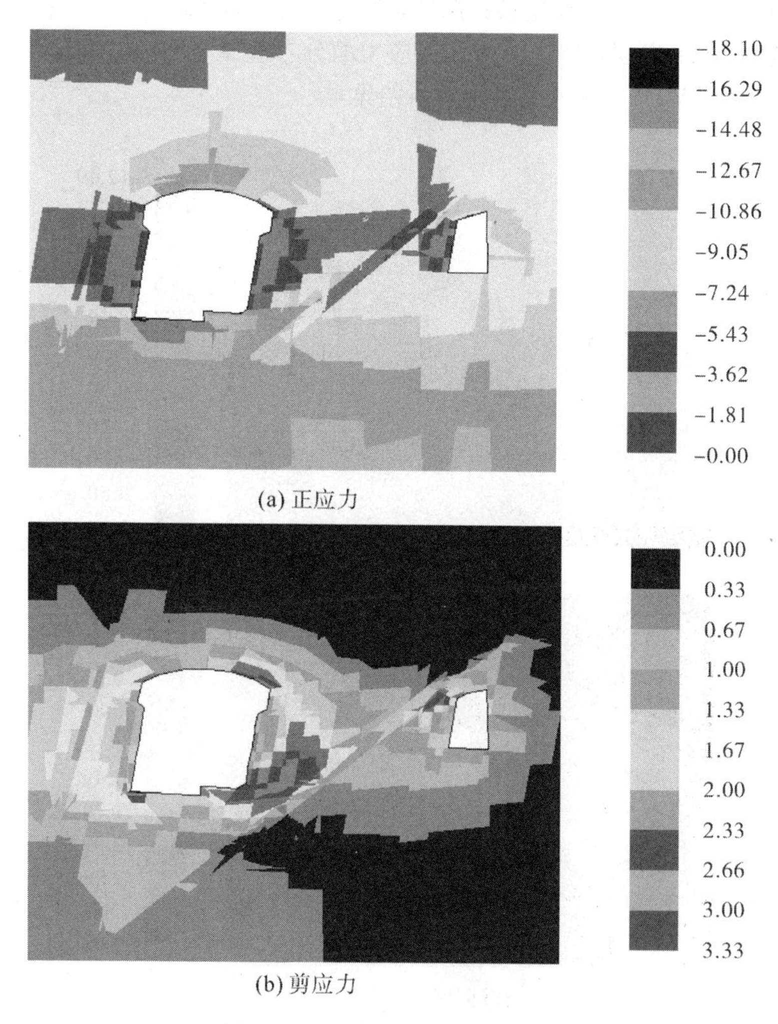

(a) 正应力

(b) 剪应力

图 5-30　F9 断层层面应力(MPa)

正应力量值距开挖面越近，量值越大。F9 断层层面剪应力在 3.33 MPa 以内(见图 5-30(b))，分布规律是距开挖面最近的部位应力较小，远离开挖面时应力稍大，但到深部岩体时应力又减小。这是由于开挖面附近滑移区内的剪应力在计算过程中被转移，故剪应力较小；远离开挖面时随着正应力的增加，层面能够承受的更大剪切作用，故而剪应力相应增长；深部岩体为原岩应力状态，剪应力再次减小。F18 断层层面正应力和剪应力的分布规律与 F9 层面基本相同(见图 5-31)，但在量值上有所差异。

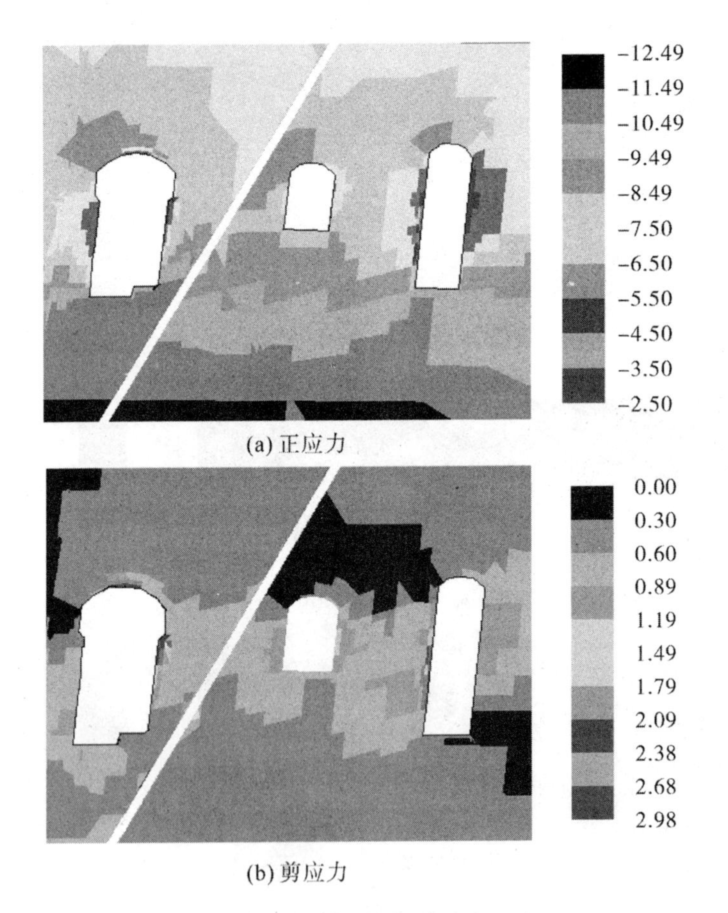

(a) 正应力

(b) 剪应力

图 5-31　F18 断层层面应力(MPa)

3. 层面滑动安全系数

根据层面的应力分布，采用式(5-9)计算层面的滑动安全系数，见图5-32。可以看出，在F9和F14断层层面的滑移区域内，层面安全系数最小，为1.0。距离开挖面越远，滑动安全系数越大。F9层面安全系数低于1.40的区域分布较大，应予以足够重视；F18层面仅在顶拱和边墙局部的安全系数较小，多数区域的安全系数大

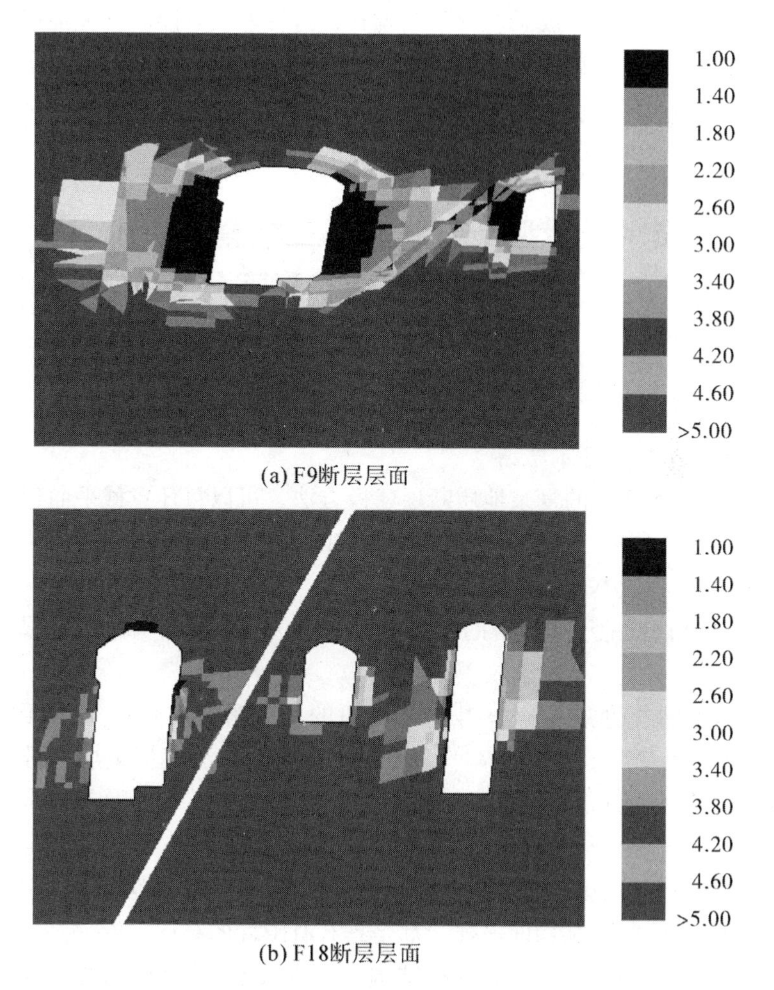

图5-32　F9、F18断层层面滑动安全系数

于2.20，层面的稳定性应有保障。

5.3.3.5 计算小结

可以看出，采用5.2节的断层建模方法和本节基于薄层单元的断层计算方法，能够充分反映出地质断层对地下洞室的影响。从围岩的计算结果来看，围岩的应力、位移都呈现出不连续分布特性，且与实际监测结论吻合，证明了本节断层算法的有效性和可靠性。从断层层面的计算成果看，采用脱开、滑移等状态能够合理描述断层结构在施工荷载作用下的层面状态，同时，借助层面滑动安全系数，能够实现断层安全程度的定量评价，为地质断层影响地下洞室局部稳定特性的分析提供了合理有效的分析工具。

5.4 大型地下洞室群三维复杂块体系统的搜索和稳定分析

5.4.1 基于有限元网格的块体识别方法

5.4.1.1 基本思路

根据5.2节的复杂地质断层建模方法，可以将任意截平面建入有限元网格。在这个基础上，本节提出一种基于有限元网格的块体识别方法，其基本思路为：

(1)根据地下洞室群的布置格局，建立不考虑结构面的有限元模型。

(2)根据地质调查，得到结构面的几何参数，包括结构面间距、长度、产状和形态等。采用 Monte-Carlo 方法模拟生成三维结构面的几何信息[271]。此类结构面为随机类型，其平面形态通常被假定为圆盘模型[272]。对于确定性结构面，则可以直接根据给定的产状等信息生成结构面网络。当确定性结构面为有限范围时，它与圆盘模型的随机结构面一样，都是具有有限性的结构面。

需要指出的是，虽然随机结构面的生成借助了概率分布函数，但是只要确定了岩体节理网格的模拟参数，这些圆盘随机结构面对下一步的块体搜索而言，仍然是数目、产状和范围都确定的结构面网络。因此，可以将结构面网络信息可以分为两类：一类是无限延伸的确定性结构面信息；另一类是具有有限范围的结构面信息，包括了有限范围的确定性结构面和随机结构面。本节将结构面视为无限延伸的平面，给出依据有限元网格进行块体识别的一般过程。

(3)将结构面根据 5.2.3 小节的方法，逐一建入有限元模型，得到含有结构面信息的重构单元。建模时不考虑结构面的厚度，例如对于一条断层，仅采用一条结构面模拟。

(4)在重构单元的模型内，利用单元与结构面的相互关系，将单元“聚合”成块体，从而实现结构面为无限延伸时的块体搜索。

(5)再考虑结构面的有限性，将被有限性结构面切开，而交界面实际并不在有限结构面范围内相邻凸块体重新“聚合”，形成真实的块体系统。该步骤完成了对复杂地下洞室群块体系统的搜索工作，可生成包括凹块体在内的各种复杂形态的块体。

本节主要对(4)、(5)步骤进行详述，这也是该块体识别方法与传统基于拓扑理论的块体搜索方法的最本质区别之处。

5.4.1.2　基于有限元网格的块体识别算法

首先，对含有结构面的重构模型依据式(5-10)进行判断，得到重构模型每一单元与所有结构面之间的上下盘关系：

$$PH_{m,n} = \frac{Ax_0 + By_0 + Cz_0 + D}{\sqrt{A^2 + B^2 + C^2}} \tag{5-10}$$

式中：(x_0, y_0, z_0) 为单元 m 的形心点，A，B，C，D 为定义结构面 n 的平面方程，即

$$Ax + By + Cz + D = 0 \tag{5-11}$$

若 $PH_{m,n} > 0$，则单元 m 在结构面 n 的上盘，记 $PH_{m,n} = 1$；若 $PH_{m,n} < 0$，则单元 m 在结构面 n 的下盘，记 $PH_{m,n} = -1$。搜索所有单元对所有结构面的上下盘关系，计入 $PH_{m,n}$ 数组，列入表 5-11。

表 5-11 给出了 m 个单元与 n 个结构面的关系，则重构后模型的单元可通过式(5-12)生成第一个块体 B：

$$B = E_1 (i = 1) \tag{5-12a}$$

$$B = B \cup E_i \quad (2 \leqslant i \leqslant m) \tag{5-12b}$$

表 5-11 **单元与结构面的关系**

单元编号	结构面编号					
	1	2	3	…	$n-1$	n
1	$PH_{1,1}$	$PH_{1,2}$	$PH_{1,3}$	…	$PH_{1,n-1}$	$PH_{1,n}$
2	$PH_{2,1}$	$PH_{2,2}$	$PH_{2,3}$	…	$PH_{2,n-1}$	$PH_{2,n}$
3	$PH_{3,1}$	$\mathrm{PH}_{3,2}$	$\mathrm{PH}_{3,3}$	…	$PH_{3,n-1}$	$PH_{3,n}$
……						
$m-1$	$PH_{m-1,1}$	$PH_{m-1,2}$	$PH_{m-1,3}$	…	$PH_{m-1,n-1}$	$PH_{m-1,n}$
m	$PH_{m,1}$	$PH_{m,2}$	$PH_{m,3}$	…	$PH_{m,n-1}$	$PH_{m,n}$

式中：$E_i(1\leqslant i\leqslant m)$ 表示重构后模型的单元，且当 $i\geqslant 2$ 时，单元 E_i 对所有结构面的关系 $PH_{i,n}$ 须满足：

$$PH_{1,j} = PH_{i,j}\ (j = 1,2,\cdots,n) \tag{5-13}$$

进一步采用一个二维例子对该算法进行描述。在图 5-33 中，一共有 4 个块体，分为 A、B、C 和 D 被识别出来。从表 5-12 可以

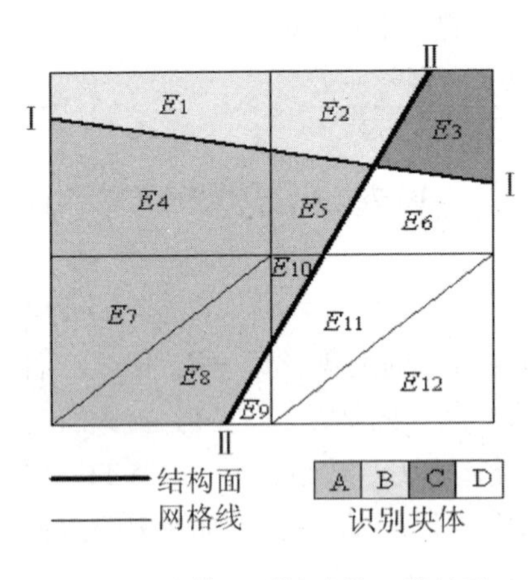

图 5-33 块体识别算法的二维情形

表 5-12 **块体识别算法**

单元($m=12$)	结构面($n=2$)		块体标识
	Ⅰ	Ⅱ	
E_1	1	1	A
E_2	1	1	A
E_3	1	−1	B
E_4	−1	1	C
E_5	−1	1	C
E_6	−1	−1	D
E_7	−1	1	C
E_8	−1	1	C
E_9	−1	−1	D
E_{10}	−1	1	C
E_{11}	−1	−1	D
E_{12}	−1	−1	D

发现，每个块体内所含有的单元具有与结构面Ⅰ和Ⅱ完全相同的上下盘位置关系。因此，根据重构模型内单元与所有结构面的上下盘关系，即可将具有与所有结构面位置关系相同的单元“聚合”，形成一个块体。由于在这个过程中，结构面被处理为无限延伸的平面，因此目前所识别得到的块体均为凸块体。

5.4.1.3　基于有限元网格的块体系统的数据结构

利用与结构面的位置关系，将重构网格的单元进行“聚合”所得到的块体系统，其数据结构分为 5 级，分别为：

(1)点：这一级数据结构比较简单，主要包括了节点的编号和坐标信息。

(2)棱边：边的数据结构主要包括了棱边的编号和每个棱边端点的节点编号信息。

(3)面：面的数据结构包括了面的编号、构成该面的棱边编号和棱边的数目信息。

(4)单元：单元的数据结构为单元编号和构成该单元的面的编号和面的数目信息。

上述四层数据结构，也是有限元模型数据结构。

(5)块体：这是最高一层的数据结构，也是块体系统数据结构区别与有限元模型数据结构的标志。该层包括了块体的编号，构成该块体的单元编号和单元数目信息，与当前块体相关的结构面编号及结构面的数目信息，以及当前块体是否与开挖临空面相关的信息。结构面与块体是否相关，是指某一结构面是否为当前块体的一个面，即当前块体是由所有与该块体相关的结构面切割包围而成。

此时搜索得到的块体系统，由于忽略了结构面的有限性，全都是凸块体。根据块体系统的数据结构，可进一步对当前块体系统判断，考虑结构面的有限性，得到真实的块体系统。

5.4.1.4　凸块体“聚合”生成真实的块体系统

如图 5-34，对块体 A 的每一个相关结构面搜索，结构面 I 为有限，其实际延伸范围 Ω 为图 5-34 中的实线，判断在结构面Ⅰ上的块体 A 每个单元面的面心点(记为 P)，是否在给定的有限结构面的范围 Ω 内，一旦出现 $P \notin \Omega$，则可以判定块体 A 实际应与相邻

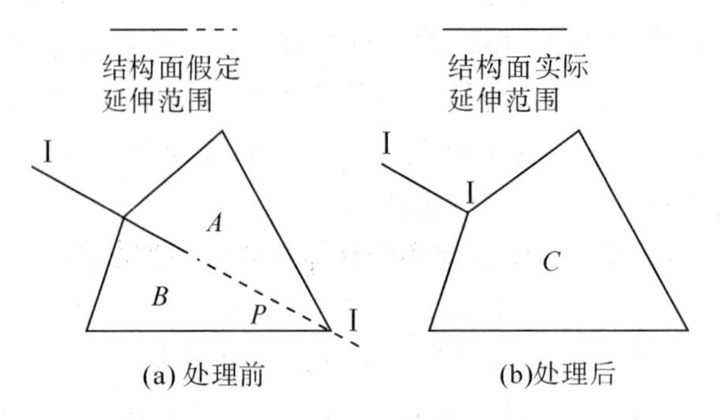

图 5-34 结构面有限性的判别

块体构成一个块体。则通过块体数据结构中的相关结构面信息，找到与块体 A 相邻的块体(记为 B)，将块体数据结构中的块体 A 和块体 B 信息合并为一个新的块体(记为 C)，并在新块体 C 的相关结构面中删除结构面 Ⅰ 的信息。对整个块体系统按照上述算法循环，即可将原本相连的块体重新“聚合”，最终形成了真实的块体系统。通过块体的“聚合”，可以生成包括凹块体在内的各种复杂形态的块体。

5.4.1.5 洞室块体识别的特殊情形处理

以上搜索得到的块体系统，未考虑洞室开挖，可称为全空间的块体系统。但工程中关心的还是洞室开挖后的块体，尤其是开挖面上出露块体的形态及可动性。如图 5-35 所示，考虑开挖后，块体

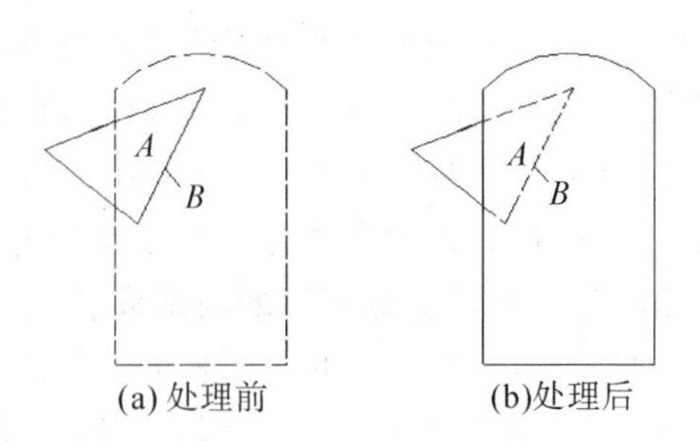

图 5-35 洞室开挖的处理

A 的一部分单元被挖去，使得 A 位于开挖临空面上。对于受到开挖影响的块体，可对其块体的数据结构进行以下的调整：①删除块体 A 中包含的开挖单元信息；②删除完全位于开挖体内的块体 A 相关结构面 B；③设置块体 A 与开挖临空面为相关。

在考虑洞室开挖过程中，块体受到地下洞室开挖面的切割，可能遇到如图 5-36(a)所示的情形，块体 A 被结构面切割包围而成，但同时被洞室两侧的开挖面切割，变成了两块不相连的块体。对这种情形，可将块体 A 的数据结构信息分成两个块体信息(记为 B 和 C)，分别存储位于图 5-36(b)中的洞室两端单元信息，同时删除块体 A 数据结构中被开挖掉的单元信息。

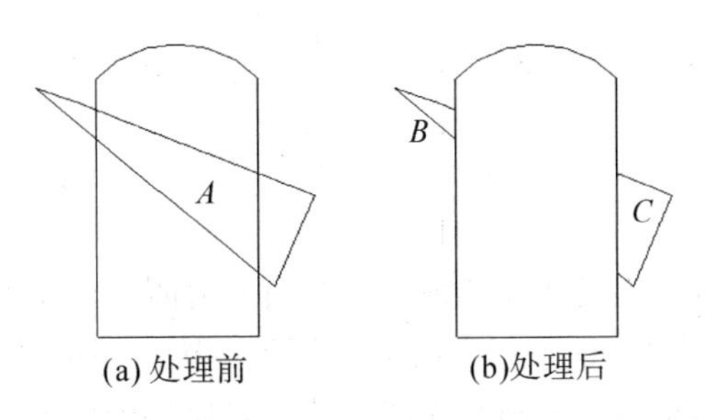

图 5-36　洞室切割的处理

5.4.1.6　关键块体的识别

根据块体理论，块体可根据图 5-37 分类[273]。Ⅰ类块体为关键块体，这类块体若不进行加固就很可能滑动；Ⅱ类块体为潜在关键块体，它们在结构面的摩擦力作用下可能处于稳定状态。本节主要对这两种块体进行识别。Ⅲ类块体是安全可动块体。Ⅳ类和Ⅴ类块体是条件稳定块体，它们的稳定性取决于关键块体和潜在关键块体的稳定性。Ⅵ类块体是无限块体。本节主要对Ⅰ类和Ⅱ类块体进行识别，因为若不对这类块体进行适当加固，它们的失稳还可能导致周围块体的渐进式失稳。本节识别所得的块体基于有限元网格系统，可根据下述步骤完成对各种类型块体的判别。

1. 无限块体的判别

在前述搜索生成的块体系统中，若块体内存在单元面在模型的

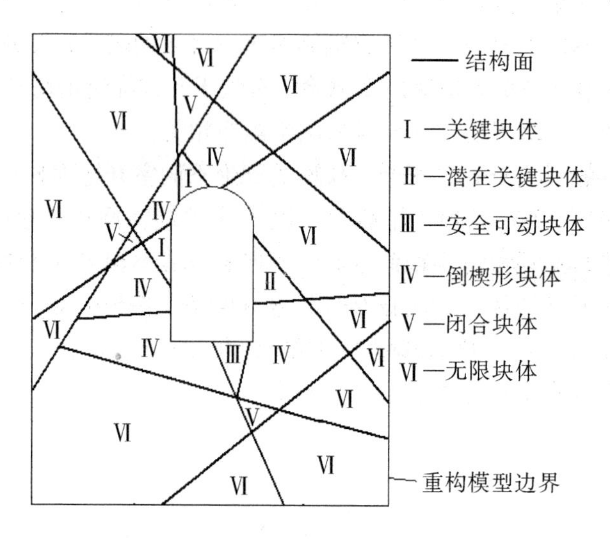

图 5-37　块体的分类

边界上，即可认为是无限块体。这是由于有限元模型的模拟范围一般都大过 3 ~ 5倍的地下洞室跨度，若某一块体接触到了模型边界，则其规模必然很大，可视为无限块体。对接触到模型上部地表边界的块体来说，是否可视为无限块体应取决于洞室群的埋深。一般来说，深埋洞室群中接触到上部地表的块体其跨度也很大，可视为无限块体；而潜埋洞室群中的接触到上表面的块体应当视为有限块体，进一步予以判别。

2．闭合块体的识别

循环已剔除了无限块体的块体系统，利用块体数据结构中是否与开挖临空面相关的信息判断，可进一步将与开挖临空面不相关的有限块体识别封闭块体，予以剔除。

3．关键块体的判别

在提出无限块体和闭合块体后，剩余的块体均是在开挖面出露的块体，即与开挖临空面相关的有限块体，可进一步利用判别块体可动性的赤平投影判别方法，利用块体非临空面的结构面的产状信息判断其可动性，采用矢量分析的方法[274 ~ 276]，可以得到可动性块体，为关键块体判别的提供分析的对象。

5.4.1.7　具有多个临空面块体的判别

由于地下洞室群彼此交错，可能搜索到如图 5-38 所示的块体 *A*。这样的块体有两个以上的临空面，图示为临空面 *B* 和 *C*，分别位于主厂房内和母线洞内。由于块体只能沿着高程最低的临空面向下滑动，因此遇到此类情形时，可判断临空面的各自高程，将非最低高程的临空面视为非开挖临空面。如图 5-38，临空面 *B* 既可在判定块体 *A* 可动性时视为一非临空结构面。此时，应将临空面 *B* 的信息作为块体的相关结构面信息充入 *A* 的数据结构中。

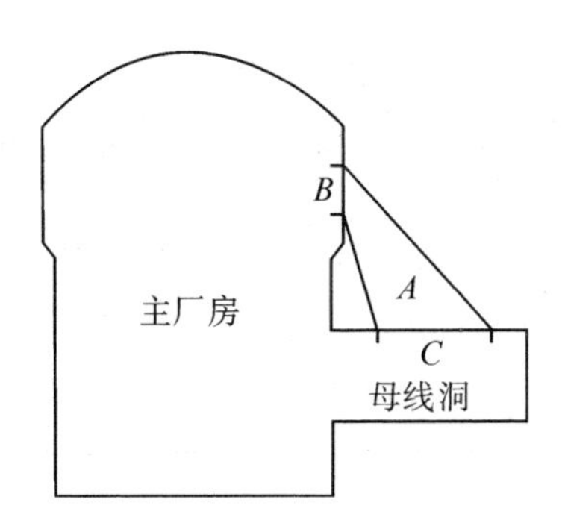

图 5-38　多个临空面块体的处理

5.4.2　算例验证

5.4.2.1　与块体分析软件 SlopeBlock 对比：结构面视为无限延伸

SlopeBlock 软件是中国地质大学(北京)于青春教授设计开发的研究裂隙岩体边坡块体分析的软件[277~278]。该软件假设结构面为无限延伸。

采用该软件自带的算例进行验证，图 5-39 为一边坡，坡高 90 m，坡角 60°。共考虑 4 条结构面对边坡的切割，结构面参数列入表 5-13。

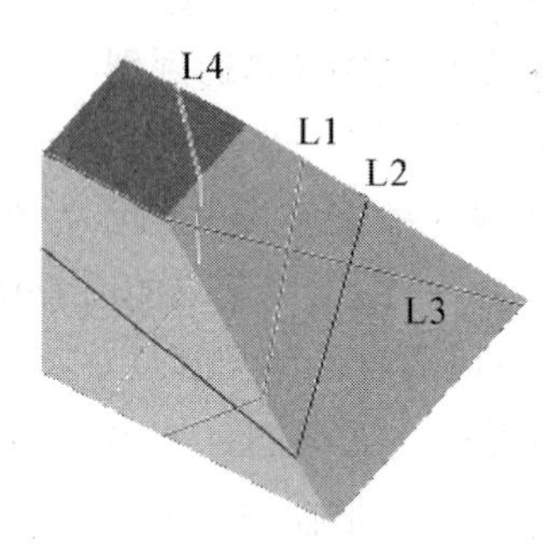

图 5-39　边坡与结构面交汇

表 5-13　**结构面参数**

编号	倾向/°	倾角/°	黏聚力/MPa	内摩擦角/°
L1	225	60	0.1	30
L2	135	30	0.1	30
L3	2	45	0.1	30
L4	225	75	0.1	30

采用本节的块体识别方法时，首先将图 5-39 的边坡进行有限元网格的离散(见图 5-40(a))，再将表 5-13 中的 4 条结构面依次建入模型，形成重构模型(见图 5-40(b))，最后，判断重构模型中所有单元与 4 条结构面的位置关系，将拥有相同位置关系的单元聚合，即形成块体系统(见图 5-40(c))。为获得更好的块体显示效果，可将不在块体交界面上的网格线擦除，获得网格面消隐效果(见图 5-40(d))。

根据本节识别算法，共搜索得到 12 个块体，其中有 4 个块体接触边坡底部，可视为无限块体，因此 位于临空面上的块体为 8 个。这与 SlopeBlock 软件的块体搜索结果一致(见图 5-41)。

进一步对本节识别算法和 SlopeBlock 软件搜索得到的 8 个块体求取安全系数，块体主动力仅考虑块体自重，发现计算结论完全一致，见表 5-14。基于有限元网格的块体稳定分析思路，与 SlopeBlock

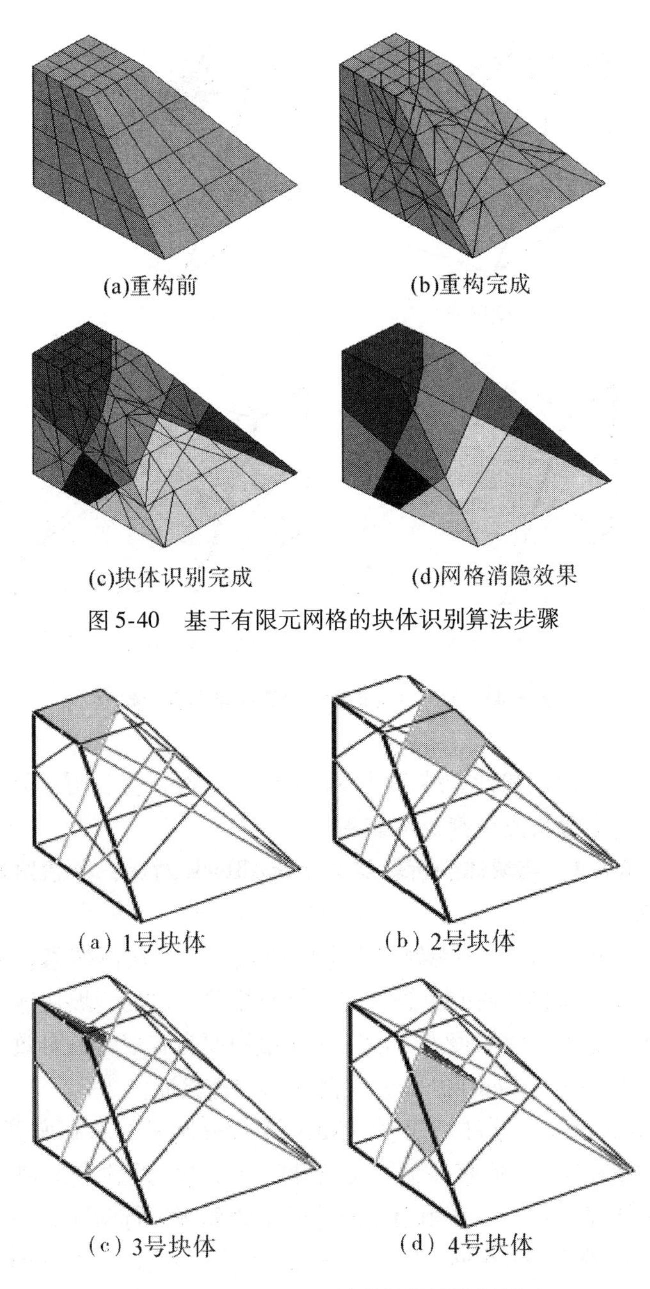

图 5-40　基于有限元网格的块体识别算法步骤

图 5-41　SlopeBlock 软件块体搜索结果

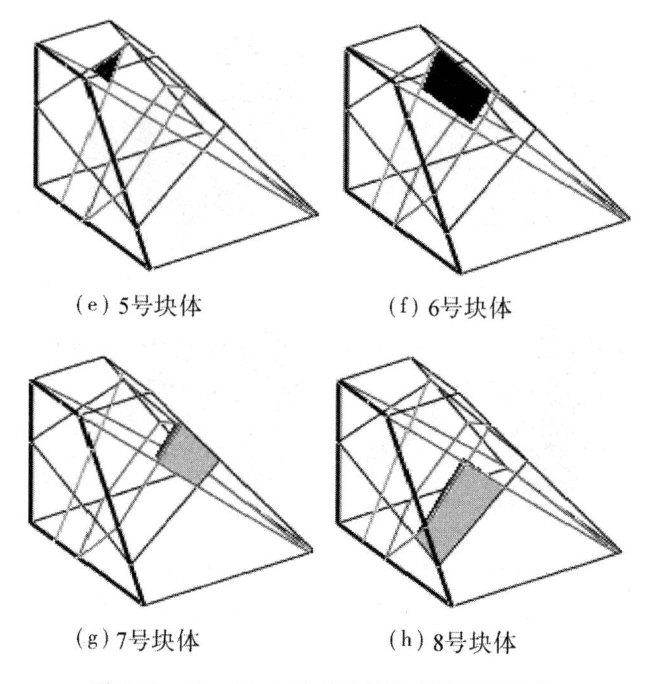

(e) 5号块体　(f) 6号块体

(g) 7号块体　(h) 8号块体

图 5-41　SlopeBlock 软件块体搜索结果(续图)

软件的块体识别和计算结果具有高度的一致性，这表明本节的块体识别和稳定分析方法都是可靠的。

5.4.2.1　与块体分析软件 GeneralBlock 对比：考虑结构面的有限性

SlopeBlock 软件只能处理无限延伸结构面的块体搜索问题，即结构面将贯穿整个研究范围，且只能对简单形状的边坡块体进行搜索。为验证本节块体搜索方法在考虑结构面为有限时的有效性和可靠性，进一步与 GeneralBlock 软件进行对比验证。

GeneralBlock 软件是根据一般块体方法为理论基础所开发的，是一个能在“有限延展裂隙，复杂开挖面形状”条件下识别出所有块体的软件[278~279]。采用其使用手册中的算例进行验证。一洞室的长宽高分别为 333.6 m、32.6 m 和 94.5 m，考虑 13 条空间延展为圆盘形的有限结构面切割洞室，每条结构面的参数见表 5-15，洞室

表 5-14　**块体稳定计算成果**

块体编号	体积 /m^3	下滑力 /t	摩擦力 /t	黏聚力 /t	滑动模式和滑动面	安全系数	备注
1	5 050.7	—	—	—	安全不可动	—	SlopeBlock 软件与根据本节算法的块体安全系数计算成果完全一致。对于安全不可动块体，SlopeBlock 的安全系数为 99999.99，即安全系数无穷大
2	7 484.4	—	—	—	安全不可动	—	
3	6 822.4	8 452.5	9 048.5	829.6	双面滑动：L2，L4	1.17	
4	7 407.6	—	—	—	安全不可动	—	
5	166.3	204.1	339.2	110.5	双面滑动：L3，L4	2.20	
6	3 809.18	—	—	—	安全不可动	—	
7	1 384.82	964.1	2 293.1	326.3	双面滑动：L2，L3	2.72	
8	2088.1	2 610.1	2 610.1	491.8	单面滑动：L2	1.19	

表 5-15　**圆盘形有限延展的结构面参数**

编号	圆心坐标/m			走向/°	倾角/°	半径/m	黏聚力/MPa	内摩擦角/°
L1	−28. 516	15. 625	81. 0	255	85	50	1. 53	31
L2	−10. 938	82. 031	81. 0	250	70	145	1. 53	31
L3	−17. 968	120. 70	81. 0	250	70	65	1. 53	31
L4	−15. 625	135. 69	81. 0	250	70	90	1. 53	31
L5	−9. 766	183. 59	81. 0	250	70	115	1. 53	31
L6	0. 001	185. 55	81. 0	250	70	110	1. 53	31
L7	−44. 922	32. 58	81. 0	320	50	60	0. 306	14
L8	19. 531	105. 47	81. 0	350	60	120	0. 612	27
L9	−7. 031	156. 25	81. 0	345	65	95	0. 714	27
L10	−39. 063	145. 39	81. 0	354	84	85	0. 714	27
L11	−23. 438	221. 88	81. 0	350	58	40	0. 714	27
L12	−33. 203	226. 17	81. 0	0	78	45	0. 714	27
L13	−42. 578	237. 11	81. 0	10	78	50	0. 714	27

轮廓和结构面迹线见图5-42。GeneralBlock软件共搜索得到4个块体(见图5-43)，其中临空面块体3个(B2，B3，B4)，闭合块体1个(B1)。临空面块体中，B2块体为安全可动块体，位于顶拱的B1和B4是关键块体。

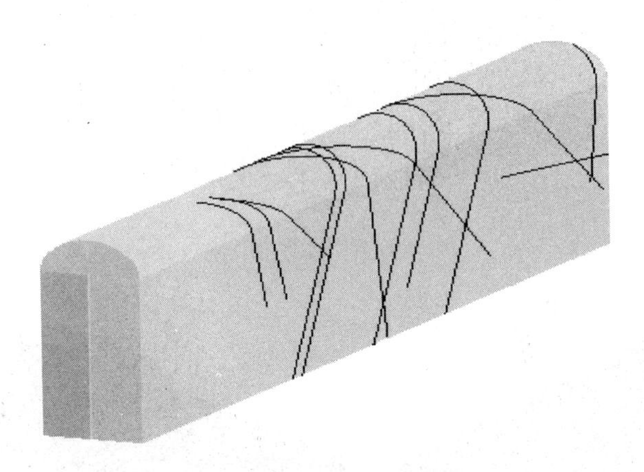

图5-42　洞室轮廓和结构面迹线

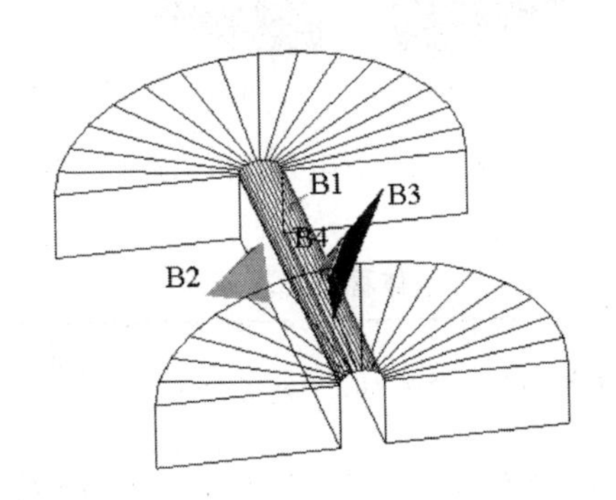

图5-43　GeneralBlock软件块体识别结果

采用本节块体识别方法时，首先建立有限元网格模型来模拟洞室轮廓(见图5-44(a))，再依次建入结构面进行重构，对重构模型的块体识别结果见图5-44(b，c)，识别结果与GeneralBlock软件的结果完全一致。进一步分析可动块体的稳定性，计算成果见表5-16。

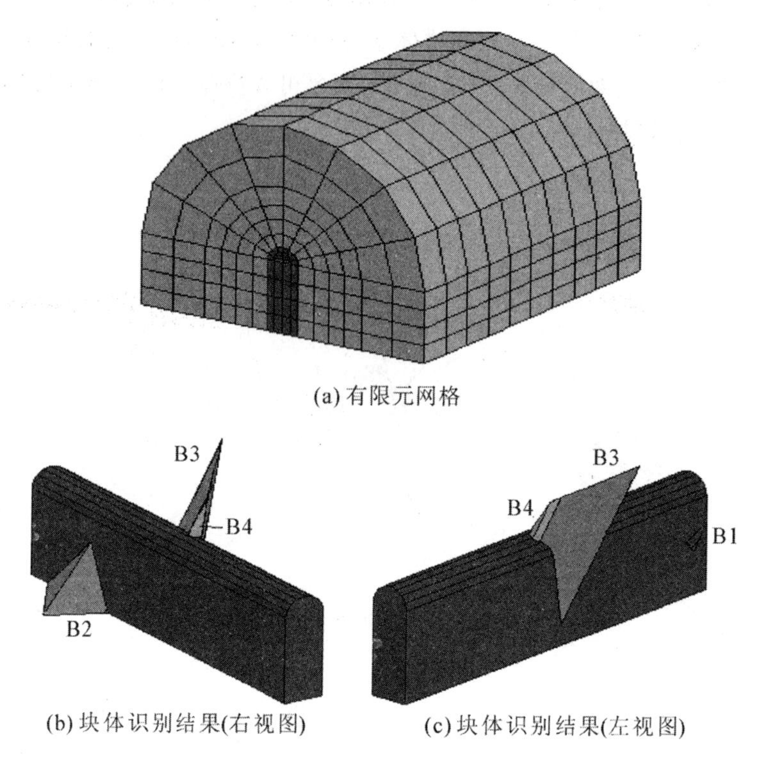

(a) 有限元网格

(b) 块体识别结果(右视图)　　(c) 块体识别结果(左视图)

图 5-44　基于有限元网格识别的结果

表 5-16　**块体稳定计算成果**

块体	体积/m^3	下滑力/t	摩擦力/t	黏聚力/t	滑动模式和滑动面	安全系数
B3	29 658.2	71 225.6	24 314.3	73 315.1	双面滑动:L3、L9	1.37
B4	987.7	2 372.2	809.8	8 392.6	双面滑动:L4、L9	3.88

上述块体稳定计算成果与 GeneralBlock 软件的成果也完全一致，这表明本节提出的基于有限元网格的块体搜索方法，在考虑结构面有限性的情形时，同样可保证块体搜索结果的有效性和可靠性。

5.4.3　工程应用

5.4.3.1　工程概况

鲁地拉水电站，位于云南省丽江地区永胜县与大理白族自治州宾川县交界处的金沙江干流中游河段上。其引水发电系统采用地下厂房，布置在右岸山体中，由进水口、引水隧洞、主副厂房、主变室、调压室、尾水隧洞、尾水出口组成。地下洞室的规模巨大，其中主厂房为 267 m 长、29.8 m 宽和 77.2 m 高；主变洞为 203.4 m 长，19.8 m 宽和 24 m 高；尾调室为 184 m 长，24 m 宽和 75 m 高。图 5-45 给出了地下洞室群沿水流方向的截面图。

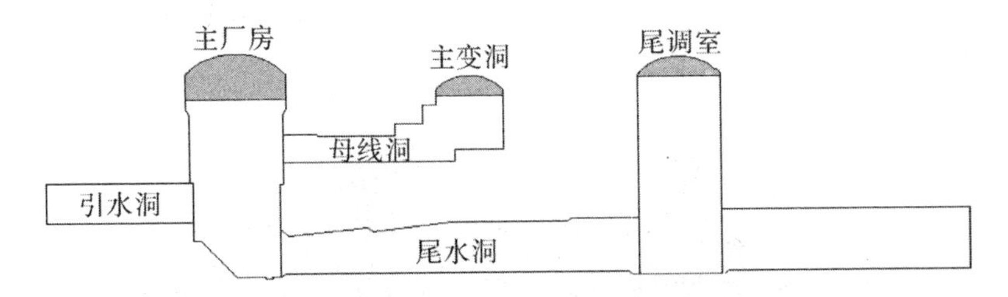

图 5-45　地下洞室群正视图：灰色区域为第二期开挖完毕洞室轮廓

地下洞室所在区域的地质条件非常复杂。根据初步地质勘察，厂区共包含 13 条地质断层。这些断层全部贯穿分布于厂区，它们的分布概况和与地下洞室的相交关系见图 5-46，断层结构面的产状见表 5-17。这些由初步地质勘察得到的断层结构面信息都是无限延伸的，为了验证本节算法能够考虑有限性结构面进行块体识别，分析时特别假定了 3 个有限性结构面。这 3 个结构面的空间分布形态均假定为圆盘形，其空间几何参数见表 5-18。根据资料，地质断层的厚度分布在 0.05 ~ 0.40 m。在结构面建模时，可不考虑断层厚度，即一条断层仅用一个平面来模拟。这是因为本例旨在对洞室进行块体的搜索，而不以计算断层的层面应力为目的。是否考虑断层的厚度，并不影响块体识别。因此，结构面建模时，共计考虑了 16 个结构面，包含 13 条实际结构面和 3 条虚拟结构面。

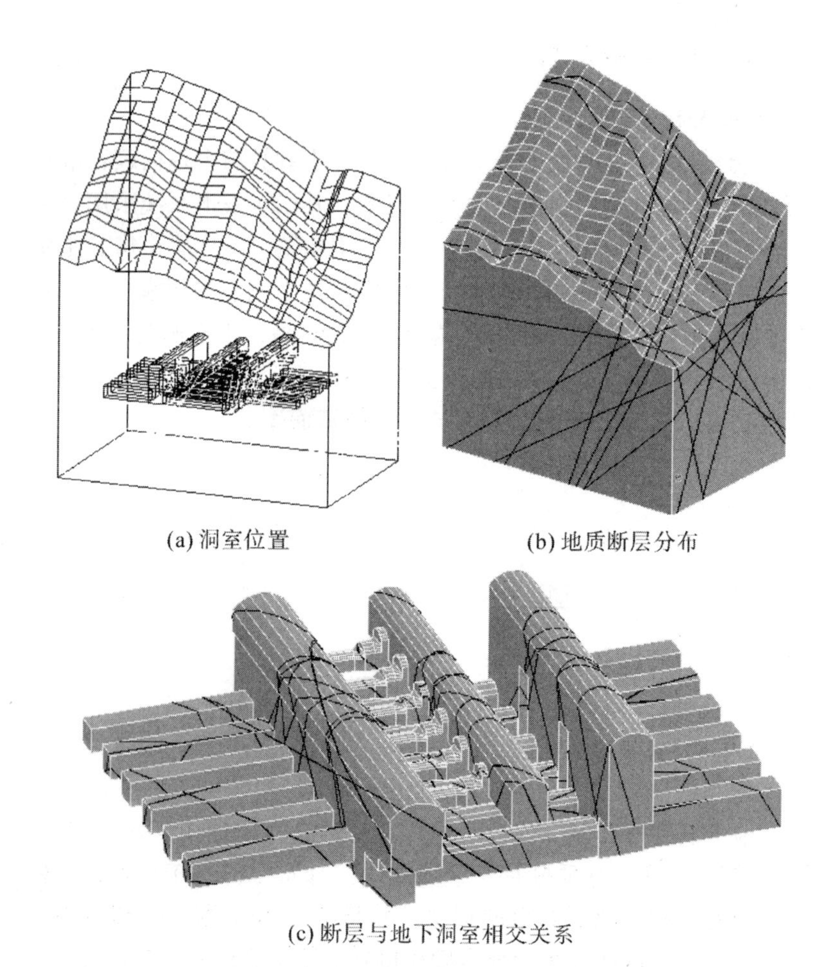

(a) 洞室位置

(b) 地质断层分布

(c) 断层与地下洞室相交关系

图 5-46 地下洞室附近的结构面分布规律

表 5-17 **结构面产状**

结构面编号	产状		厚度
	走向	倾角	
F1	N355°	W/NE∠57°	0.2 m
F2	N5°	E/NE∠40°	0.2 m
F3	N40°	E/SE∠44°	0.4 m

续表

结构面编号	产状		厚度
	走向	倾角	
F4	N285°	W/SW∠45°	0. 15 m
F5	N350°	W/NE∠77°	0. 05 m
F6	N295°	W/SW∠66°	0. 1 m
F7	N289°	W/NE∠71°	0. 1 m
F8	N355°	W/NE∠70°	0. 05 m
F9	N352°	W/NE∠67°	0. 02 m
F10	N355°	W/NE∠57°	0. 06 m
F11	N353°	W/NE∠69°	0. 2 m
F12	N30°	E/SE∠28°	0. 2 m
F13	N285°	W/NE∠65°	0. 2 m

表 5-18　**有限分布的结构面方程**

结构面编号	圆盘结构面方程
V1	$(x+98.5)^2+(y+53.5)^2+(z-1184.7)^2=75^2$
	$-0.02x+0.70y-0.72z+888.5=0$
V2	$(x+98.5)^2+(y+94.44)^2+(z-1144.5)^2=75^2$
	$0.18x-0.91y-0.36z+343.8=0$
V3	$(x+98.5)^2+(y+56.5)^2+(z-1181.6)^2=75^2$
	$0.60x+0.22y+0.76z+826.5=0$

5.4.3.2　有限元建模

首先，根据地下洞室的分布特征，建立有限元模型。一般地，该模型可直接采用在数值计算时使用的模型。当建模工作耗时较少时，也可根据块体分析的特别要求，重新建立模型。根据鲁地拉地下厂房的特征，建立的有限元模型见图 5-47，共剖分了 27 653 个六面体单元和 29 748 个节点。可以看出，借助网格划分，地下洞室的各个洞室的复杂轮廓和洞室之间的交错关系都被有限元模型所精确地描述出来。

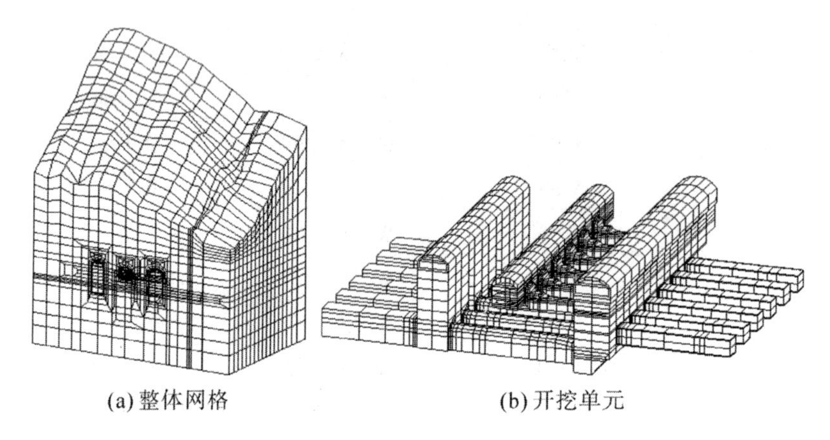

(a)整体网格　　(b)开挖单元

图 5-47　有限元模型

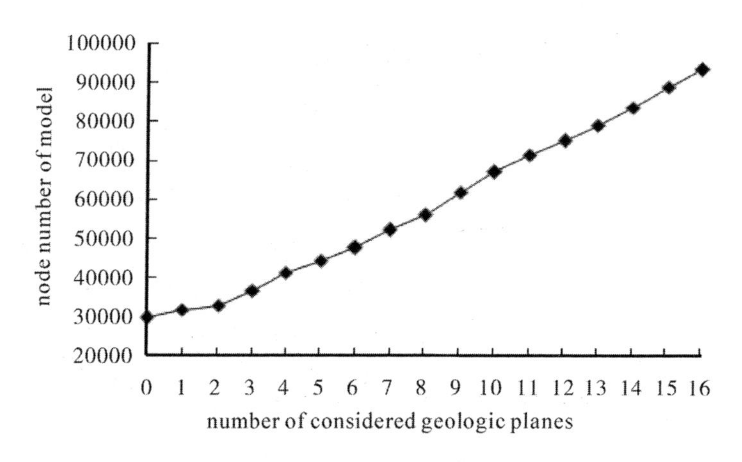

图 5-48　重构模型规模

然后将结构面建入有限元模型，共考虑了 16 个结构面，包含 13 条无限延伸的结构面和 3 条虚拟有限分布的结构面。在建模时，将 3 条虚拟结构面也视为无限延伸的。随着建入结构面数目的逐渐增长，重构模型的规模也相应增长(见图 5-48)。在进行了 16 次重构之后，模型共含有 210 996 个单元和 93 383 个节点(见图 5-49)。

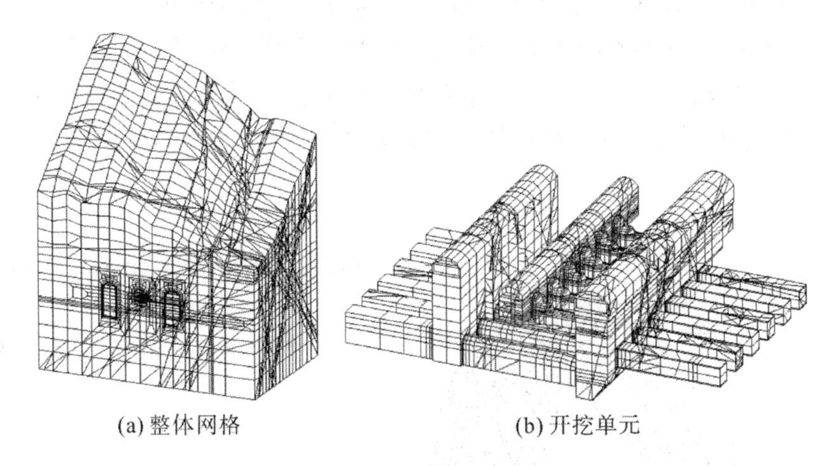

(a) 整体网格　　(b) 开挖单元

图 5-49　重构模型

5. 4. 3. 3　块体识别过程

对重构模型采用块体识别算法，在有限元模型的建模范围内，共计识别出 222 个块体(见图 5-50)。由于没有考虑结构面的有限性，这些块体全都是凸块体。然后，考虑三个虚拟结构面的有限

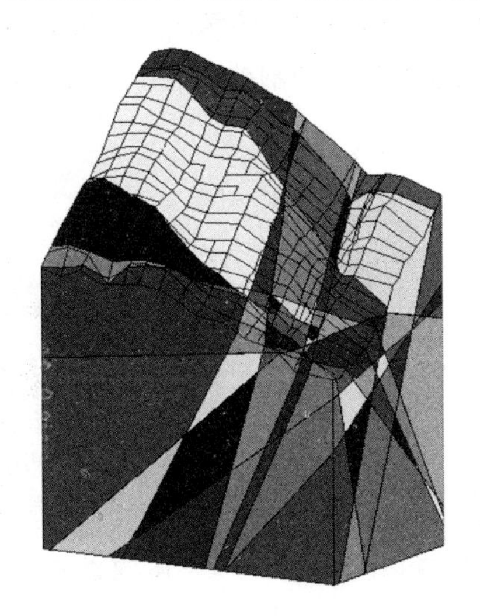

图 5-50　建模区域内识别出的所有块体

性。如图 5-51，当不考虑虚拟结构面的有限性时，共识别出了 *A*、*B* 和 *C* 3 个块体（见图 5-50(a)）。当考虑这些结构面的有限性时，原本被切开的块体实际上应构成 1 个块体（见图 5-50(b)），即形成了一个凹块体。可根据这种方法来考虑结构面的有限性，共计 3 个凹块体被识别出来。相应的，重构模型的块体总数减少到 214 个。

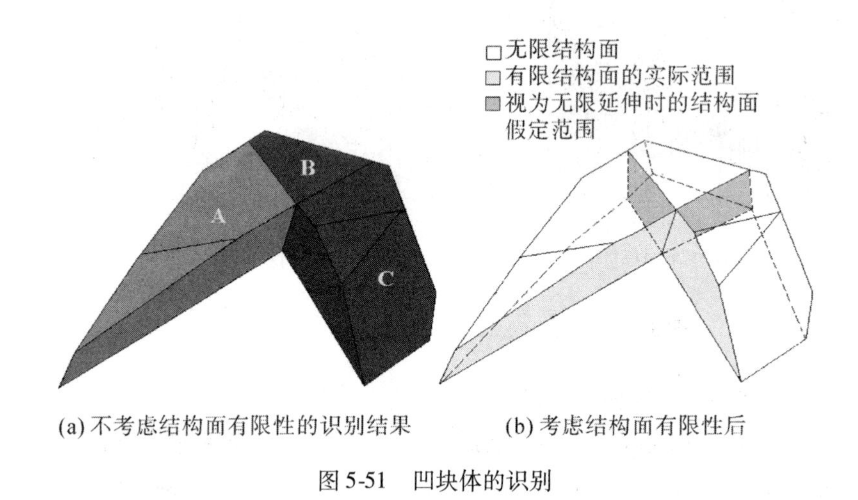

图 5-51　凹块体的识别

接着，考虑洞室开挖对块体的影响。当从重构模型中移除开挖单元后，16 个块体因洞室的切割被分为 2 个或 3 个小块体。图 5-52

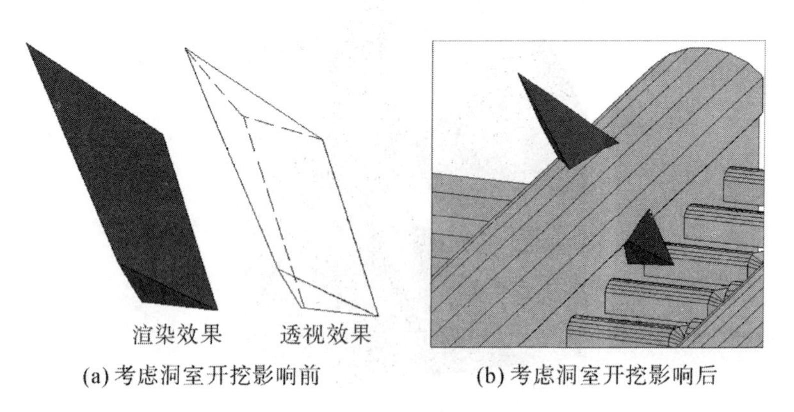

图 5-52　洞室开挖对块体识别结果的影响

给出了一个实例。考虑洞室开挖的迎向前，仅有一个块体被识别出来。考虑洞室开挖后，该块体被洞室分成了两个较小的块体。再考虑了洞室的开挖影响后，识别出的块体总数达到 232 个。接下来，删除与重构模型边界相连的无限块体后，共计 103 个块体被保留。进一步删除闭合块体后，51 个块体保留。该 51 个块体均为在临空面出露。最后，通过采用矢量分析方法，可在 51 个块体中最终确定关键块体和潜在关键块体。

5.4.3.4　块体识别成果

图 5-53 给出了仅显示洞室开挖单元和洞周不稳定块体的重构模型，由于采用网格线显示，该图的可视化效果较差。采用网格线消隐技术后，洞周不稳定块体的可视化效果非常直观(见图 5-54)，共计有 14 个不稳定块体被最终识别出来。这些不稳定块体的特征参数列入表 5-19，每个块体的形态见图 5-55。通过观察并分析计算成果，可以得到以下一些主要结论：

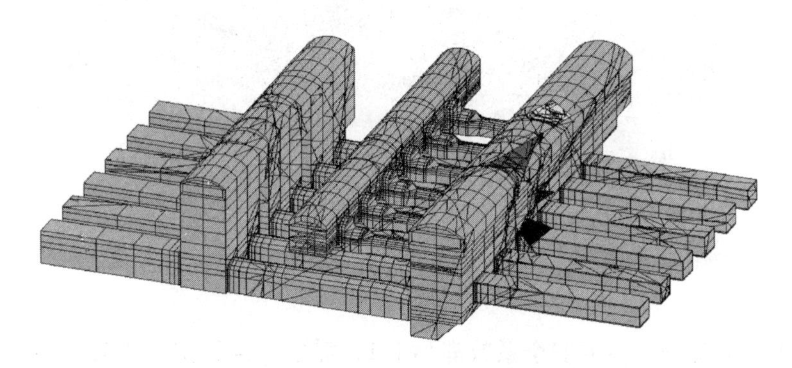

图 5-53　洞周不稳定块体(网格线显示)

(1)在洞周识别到的不稳定块体主要在 2# ~ 5#机组段主厂房的顶拱和边墙部位出露(见图 5-54)。在这些块体中，B1、B3 和 B4 块体需要予以特别关注，因为它们的体积超过了 200 m^3。这表明地下洞室的局部块体稳定问题较为突出，应当对这些块体增强加固措施。仅考虑块体自重荷载，取结构面的黏聚力为 0.05 MPa，内摩擦角为 20°时，各个可动性块体的安全系数见表 5-19。可以看

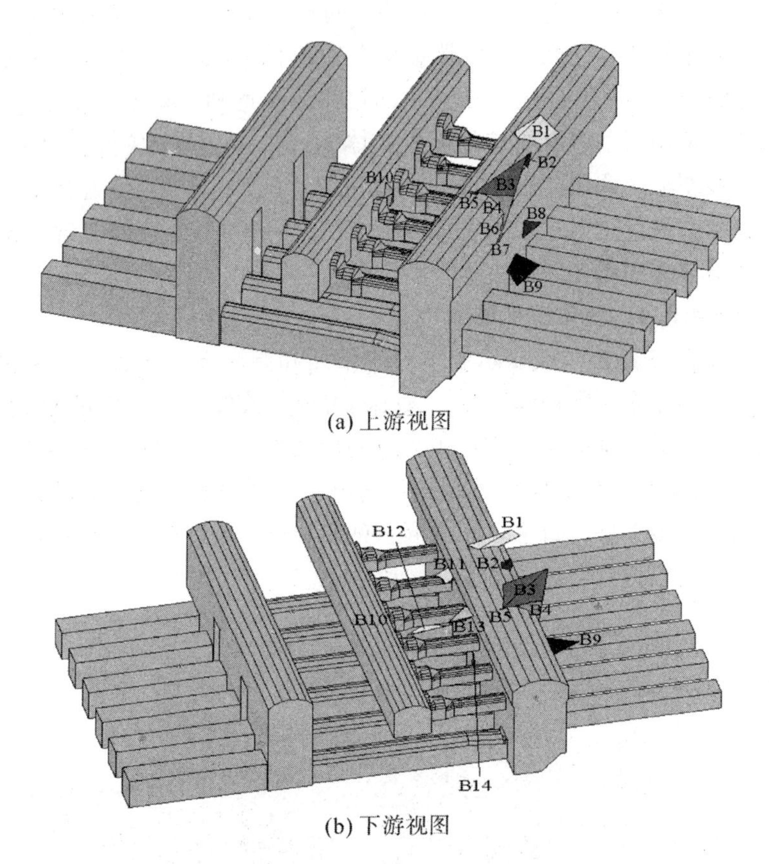

(a) 上游视图

(b) 下游视图

图 5-54　洞周不稳定块体(网格线消隐效果)

出，大部分块体的安全系数都小于 1，需要考虑采用块体的加固措施。

(2)受益于有限元网格对洞室布置和轮廓的精确模拟，在主变洞和尾水洞部位的不稳定块体也被识别出来，如块体 B10 和 B12。这体现了本节基于有限元网格的块体系统识别算法的优势。

(3)经观察可发现，由于开挖面纵横交错的复杂轮廓被精确地模拟，即使是两个结构面的交汇也可能在洞周形成不稳定块体，如块体 B7 和 B14。这表明在地下洞室的块体识别过程中，对开挖面进行简化可能得不到准确的块体识别结果。另外，块体 B9 和 B11

表 5-19　　**洞周不稳定块体特征参数**

编号	块体相关结构面	块体体积/m^3	块体在洞室的出露位置	块体所含单元数目	运动模式	安全系数（仅考虑自重）
B1	F3,F6,F8,F10	636.8	主厂房顶拱	206	双面滑动	0.747
B2	F3,F8,F13	36.9	主厂房顶拱	19	单面滑动	0.121
B3	F3,F4,F7,F11	2014.8	主厂房顶拱	347	双面滑动	1.292
B4	F4,F7,F11,F12	201.3	主厂房顶拱	130	双面滑动	1.178
B5	F3,F4,F12	0.4	主厂房顶拱	12	塌落	0
B6	F7,F11,F12	1.0	主厂房拱座	12	单面滑动	0.567
B7	F7,F11	0.3	主厂房拱座	2	单面滑动	0.433
B8	F2,F4,F13	102.2	主厂房边墙	161	双面滑动	1.579
B9	F2,F8,F12	511.0	主厂房边墙	316	双面滑动	1.299
B10	F4,F5,F12,F13	97.7	主变洞边墙	265	单面滑动	0.151
B11	F3,F8,F10	166.1	主厂房边墙	224	单面滑动	1.267
B12	F2,F4,F8	81.1	尾水洞顶拱	86	单面滑动	0.951
B13	F3,F4,F12	360.8	主厂房边墙	376	双面滑动	1.952
B14	F11,F13	10.4	主厂房边墙	60	双面滑动	0.584

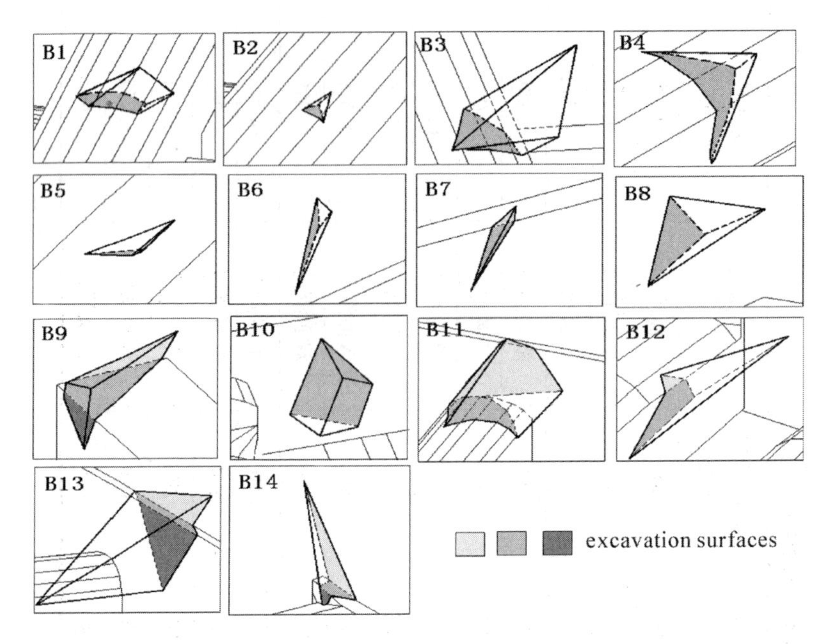

图 5-55　洞周不稳定块体的形态

同时接触了主厂房和与主厂房相连洞室的开挖面。在运用矢量分析方法确定块体的滑动安全系数计算时，这些开挖面的存在也对计算结果形成较大影响。因此在块体识别时，地下洞室布置和洞室轮廓的精确模拟，不仅是确保块体识别结果精确性的基础，也是保证不稳定块体计算结果准确性的关键。

(4)一些识别得到的块体形态较为复杂，如块体 B3、B9、B11 和 B12。这表明了所提识别方法在岩体中搜索块体系统的有效性。通过对结构面和空间开挖面分布的精确模拟，任意形态的复杂块体都可被识别得到。

(5)识别所得的块体系统是基于有限元模型定义的，构成块体的基本元素是有限元模型的单元，因此块体系统可借助有限元模型方便地实现可视化。图 5-56 给出了主厂房内部视角的块体识别结果，可以看出，所有块体的出露部位都清晰的显示出来。因此，借助该块体识别方法，可不再专门开发用于块体可视化的图形显示系

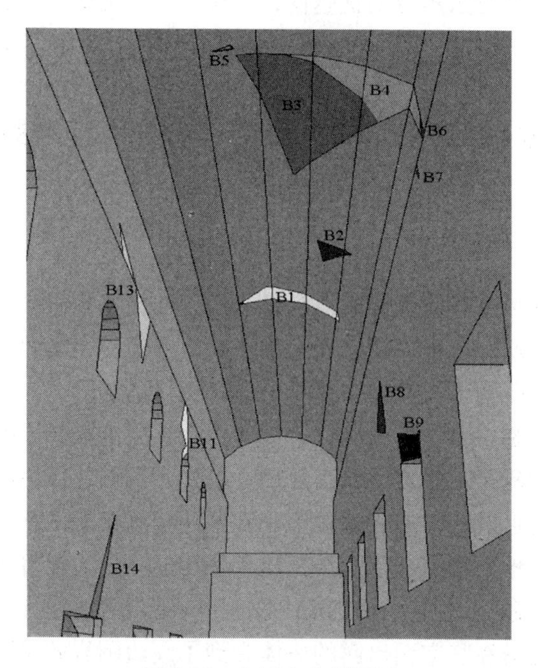

图5-56　主厂房内部视图

统，为工程设计者和科研人员提供了利用有限元图形显示系统进行块体稳定分析的方便实现途径。

5.4.4　结论

本节在5.2节给出的基于单元重构的复杂地质断层建模方法基础上，提出了一种基于有限元网格的块体识别方法。该方法的思路完全不同于基于拓扑理论的传统块体识别方法。借助有限元网格，能够准确而方便地模拟出地下洞室复杂开挖面形态，并在块体识别时予以考虑，使得块体的识别结果更精确，不稳定块体的计算成果也更准确。同时，通过考虑结构面的有限性，凸块体和凹块体都能够被识别出来。与块体通用软件的算例对比表明，该基于有限元网格的块体搜索方法能够保证搜索结果的可靠性。进一步结合复杂大型地下洞室群的块体识别问题，证明了该方法在解决实际工程问题时的有效性和方法本身的优越性，为块体稳定提供了一种全新的分析方法。

5.5 考虑结构面层面应力作用的块体稳定分析

5.5.1 概述

对关键块体进行分析时，常常采用块体滑动安全系数来描述其稳定性。目前，在计算块体安全系数时，考虑的主动力主要有块体自重、外水压力、惯性力及锚杆、锚索提供的加固力。然而，对于在地下洞室临空面出露的块体，仅考虑上述因素显然不能完全反映块体所处的复杂地质力学赋存环境。首先，洞周块体因洞室开挖单元被移除而形成，在施工过程中受到了开挖爆破等工程作用影响强烈；其次，地下洞室埋深大，其赋存环境显然比边坡等工程岩体要复杂得多；最后，洞室开挖施工完毕后，围岩因承担开挖荷载而产生变形，使得在临空面出露的块体受到了周边围岩的挤压和剪切作用，形成了一种可能会显著影响块体稳定性的荷载。现有的块体稳定分析计算方法，显然无法考虑这些因岩体的累积变形给块体造成的挤压和剪切作用。

5.2 和 5.3 节分别给出了地下洞室的地质断层建模和断层结构的计算方法，可计算得到洞室开挖后断层结构的层面应力(正应力、剪应力)；5.4 节给出了利用含结构面的重构模型识别洞室块体的算法，实现了洞室被结构面切割后洞周块体的搜索。可以看出，若在块体的安全系数计算时，将计算得到的断层层面应力视为影响块体稳定的主动力，即可在块体安全系数的计算过程中考虑洞室开挖的影响，也能够反映出块体周边围岩对块体的挤压和剪切作用的影响。

5.5.2 考虑结构面层面应力作用的块体稳定计算

根据块体的运动学分析结论，块体的运动形式有三种，即脱离岩体运动、沿单面滑动和沿着双面滑动[273]。记块体的运动方向为

$\boldsymbol{s}$，主动力合力为 $\boldsymbol{r}$，$\boldsymbol{s}_i$为 $\boldsymbol{r}$ 在平面 $\boldsymbol{i}$ 上的投影，$\boldsymbol{v}_l$为结构面 $\boldsymbol{l}$ 指向块体内部的单位法线矢量，$\boldsymbol{n}_l$为结构面 $\boldsymbol{l}$ 的向上法线矢量，则块体的三种运动形式与上述物理量之间存在如表 5-20 所示的关系。

表 5-20　　**块体的运动学分析**

运动类型	表达式	说　明
脱离岩体运动	$\boldsymbol{s}\cdot\boldsymbol{v}_l>0$ $\boldsymbol{s}=\boldsymbol{r}$	可动块体的运动方向 $\boldsymbol{s}$ 与结构面都不平行，且运动方向矢量与主动力矢量一致
沿单面滑动	$\boldsymbol{s}=\boldsymbol{s}_i$ $\boldsymbol{v}_l\cdot\boldsymbol{r}\leqslant 0$	可动块体的运动方向 $\boldsymbol{s}$ 仅与某一结构面 $\boldsymbol{i}$ 平行，且主动力矢量 $\boldsymbol{r}$ 使块体不脱离结构面 $\boldsymbol{i}$
沿双面滑动	$\boldsymbol{v}_i\cdot\boldsymbol{s}_j\leqslant 0$；$\boldsymbol{v}_j\cdot\boldsymbol{s}_i\leqslant 0$ $\boldsymbol{s}=\boldsymbol{s}_{ij}=(\boldsymbol{n}_i\times\boldsymbol{n}_j)\mathrm{sign}[(\boldsymbol{n}_i\times\boldsymbol{n}_j)\cdot\boldsymbol{r}]$ $/\lvert\boldsymbol{n}_i\times\boldsymbol{n}_j\rvert$	主动力矢量 $\boldsymbol{r}$ 使块体与滑动面 $\boldsymbol{i}$ 和 $\boldsymbol{j}$ 接触，块体同时沿平面 $\boldsymbol{i}$ 和 $\boldsymbol{j}$ 的交线运动，$\boldsymbol{s}$ 与 $\boldsymbol{r}$ 锐角相交

对于某一块体，对其进行运动形式的判别前，应首先求出其结构面内法线矢量 $\boldsymbol{v}_l$、向上法线矢量 $\boldsymbol{n}_l$和作用于块体的所有主动力合力 $\boldsymbol{r}$，再根据表 5-21 判断其运动形式，并计算对应类型的块体稳定系数，其中 $\boldsymbol{c}_i$、$\boldsymbol{A}_i$分别为结构面 $\boldsymbol{i}$ 的黏聚力和面积：

表 5-21　　**块体的运动形式的判别及稳定系数的计算**

运动类型	运动形式判别式	滑动力 F_s	摩擦力 F_f	黏聚力 F_c
脱离岩体运动	$\boldsymbol{r}\cdot\boldsymbol{v}_l>0$	$\lvert\boldsymbol{r}\rvert$	0	0
沿单面 $\boldsymbol{i}$ 滑动	$\boldsymbol{v}_i=-\mathrm{sign}(\boldsymbol{r}\cdot\boldsymbol{n}_i)\boldsymbol{n}_i$ $\boldsymbol{v}_l=\mathrm{sign}(\boldsymbol{s}\cdot\boldsymbol{n}_l)\boldsymbol{n}_l\quad(l\neq i)$	$\lvert\boldsymbol{n}_i\times\boldsymbol{r}\rvert$	$\lvert\boldsymbol{n}_i\cdot\boldsymbol{r}\rvert\tan\Phi_i$	c_iA_i
沿双面 $\boldsymbol{i}$ 和 $\boldsymbol{j}$ 滑动	$\boldsymbol{v}_i=-\mathrm{sign}(\boldsymbol{s}_j\cdot\boldsymbol{n}_i)\boldsymbol{n}_i$ $\boldsymbol{v}_j=-\mathrm{sign}(\boldsymbol{s}_i\cdot\boldsymbol{n}_j)\boldsymbol{n}_j$ $\boldsymbol{v}_l=\mathrm{sign}(\boldsymbol{s}_{ij}\cdot\boldsymbol{n}_l)\boldsymbol{n}_l$ $(l\neq i\neq j)$	$\lvert\boldsymbol{r}\cdot(\boldsymbol{n}_i\times\boldsymbol{n}_j)\rvert/\lvert\boldsymbol{n}_i\times\boldsymbol{n}_j\rvert$	$\{\lvert(\boldsymbol{r}\times\boldsymbol{n}_j)\cdot(\boldsymbol{n}_i\times\boldsymbol{n}_j)\rvert\tan\Phi_i+\lvert(\boldsymbol{r}\times\boldsymbol{n}_i)\cdot(\boldsymbol{n}_i\times\boldsymbol{n}_j)\rvert\tan\Phi_j\}/\lvert\boldsymbol{n}_i\times\boldsymbol{n}_j\rvert^2$	$c_iA_i+c_jA_j$

主动力合力 $\boldsymbol{r}=(r_x, r_y, r_z)$，若仅考虑块体的自重 G，则 $\boldsymbol{r}=(0, 0, G)$。考虑结构面的层面应力作用时，可将与块体结构面相邻的断层薄层单元应力 $\boldsymbol{\sigma}$ 在结构面上的斜截面分量形式 T_x，T_y，T_z 累加进入主动力合力，即 $r=(AT_x, AT_y, AT_z+G)$。其中，A 为块体结构面的面积。斜截面分量形式 T_x，T_y，T_z 根据式(5-14)计算：

$$\begin{cases} T_x = \sum_{i=1}^{N}(\sigma_{x\ i}l_i + \tau_{yx_i}m_i + \tau_{zx\ i}n) \\ T_y = \sum_{i=1}^{N}(\tau_{xy_i}l_i + \sigma_{y\ i}m_i + \tau_{zy}n_i) \\ T_z = \sum_{i=1}^{N}(\tau_{xz\ i}l_i + \tau_{yz_i}m_i + \sigma_{z\ i}n_i) \end{cases} \tag{5-14}$$

式中：$\boldsymbol{n}_i=(l_i, m_i, n_i)$ 为单元 i 的结构面指向块体内部的法线矢量；N 为构成块体面的有限元网格面总数目。块体的稳定系数 f 可定义为

$$f=(F_c+F_f)/F_s \tag{5-15}$$

考虑结构面层面应力作用的块体稳定分析流程见图5-57，可以看出，该图将本章的研究内容串联了起来，即复杂地质赋存条件下

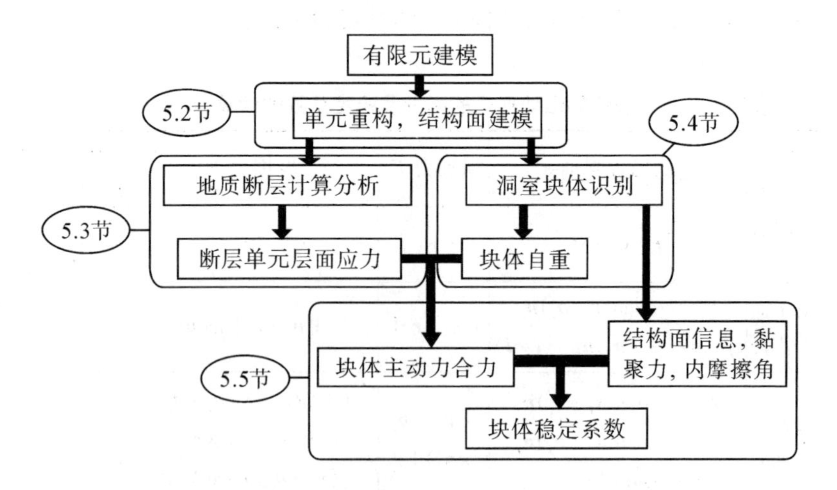

图5-57　考虑结构面层面应力作用的块体稳定分析流程

的块体稳定性分析，可根据“复杂地质断层建模——基于薄层单元的地质断层结构计算——基于有限元网格的洞周块体搜索——考虑结构面层面应力作用的块体稳定性计算”的分析思路展开。这一思路综合运用了基于连续介质力学的有限元方法和基于不连续介质力学的块体理论，为地下洞室局部稳定性分析提供了新的实现途径。

5. 5. 3　实例分析

采用 5. 3. 3 小节中的计算模型，该模型含 4 条断层，共计 8 个结构面。岩体和断层单元的参数取值见表 5-22。重构模型中的 4 条断层与洞室的相交形态见图 5-58、图 5-59。可以看出，不仅 4 条断层全部对洞室切割，断层之间也相互交汇，形态十分复杂。

表 5-22　　**岩体物理力学参数**

类别	密度/(g/cm³)	变形模量/GPa	泊松比	内摩擦角/°	黏聚力/MPa	抗拉强度/MPa
围岩	2. 70	10	0. 26	45	1. 50	0. 5
断层	2. 70	0. 5	0. 35	19	0. 03	0. 1

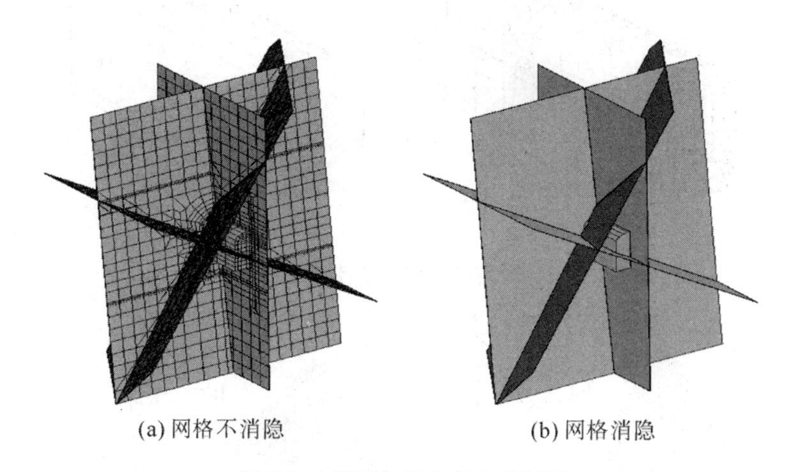

(a) 网格不消隐　　(b) 网格消隐

图 5-58　断层与洞室相交前视图

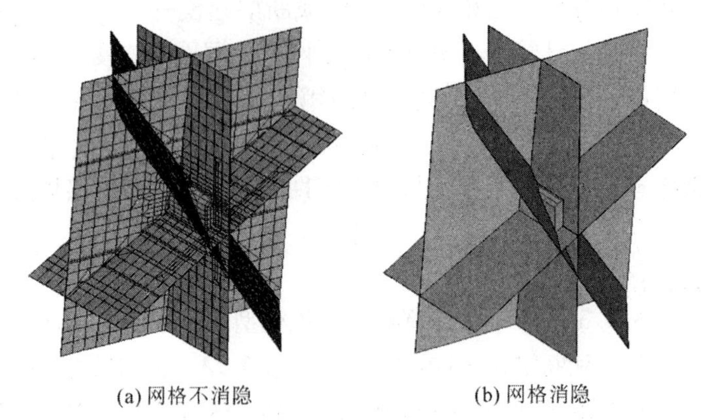

(a) 网格不消隐　　(b) 网格消隐

图 5-59　断层与洞室相交后视图

首先计算洞室毛洞一次开挖工况，得到 4 个断层层面的应力。再对洞周块体进行识别，得到两个不稳定块体，见图 5-60 和图 5-61。这两个块体分布在洞室的顶拱和边墙部位。分别对这两个块体进行稳定分析，将计算结果列入表 5-23。

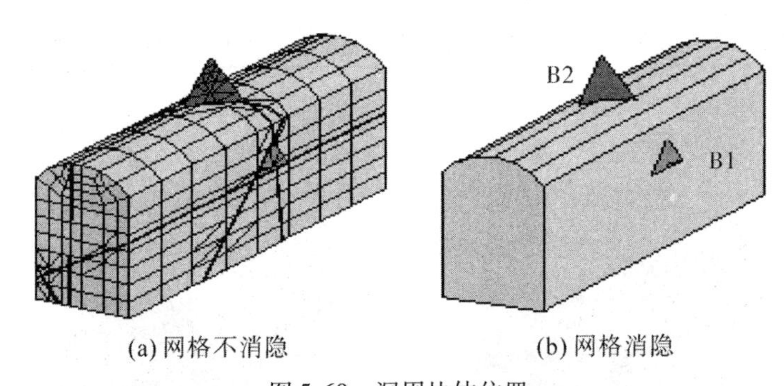

(a) 网格不消隐　　(b) 网格消隐

图 5-60　洞周块体位置

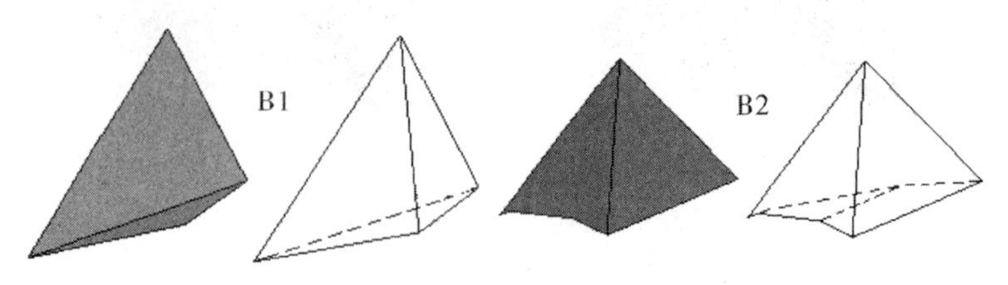

图 5-61　块体形态

表 5-23　**是否考虑结构面层面应力的块体安全系数**

块体	主动力考虑因素	运动模式	滑动(主动)力/kN	摩擦力/kN	黏聚力/kN	安全系数
B1	仅块体自重	单面滑动	833.8	463.63	742.03	1.44
	开挖作用+块体自重	双面滑动	6 760.1	6 502.8	1 335.5	1.16
B2	仅块体自重	塌落	5 967.8	0	0	0
	开挖作用+块体自重	双面滑动	3 477.5	844.6	4 204.7	1.45

可以看出，当仅考虑块体的自重作用时，边墙块体 B1 为单面滑动，安全系数 1.44；顶拱块体 B2 出现塌落，安全系数为零。考虑层面应力作用的影响后，边墙块体 B1 为双面滑动，安全系数明显降低，仅为 1.16；顶拱块体 B2 由塌落变为双面滑动，安全系数显著上升到 1.45。这表明，考虑结构面的层面应力作用后，能够反映出洞周赋存岩对块体稳定性的影响。围岩在开挖后产生了向洞室内部的变形趋势，并通过结构面层面对块体形成了一定的挤压和剪切效应。从本例分析来看，边墙部位考虑层面应力作用后，块体因计入了层面对其的挤压和剪切作用，使得摩擦力比仅考虑自重工况时显著增大，块体将偏于稳定；然而层面的挤压和剪切作用的考虑，也会在块体的运动方向上形成更大的推动作用，使得滑动力也比仅考虑自重工况时显著增大，块体将更易于滑动。因此，考虑层面应力的影响后，边墙块体同时受到了围岩挤压和剪切作用的不利和有利影响，从本例的计算结果来看，这种不利影响要明显大于有利影响，使得块体安全系数出现显著下降，有必要通过增加支护等措施对块体进行加固。

顶拱部位的块体仅考虑自重时将直接塌落，而考虑层面应力作用后，主动力被计入了层面挤压和剪切的作用，造成其矢量改变，使得顶拱块体运动形式变成双面滑动，从而在稳定计算时能够计入层面的黏聚力和摩擦力对块体稳定贡献。因此，虽然考虑层面应力作用后，块体的主动力比仅考虑自重工况时显著增加，但由于摩擦力和黏聚力的计入，使得顶拱块体的安全系数由0增加为1.45，这表明在顶拱部位，对于若仅考虑自重就直接塌落的块体，计入层面应力后可能改变其运动模式，直接影响到块体稳定分析的计算结论。

综合上述分析，可以发现，结构面的层面应力作用对块体的稳定性影响很大，在计算块体的安全系数时，是否考虑层面应力的作用，不仅对块体的安全系数量值有所影响，而且关系到块体的运动模式和滑动面数量。这表明在洞室临空面出露的可动块体稳定性的确受到了围岩地质力学赋存环境的较大影响。通过基于薄层单元并考虑复合强度准则的断层结构分析，能够得到结构面的层面应力，并在块体稳定性分析中予以考虑，能够反映地下洞室块体实际赋存环境的影响，较为符合工程实际条件，为复杂地质环境和施工条件下的块体稳定性分析提供了新的方法。

5.5.4 讨论

对于在地下洞室临空面出露的可动性块体，在计算其安全系数时，通过计入层面应力的形式来考虑由洞室开挖等施工作用造成的对块体稳定的影响，这一点本身是合理的。然而，洞室开挖是一个渐进的过程，随着洞室不断下挖，开挖荷载逐步释放，围岩变形对块体的挤压和剪切效应也是一个逐步形成的过程。本节所考虑的层面应力，是在洞室开挖结束、开挖荷载完全释放、围岩变形也趋于稳定的条件下所形成的对块体的作用力，即结构面的层面应力对块体的作用是随着施工进程而逐渐加载的。然而，在洞室施工过程中，可动块体一旦在开挖面形成，即在其自重作用下面临滑动或塌落的问题。此时块体周边的围岩还在进行应力和变形调整，故而不宜将层面应力全量加载至块体。

因此，考虑层面应力作用下的块体稳定状态随着洞室的开挖而渐进变化，在块体稳定性分析时可作为一种工况进行校核。由表5-23可知，考虑层面应力后，块体稳定性可能变好也可能变差。对块体进行加固设计时，应使满“仅块体自重”和“开挖作用+块体自重”两种工况下计算的安全系数同时达到设计要求。

第6章　地震作用下地下洞室群围岩稳定的安全评判方法

6.1　概　　述

与洞室开挖作用相比，地震作用呈现出较为独特的属性，可概括为具有较强的时空分布离散性。因此，应对地震作用下的地下洞室群围岩稳定性安全评判问题进行专门分析。本章首先基于弹塑性损伤动力有限元，提出了围岩稳定地震响应的松动判据。然后采用地震响应的波动解法，对地下洞室的整体稳定和局部稳定进行了分析。

6.2　基于弹塑性损伤动力有限元的围岩稳定地震响应松动判据

6.2.1　基本思路

在第3章工程实例部分，采用三维弹塑性损伤动力有限元方法，对映秀湾水电站地下厂房在汶川地震作用下的洞室围岩响应进行了分析。从计算结果来看，诸如位移(变形)、应力和支护受力等计算时程指标，都能够定量地反映地下洞室围岩在地震过程中的动力响应特征，为洞室在地震过程中的围岩稳定评判提供依据。然而，由于岩体破坏不可逆，在地震过程中，虽然围岩塑性区在某些时段出现回弹，但岩体破坏总量和破坏区深度均呈现增长的趋势。同时，受到地震荷载在时空内分布离散性较强的影响，无论是时程计算中某时刻还是时程计算完毕时刻，洞周破坏区的类型和分布规律与洞室的静力计算都不同。因此，不应采用动力计算所得的剪切破坏区指标来评判围岩稳定，而应当寻找适于洞室的地震响应特征的围岩破坏新指标来评价围岩稳定特性。

根据第 3 章的分析，岩体在地震荷载作用下的动态响应特性主要表现为动载作用下的物理力学参数提升，以及重复加卸载作用下的材料性能劣化所导致的参数降低。当考虑岩体的物理力学参数提升时，洞周围岩将趋于安全。因此，地震荷载作用下的围岩应主要考虑重复加卸载作用导致材料参数下降后引起的破坏。采用弹塑性损伤本构对岩体的地震响应特性概化时，运用了损伤累计的概念来描述岩体进入屈服破坏后的材料参数劣化程度，并刻画围岩在地震过程中的参数降低幅度。因此，可根据单元损伤系数来定量评判围岩稳定性。本节在分析松动圈形成机理的基础上，将岩体松动的概念引入地震作用影响下的洞室围岩稳定评判，并给出了根据单元损伤程度来判别围岩松动范围的方法，用于地震后的洞室围岩稳定评判。

6.2.2 围岩松动的评判标准

6.2.2.1 松动圈的形成机理

地下洞室赋存岩体受到施工开挖作用的影响，成洞后原岩的初始地应力状态发生改变，洞周围岩应力重分布，形成二次应力场[280]。此时，临空面岩体径向应力消失，切向应力剧变，洞周局部可能会因应力状态改变而发生应力控制型破坏，随着围岩破坏的发生，能量不断释放，围岩应力也不断向深部岩体调整，当距洞室临空面一定距离后，围岩应力状态进入弹性，形成围岩破坏区的边界。在施工爆破和岩体开挖移除的作用下，围岩临空面附近岩体出现“劣化”，表现为岩体物理力学参数的降低[281]，从而在洞周形成岩体劣化带。最靠近临空面部位的岩体受到工程作用最为显著，可能发生拉裂破坏形成裂纹，并与岩体内部原生裂纹一起在施工作用下不断扩展，从而形成一个环洞周的松动带，即围岩的松动圈[282~283]。在岩体松动的范围内，围岩应力和声波波速都与深部未松动岩体有明显区别[284]，该区域内岩体强度和承载能力都降低明显，是洞室加固设计的重点部位。地下洞室开挖施工过程中，围岩松动圈大小是评判洞室稳定的重要指标之一，也是确定加固设计的重要依据，即应通过锚固支护和固结灌浆等加固措施提高松动圈内岩体的完整性和材料强度，增强承载能力。

岩体开挖中，常采用钻孔声波发射的方法来判断爆破的影响和岩体开挖质量的好坏[285]。即首先采用超声波检测法测定未开挖前围岩的平均纵波波速，当岩体开挖完毕后再在沿垂直开挖面测试沿孔深变化的纵波波速，对比开挖前后超声波波速及波形的变化，然后根据纵波波速降低情况，确定岩体的松动范围。该方法简便易行且精确度较高。

6.2.2.2　地震作用影响下的岩体松动概念

地震过程中，地震波在传播的介质内形成波动应力，当地震波传播到洞室临空面时，波动应力无法平衡，在洞周表面被反射，波动应力被临空面放大，在洞室临空面形成了比介质中的波动应力更为明显的作用力。以作用效果论，地震作用与开挖爆破都是施加于地下洞室围岩临空面的外部荷载。从另一个角度分析，洞室开挖完毕，虽然围岩松动圈内的岩体已被加固，能够保障洞室的稳定，但其整体性和强度与深部岩体相比仍然较差，在地震荷载作用下，也仍然是围岩最易出现破坏的部位。因此，可借助洞室施工开挖爆破时的“岩体松动”概念来评价地震过程中的围岩稳定状态。

文献[286]提出了地下洞室开挖爆破松动圈的数值判别方法，将岩体松动和围岩损伤概念相联系，通过计算来评判松动圈的大小。当实际工程缺少声波测试资料和多点位移及等现场第一手资料时，可采用此方法借鉴使用。本节进一步将此方法运用于地震作用影响下的围岩松动判断。

6.2.2.3　松动圈损伤系数阈值的推导

岩体材料的损伤变量，可通过弹性模量的降低程度来定义[287]。假定损伤状态下的岩体弹模为 $\widetilde{E}$，可用一个损伤系数 D 来描述岩体的损伤程度，即

$$\widetilde{E} = (1 - D)E \tag{6-1}$$

岩体松动时，纵波波速的下降主要与弹模的降低有关。采用弹塑性损伤动力有限元计算时，可根据式(3-34)得到围岩每个单元的损伤系数值。因此，借助损伤的定义，可将“围岩松动”和“弹模降低”联系起来，从而根据数值计算得到岩体的损伤程度来刻画岩体的松动程度(见图6-1)。

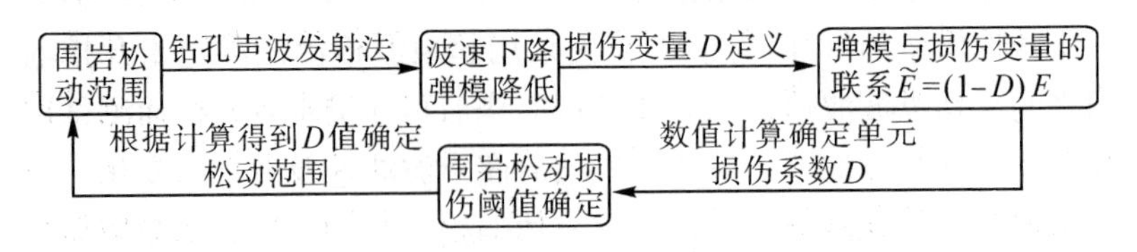

图6-1　围岩松动范围的数值计算思路

以下对岩体进入松动时的损伤系数阈值进行推导，即确定岩体单元的损伤系数到达何值时，可认为围岩出现松动。假定洞室开挖前的弹模为 E，岩体密度为 ρ，在外加荷载作用后的损伤弹模为 $\widetilde{E}$，密度为 $\widetilde{\rho}$。根据弹性波理论，洞室开挖前后岩体的纵波波速 C_p 和 $\widetilde{C}_p$ 分别为

$$C_p=\sqrt{\frac{E(1-\mu)}{\rho(1+\mu)(1-2\mu)}},\ \widetilde{C}_p=\sqrt{\frac{\widetilde{E}(1-\mu)}{\widetilde{\rho}(1+\mu)(1-2\mu)}} \tag{6-2}$$

地震荷载对岩体泊松比 μ 的影响较小，所以只考虑对岩体的弹模和密度的影响。由式(6-2)，可得爆破前后围岩纵波波速变化和弹模密度的关系：

$$\frac{\widetilde{C}_p}{C_p}=\sqrt{\frac{\rho\widetilde{E}}{\widetilde{\rho}E}} \tag{6-3}$$

再根据式(6-1)，有

$$D=1-\frac{\widetilde{E}}{E}=1-\frac{\widetilde{\rho}}{\rho}\left(\frac{\widetilde{C}_p}{C_p}\right)^2 \tag{6-4}$$

外加荷载并不引起围岩质量的改变，则考虑外加地震作用后，岩体的体积应变 θ 为

$$\theta=(\widetilde{V}-V)/V=\rho/\widetilde{\rho}-1 \tag{6-5}$$

式中：V 为地震前岩体的体积；$\widetilde{V}$ 为地震后岩体的体积。由于岩体体

积应变 θ 难以直接测量，可通过数值计算大致估计其影响，可根据式(6-6)计算体积应变 θ：

$$\theta = \varepsilon_1 + \varepsilon_2 + \varepsilon_3 \tag{6-6}$$

式中，$\varepsilon_1, \varepsilon_2, \varepsilon_3$ 为单元的三个主应变。把式(6-5)代入式(6-4)，有

$$D = 1 - \frac{1}{1+\theta}\left(\frac{\widetilde{C}_P}{C_P}\right)^2 \tag{6-7}$$

将波速下降 m 作为围岩开始松动的判定依据，即把围岩扰动后的岩体波速值 $\widetilde{C}_p \leqslant (1-m)\ C_p$ 的区域作为围岩松动区，代入式(6-7)，可知松动圈损伤系数阈值[D]应满足式(6-8)：

$$[D] \geqslant 1 - (1-m)^2/(1+\theta) \tag{6-8}$$

对于 m 的具体取值，一般认为可取波速下降10%时作为岩体松动的依据。一些学者认为，对于不同的岩体，这一门槛应适当改变。本节分析时，仍暂取 $m = 10\%$ 为标准进行分析，这是由于10%的标准见诸于相关规范[288]，仍是现今的一个重要依据，也是行业内能够基本得到普遍接受的标准[289]。把 $m = 10\%$ 代入式(6-8)得

$$[D] \geqslant 1 - 0.81\ (1+\theta)^{-1} \tag{6-9}$$

从式(6-9)可知，当不考虑地震作用对岩体的密度影响，即 $\theta = 0$ 时，围岩发生松动所对应的损伤系数阈值为[D]≥0.19。

6.2.3　工程实例分析

采用3.4节中映秀湾地下洞室在汶川地震作用下的算例，对基于三维弹塑性损伤动力有限元方法得到的时程计算完毕时的洞周围岩单元损伤系数进行分析。

具体步骤为：在时程计算完毕后，首先根据式(6-6)求得单元的体积应变，再根据式(6-9)求出判定当前单元产生松动的损伤系数阈值[D]，并与动力计算所得的当前单元累计损伤系数 D 对比。若 D≥[D]，则认为当前单元松动，反之则没有松动。

根据3.4节的动力计算成果，对模型所有单元判断后发现，尚未有单元满足式(6-9)，即映秀湾水电站在遭遇汶川地震后，地下洞室的洞周围岩尚未出现松动。洞周围岩的损伤系数 D 最大值为

0.17，出现在主厂房下游边墙的母线洞交口部位。

为获得地震荷载作用下的围岩松动效果，将输入地震荷载幅值增加20%后重新进行计算。此时洞周在主厂房和母线洞的交口处局部出现松动单元(见图6-2)。其中单元A的损伤系数最大，在时程计算完毕时达到0.22。从该单元的损伤系数累计时程看(见图6-3)，地震过程中，该单元的损伤系数增长主要在地震荷载较大的几个时段完成。

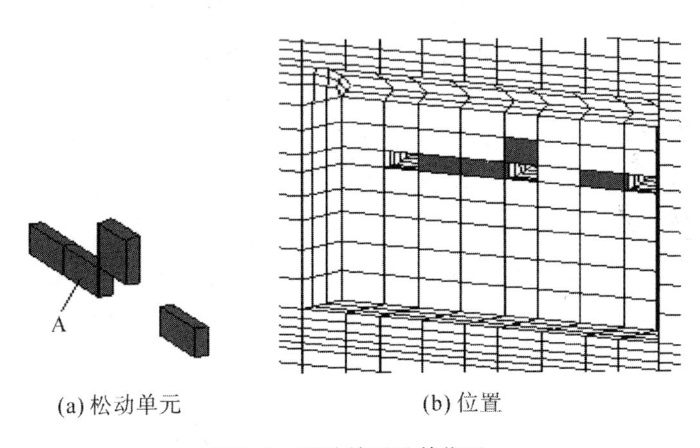

(a) 松动单元　　(b) 位置

图6-2　松动单元及其位置

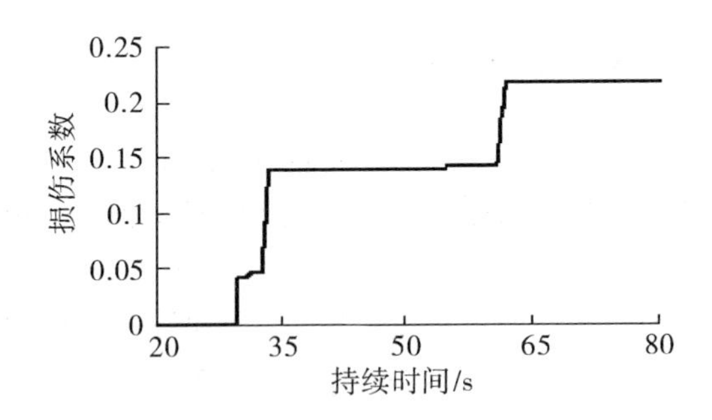

图6-3　单元A损伤系数累计时程

从松动单元的分布规律看，地震作用下，洞周围岩边墙的交口部位是最易出现松动的部位。这与震损调查时认为交口部位是最易受到地震影响的薄弱部位(裂缝延伸较长，开裂较多)的结论是一致的。这表明本节提出的围岩松动判据能够区分地震作用下洞周围岩不同部位受到影响的程度，采用围岩松动的思路评判是可行的。

6.3　基于地震响应波动解法的地下洞室群围岩稳定性评判

6.3.1　基本理论

波动解法首先根据波动方程求解地震波传播介质内的波动场和应力场，再考虑地下结构在波动应力作用下的结构响应[290]。地震波在介质内传播时，区分为纵波和横波。纵波特征为在介质内产生交替变化的拉应力和压应力；横波产生剪应力。平面波情况下，介质中质点位移的表达式为

$$u(x,t) = \psi(x - Ct) \tag{6-10}$$

式中：x 为质点坐标值；t 为时间；C 为波速；ψ 为弹性波的形状函数。根据傅里叶分析原理，地震波可视为由多组简谐波的叠加，即可将地震波的基本波形视为正弦波形，则式(6-10)可写为

$$u(x,t) = u_0 \sin \frac{2\pi}{CT_0}(x - Ct) \tag{6-11}$$

式中：u_0为质点位移振幅；T_0为质点振动周期，地震计算时可取为地震波的场地卓越周期。对式(6-11)分别求 x 的一次和两次偏导，可得质点速度 $v(x,\ t)$ 与加速度 $a(x,\ t)$ 的关系为

$$\nu(x,t) = -\frac{T}{2\pi}a(x,t) \tag{6-12}$$

定义地震系数 k_c为地震过程中质点最大加速度与重力加速度 g 的比值，有

$$k_c = | a(x,t) |_{max}/g \tag{6-13}$$

对式(6-10)分别求 x 和 t 的偏导，有

$$\frac{\partial u(x,t)}{\partial x} = \varepsilon(x,t) = \dot{\psi}(x - Ct)\ ,$$

$$\frac{\partial u(x,t)}{\partial t} = \nu(x,t) = -\dot{\psi}(x - Ct) \tag{6-14}$$

式中：$\varepsilon(x,t)$ 为相对变形，即应变值；$\nu(x,t)$ 为介质的位移速度，由式(6-14)可得

$$\text{P 波通过时：}\varepsilon(x,t) = -\nu(x,t)/C_p \tag{6-15a}$$

$$\text{S 波通过时：}\varepsilon(x,t) = -\nu(x,t)/C_s \tag{6-15b}$$

则 P 波和 S 波引起的正应力和剪应力分别为

$$\sigma(x,t) = E\varepsilon(x,t) = -E\nu(x,t)/C_p \tag{6-16a}$$

$$\tau(x,t) = -G\nu(x,t)/C_s \tag{6-16b}$$

式中：E 和 G 分别为介质的弹模和剪切模量。

记 γ 为容重，弹性介质中纵波和横波的计算公式为

$$C_p = \sqrt{\frac{Eg}{\gamma}\frac{(1-\mu)}{(1+\mu)(1-2\mu)}} \quad C_s = \sqrt{\frac{Gg}{\gamma}} \tag{6-17}$$

即

$$E = C_p^2\gamma/g[(1+\mu)(1-2\mu)/(1-\mu)] \approx C_p^2\gamma/g \quad G = C_s^2\gamma/g \tag{6-18}$$

把式(6-12)和式(6-18)代入式(6-16)，并结合式(6-13)，可以得到地震波在介质内传播时的波动应力计算式：

$$\sigma = \pm\frac{1}{2\pi}k_c\gamma C_p T_0, \tau = \pm\frac{1}{2\pi}k_c\gamma C_s T_0 \tag{6-19}$$

式中：地震系数 k_c 是一个与地震烈度成正比的量。

根据上述方法计算地震荷载对结构的作用时，其步骤为：①根据地震波的场地特征和地震烈度来确定卓越周期 T_0 和地震系数 k_c 参数；②计算与卓越周期 T_0 和地震系数 k_c 对应的正弦波在介质内传播时所引起的正应力和剪应力；③将该波动应力加到结构上进行计算，得到结构的地震响应。

可以看出，波动解法将地下洞室的地震响应问题进行了一定的简化，它只考虑单一的波形入射，在计算中也只考虑了地震过程中出现概率最多频段和荷载幅值对结构的影响，因此实际上是地震作用的等效分析方法，是一种分析地震问题的拟静力方法[30~31]。

由于波动解法考虑了场地卓越周期和荷载幅值等地震波的主要特性，因此能在一定程度上反映出地震荷载对洞室的影响。既有研究表明，当波长较大时，由动力学方法计算所得结果与拟静力法的

结果非常接近。基岩中的地震波波长一般都以百米来计，当洞室尺寸显著小于地震波波长时，洞室对波动场的扰动可不计。采用波动解法计算地震影响时，仅需施加一次荷载模拟地震作用，与静力计算的步骤一致，操作简便。同时，作为一种拟静力法，波动解问题可视为静力问题处理，其计算成果可以直接采用静力分析时评价围岩稳定的一系列方法，使洞室的地震响应稳定评价能够与开挖支护评价较好地衔接，方便工程设计人员参考。

综上，波动解法目前仍是用于地下洞室地震响应分析的一种实用方法。以下分别给出基于波动解法的地震作用下地下洞室整体和局部稳定性评判方法。

6.3.2　地震作用下地下洞室群的整体稳定性评判

6.3.2.1　基本思路

地下洞室群整体稳定安全评价一直是地下工程分析的难点问题。在实际工程中，洞室群更多出现的是局部破坏，极少出现整体失稳，故而有关洞室群整体稳定评价一直没有形成被普遍接受的方法。地震导致洞室整体失稳的实例也罕见，从这次汶川地震震中的几个水电站震损调查情况来看，地下洞室群都以局部震损为主，没有洞室出现整体失稳情形。虽然地下洞室在震后未出现显著破坏，但围岩仍产生了较多的贯穿性裂缝。如何定量地描述地震作用下地下洞室群的稳定状态，并进一步评价震后加固措施的可靠性，从而保障震后地下洞室群长期安全运行，是一个亟待研究解决的课题。然而，目前也尚未形成对地震影响下洞室群整体稳定性的评判方法。江权[291]以边坡强度折减中通常采用的岩体塑性区贯通为整体失稳判据为基础，认为地下洞室群整体失稳的临界状态可描述为洞室群间岩柱的等效塑性应变刚刚开始贯通，提供了一个定量评价洞室群整体稳定的思路。本节借鉴这个洞室群整体稳定性评判思路，进一步用于评判地震作用下的洞室群整体稳定特性，首先提出了基于拉、剪强度同步折减原理的地震作用下洞室群整体安全系数计算方法，可实现任意给定地震作用下的洞室群整体安全系数的，然后考虑震后加固措施，并计算洞室群再次遭遇地震时的安全系数，借助地震前后洞室群安全系数的变化规律来评估加固措施的可靠性，为震后加固设计提供依据。

6.3.2.2 岩质材料拉、剪强度的同步折减思路

基于强度折减原理的强度储备安全系数计算方法最早由 Zienkiewicz 在 1975 年提出[292]。自 20 世纪 90 年代以来，基于有限元和有限差分的强度折减法在边坡和地基的稳定评价中得到了广泛应用[293]。通过不断折减土体抗剪参数，使其达到极限状态时的折减系数即是边坡和地基的安全系数。强度折减法本质上是在外荷载恒定的情况下，通过不断降低材料的强度，使得分析对象逐渐迫近其承载极限，即材料即将发生破坏的状态，从而得到一个折减系数。该系数可理解为材料为避免发生某种特定类型的破坏而具有的相应安全裕度。因此，对材料强度进行折减时，应视材料的破坏类型进行针对性的强度折减。

土体的破坏形式主要是剪切破坏，因此对其进行强度折减时主要是对表征土体抗剪强度的黏聚力和内摩擦角进行折减，即为

$$c' = c/F \quad \tan\varphi' = \tan\varphi/F \tag{6-20}$$

式中：F 为折减系数；c 为土体的黏聚力；φ 为土体的内摩擦角；c'和 φ'分别为折减后的材料强度。对于岩质材料，由于其破坏形式分为剪坏和拉坏，因此在强度折减时，应根据岩质材料可能发生的破坏对相应的材料强度进行折减。

地下洞室的空间结构和其地质力学赋存条件都很复杂，洞室开挖后，因部位不同，围岩的压剪破坏和拉伸破坏都有可能发生。因此，采用强度折减原理计算地下洞室围岩的安全裕度时，宜采用拉、剪强度同步折减的方法。这与一些学者[294]提出的应同时采用剪切和拉裂安全系数评价隧洞围岩稳定性的观点一致。对地下洞室围岩力学参数的强度折减可用下式表达：

$$c' = c/F, \tan\varphi' = \tan\varphi/F, f_t' = f_t/F \tag{6-21}$$

式中：f_t为材料抗拉强度；f_t'为折减后抗拉强度。

为验证对岩质材料进行拉剪强度同步折减的合理性，采用岩石劈裂模型进行数值试验。图 6-4 为测定岩石抗拉强度的劈裂试验。取岩柱的尺寸为半径 0.05 m，柱高 0.25 m，均布荷载 $P = 48$ kN，

岩柱弹模 $E=10\text{GPa}$，黏聚力 $c=2\ \text{MPa}$，内摩擦角 45°，抗拉强度 $f_t=1\ \text{MPa}$。采用 FLAC^{3D} 进行数值试验，并使用其中的莫尔-库伦模型，该模型同时考虑了材料的剪切破坏和拉伸破坏，适于对拉剪强度同步折减的计算。分别采用式(6-20)和式(6-21)对材料强度进行折减，计算不同折减方案下的岩柱破坏区分布。

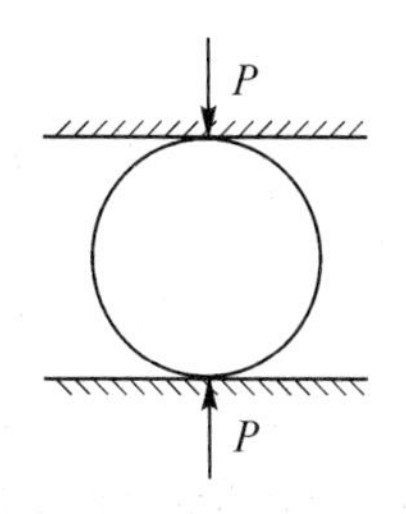

图 6-4　岩柱劈裂试验

可以看出，随着材料强度的不断折减，拉剪强度同步折减的破坏区逐渐发展，直至折减系数达 F 到 2.71 时出现破坏区贯通，且破坏区以拉裂为主(见图 6-5(a))，圆柱试件的拉裂区与岩石劈裂试验的开裂区分布吻合[295]。若只折减抗剪强度，则当折减系数 $F=3.51$ 时，破坏区才贯穿试件(见图 6-5(b))，但此时试件破坏区的类型与分布特征均与实际矛盾。因此，岩质材料采用拉剪强度同步折减的思路与实际情形相符，合理可行。

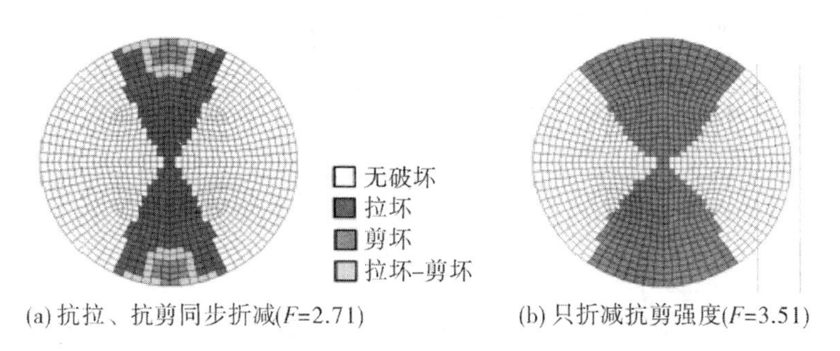

图 6-5　不同强度折减方法时的破坏区分布

6.3.2.3　地下洞室群整体稳定性评判方法

对地下洞室群整体稳定性进行评判时，江权[291]认为地下洞室群整体失稳的临界状态可描述为洞室群间岩柱的等效塑性应变刚刚开始贯通：

$$\bar{\varepsilon}^p = \sqrt{\frac{2}{3}(\varepsilon_1^p\varepsilon_1^p + \varepsilon_2^p\varepsilon_2^p + \varepsilon_3^p\varepsilon_3^p)} \tag{6-22}$$

式中：$\bar{\varepsilon}^p$ 为等效塑性应变；ε_1^p 、ε_2^p 、ε_3^p 分别为第 1、2、3 塑性主应变。本节采用该方法计算洞室群整体安全系数 F_S，旨在简便地量化洞室群在不同工况（开挖、地震）下的整体稳定程度，由式(6-22)，等效塑性应变与塑性区的分布重合，故这里直接以洞间塑性区恰好贯通作为判别指标。地下洞室群整体安全系数计算流程见图 6-6。

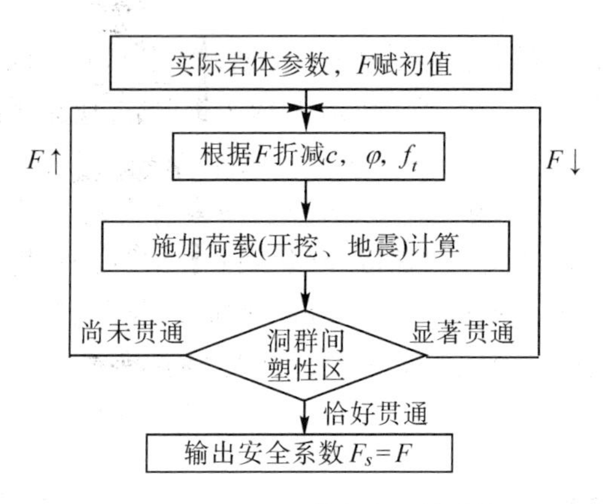

图 6-6　地下洞室群整体安全系数计算流程

6.3.2.4　汶川地震作用下映秀湾地下洞室群的整体安全系数计算

1. 地震荷载的计算

采用波动场应力法计算地震荷载。根据式(6-19)确定施加在结构上的荷载。根据文献[296]对汶川地震时 P 波和 S 波卓越周期和震中距关系的研究，震中区映秀镇 P 波和 S 波的卓越周期的取值范围分别为 0. 10 ~0. 63 s 和 0. 29 ~0. 83 s，且距震中越近卓越周期越小。由于映站距震中仅 8 km，则在分析中可取 P 波和 S 波卓越周期为其取值范围内的较小值，即 0. 15 s 和 0. 35 s。k_c是一个与地震烈度有关的参数。汶川地震中，映站和渔站的影响烈度高达Ⅺ度，远大于其设计基本烈度Ⅶ度。而相关抗震规范并未给出对Ⅺ度影响烈度对应的设计地震基本加速度[297]。本节尝试根据卧龙强震台的汶川主震强震观测数据对映站的地震加速度进行推算。根据卧龙强震台实测的三个方向的加速度时程，可按式(6-23)求得根据三个方向加速度时程合成出的加速度时程 $F(t)$(见图 6-7)：

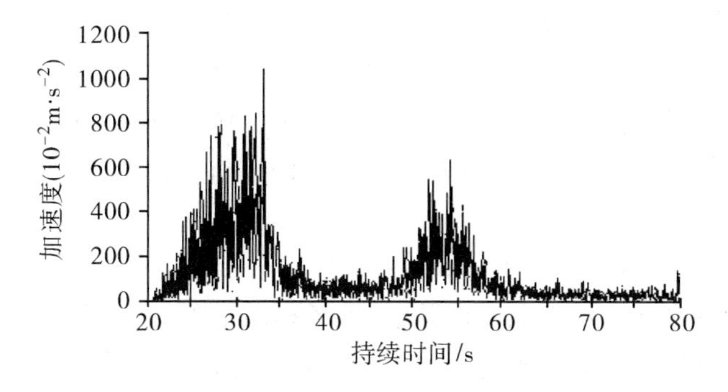

图 6-7　合成加速度时程

$$F(t) = \sqrt{E^2(t) + N^2(t) + U^2(t)} \tag{6-23}$$

$F(t)$表示 t 时刻，根据 EW、NS 和 UD 三个方向的加速度分量合成所得的矢量加速度大小。$F(t)$的峰值出现在 $t = 31.48$ s，为 10.59 m/s^2，即 1.08 g。规范[161]规定，在基岩面以下 50 m 及其以下部位的设计地震加速度代表值可取为规定值的 50%，即把地面的加速度峰值折减一半后应用于地下结构。由于映站地下洞室的埋深在 150～200 m，则可将 $F(t)$的峰值折减一半后作为映站地下洞室的地震动峰值加速度，即为 0.54 g。此处取地表加速度峰值的 50%，是因为 1.08 g 这一数据的推求过程本身即为一种大致的估算方法。此时若根据地表数据推算地下结构的输入参数，并无实际意义。因此，不失一般性，可直接适用规范进行折减。

T_0和 k_c确定后，即可求得式(6-19)中地震波纵向应力和横向应力，设 $x'oy'$为沿地震波传播方向的坐标系，则波动应力可写为

$$\{\sigma\}'_e = [\sigma, 0, 0, \tau, 0, 0]^{\mathrm{T}} \tag{6-24}$$

将 $\{\sigma\}'_e$ 转换到计算模型 XOY 坐标系，有：

$$\{\sigma\}_e = [\beta]\{\sigma\}'_e[\beta]^{\mathrm{T}} \tag{6-25}$$

式中$[\beta]$为计算模型坐标系和地震波传播坐标系的转换矩阵。则地震波施加给结构的地震荷载为

$$\{F\} = \iiint_v [B]^{\mathrm{T}} \{\sigma\}_e \mathrm{d}v \tag{6-26}$$

映站在汶川地震震中约70°方位角方向。由于汶川震源深度为14 km[14]，映站距震中直线距离为8 km，则可以确定地震波传播至映站时，地震波矢量方向与竖直向的角度约为30°。又知映站地下洞室纵轴线的方位角为108°(即计算模型的x轴)，则可推算出地震波入射矢量与计算模型x，y，z轴间的角度分别为66°，72°和30°。

2. 施工开挖作用下的洞室群整体安全系数

建立映秀湾地下洞室群模型(见图6-8)，模拟主厂房、主变洞等主要洞室。初始地应力场采用自重应力和构造应力。使用FLAC^{3D}计算洞室群计算开挖工况的整体安全系数，采用莫尔-库仑模型。

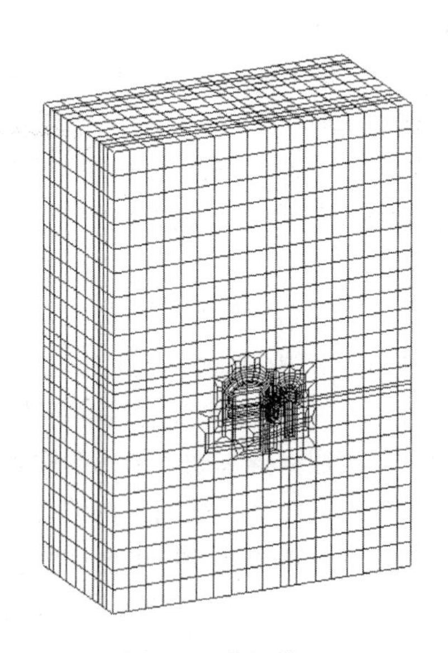

图6-8　分析模型

根据图6-6的流程，搜索洞室间塑性区恰好贯通时的折减系

数，可算得开挖工况下的洞室群安全系数 $F_S=1.67$(见图6-9)。

图6-9　开挖工况（$F_S=1.67$）

3. 汶川地震作用下的洞室群整体安全系数

根据式(6-19)计算地震荷载，转换到计算坐标系后，再以体力的方式施加到开挖工况计算完毕的围岩单元上，再次对材料强度进行折减搜索安全系数。当洞间塑性区恰好贯通时(见图6-10)，材料折减系数，即安全系数 $F_S=1.40$。

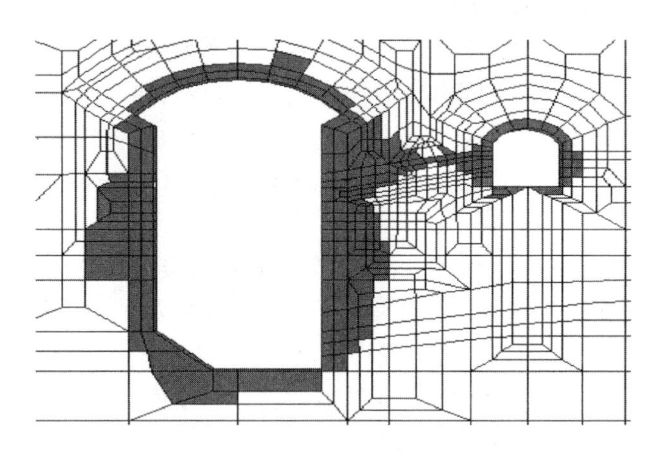

图6-10　施加汶川地震荷载($F_S=1.40$)

6.3.2.5 地下洞室群震后加固措施效果评估

1. 震后加固措施概述

根据洞室群震损调查结论，震后主要对洞周出现非贯穿和贯穿性裂缝的部位进行了加固。非贯穿性裂缝虽分布较多，但影响较小，只采用注射修补胶法进行处理。而位于洞室交口处的贯穿性裂缝影响较大，是震后加固的重点，主要采取的加固措施包括：①在裂缝延伸范围内布设直径 28 mm，6 m 长，间排距 2.0m ×2.0 m 锚杆，仰角 5°；②对裂缝进行压力注浆；③对裂缝表面进行粘贴碳纤维补强；④粉刷水泥基料保持表面美观。

2. 加固措施的模拟

对非贯穿性裂缝的加固仅限于对衬砌的处理，则在分析时不考虑其对洞室围岩强度的贡献。在贯穿性裂缝的加固措施中主要考虑深入围岩的锚杆作用，即对贯穿性裂缝周边在锚杆控制范围内围岩强度参数予以提高，围岩被加固后的黏聚力根据式(6-27)计算[298]，弹模和内摩擦角不变。

$$c_1 = c_0 + \eta \frac{\tau S}{ab} \tag{6-27}$$

式中：c_1为加固后围岩黏聚力；c_0为岩体初始黏聚力；τ 和 S 分别为锚杆的抗剪强度及横截面积；a、b 为锚杆的间距和排距；η 为综合经验系数，可取 2 ~5。

3. 再次发生地震时的洞室群整体安全系数校核

首先在不考虑加固措施的情况下，计算得到地下洞室群再次遭遇汶川地震时的整体安全系数，$F_S = 1.11$。然后考虑震后加固措施，同样计算再次遭遇汶川地震时的安全系数(见图 6-11)，$F_S = 1.34$。

汶川地震是罕遇地震，着眼于震后长期抗震设防需要，有必要结合规范在给定的抗震设计参数下对地下洞室群的整体稳定性验算。汶川地震后修订的抗震设计规范[297]，将汶川地区的抗震设防裂度由Ⅶ级提升为Ⅷ级，设计基本地震加速度值为 0.2g。在考虑地下洞室的设计基本加速度时可取为 0.1g。

分别考虑从水平、斜 45°和竖直三个方向入射的地震波(见图

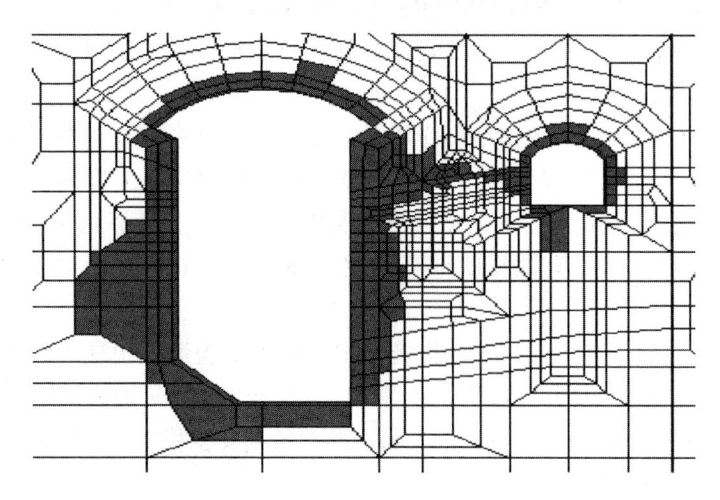

图 6-11　加固后再次施加汶川地震荷载（F_S = 1.34）

6-12），计算考虑震后加固措施后，映秀湾地下洞室群的整体安全系数，评估其抵御再次地震的能力。将三种工况的 F_S 列入表 6-1。

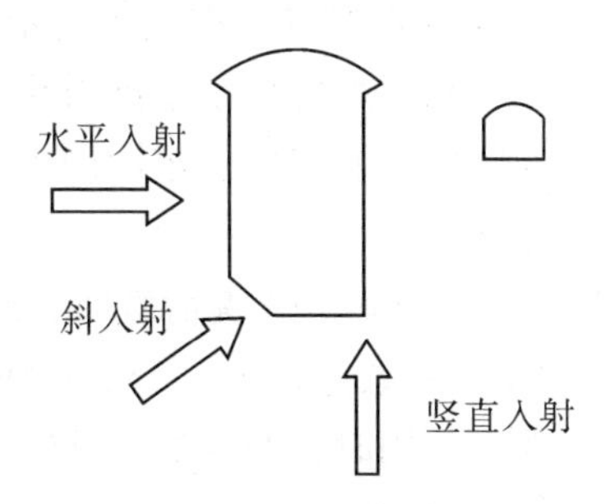

图 6-12　地震波入射方向

表 6-1　**不同工况的洞室群安全系数**

安全系数	围岩未加固			汶川地震后对围岩进行加固			
	洞室开挖	初次施加汶川地震	再次施加汶川地震	再次施加汶川地震	根据震后修订规范确定输入强度		
					水平入射	斜入射	竖直入射
F_S	1.67	1.40	1.11	1.34	1.55	1.59	1.64

6.3.2.6 洞室的整体稳定性与加固措施的效果评价

对表6-1中各种计算工况下所得的洞室群安全系数进行对比分析，可以看出：

(1)初次施加汶川地震作用后，洞室群安全系数较开挖工况明显降低(F_S从1.67降至1.40)，表明通过采用拉剪强度同步折减的方法，以洞间塑性区恰好贯通表征洞室群失稳，计算洞室群整体安全系数，可以有效反映地震作用对地下洞室群整体稳定性的影响。

(2)若不考虑震后加固措施，洞室群再次遭遇汶川地震强度的地震作用时，安全系数降低非常明显($F_S=1.11$)，围岩的安全裕度也非常有限。为了保障地下洞室群的长期安全稳定，震后采取加固措施是必要的。

(3)考虑加固措施后，洞室群在再次遭遇汶川地震强度的地震作用时，安全系数比不考虑加固措施的工况有明显提高(F_S从1.11升至1.34)，表明加固措施有效地提升了洞室群抵御再次地震的能力。但在量值上仍低于洞室群开挖后初次遭遇汶川地震的工况($F_S=1.40$)。这表明汶川地震对洞室群整体稳定的影响非常显著，震后加固措施对围岩的有利贡献要稍小于汶川地震对洞室群整体稳定的不利影响，因此加固后的洞室群稳定性仍要稍差于开挖后未发生地震时的洞室群稳定性。

(4)当根据规范设防标准确定地震荷载时，地震波沿水平、斜45°和竖直方向入射的安全系数分别为1.55，1.59和1.64。这表明围岩加固后遭遇设防地震作用时，洞室群的整体稳定性要比初次遭遇汶川地震改善很多($F_S=1.40$)。由于在安全系数较低工况(即初次遭遇汶川地震)时，洞室群尚未出现显著破坏，则安全系数较高工况时的洞室群稳定性应能得到保证。

综上，虽然震后被加固的围岩抗震性能无法完全恢复到汶川地震前的水平，但汶川地震是罕遇地震，震后评价应以规范的抗震设防标准为依据。因此，加固后的映秀湾地下洞室群可以满足抗震设防的要求，洞室群的长期安全稳定性能够得到保障，震后加固措施是可靠的。

6.3.2.7　结论与讨论

(1)针对岩质材料在复杂应力状态下的破坏特点，提出了拉剪强度同步折减思路和地下洞室群的整体安全系数计算方法，实现了不同工况下洞室群整体稳定性的定量评价。

(2)采用波动应力法模拟地震荷载，通过对映秀湾地下洞室群在地震前后、加固前后的安全系数计算，发现采用的表征洞室群整体稳定性的安全系数，能够有效地反映地震对洞室群整体稳定的影响，同时证明了震后加固措施的必要性。

(3)经计算对比，发现震后加固措施虽不能使洞室群围岩的抗震能力完全恢复到汶川地震前的水平，但加固后的映秀湾地下洞室群可以达到规范要求的抗震设防标准，洞室群的长期安全稳定性能够得到保障，震后加固措施也是可靠的。

(4)本节计算洞室群整体安全系数的重点在于定量评价不同地震工况下洞室群的相对整体稳定性，即根据安全系数在地震前后、加固前后的变化规律来评估震后加固措施的可靠性。如何使用洞室群整体安全系数的绝对量值来评价洞室群稳定性还有待进一步研究。同时，岩质材料的破坏由抗剪和抗拉两套参数控制，在复杂应力状态下同步折减抗剪、抗拉强度时，岩体首先被剪坏还是被拉坏受到材料初始取值的影响很大。如何根据工程实际考虑岩质材料抗剪和抗拉参数间的变化关系，从而更好地反映材料濒临极限时的状态，也值得进一步研究。

6.3.3　地震作用下地下洞室群围岩局部稳定分析

第 5 章对地下洞室结构面控制型围岩破坏的稳定性分析方法进行了论述，主要探讨了：① 地下洞室被地质断层切割后结构面的围岩稳定问题；②地下洞室块体在复杂地质力学赋存环境和开挖施工作用下的安全系数计算问题。本节基于波动应力法，分别对地震影响下的结构面层面稳定和块体稳定特性进行分析。

6.3.3.1　地震作用对地下洞室地质断层结构的影响分析

采用 5.3.3 小节部分的分析实例，在洞室一次支护开挖的计算成果基础上，进一步考虑地震作用对洞室的影响。取地震波的卓越

周期 $T_0=0.5$ s，地震烈度以Ⅷ度考虑，根据规范取为 0.2 g，计算时折减为 0.1 g 使用。考虑地震波为竖直向上入射。

考虑地震作用后，断层层面的滑移区和脱开区范围都出现一定增加。其中 F9 断层层面在主厂房边墙部位的滑移区增幅显著(见图 6-13)，滑移延展深度由开挖完毕时的 6 m 增加至 15 ~ 20 m，脱开区增加不明显。F18 断层的滑移区延展范围增幅非常小(见图 6-14)，考虑地震作用后仍未出现脱开。这表明地震作用的考虑对结构面层面形成一定的不利影响，因结构面走向与洞室纵轴线夹角不同，这种影响的幅度也不同。与洞室呈斜交状态的 F9 断层受到地震作用的影响明显较大，F18 断层受影响很小，层面状态改变不大。

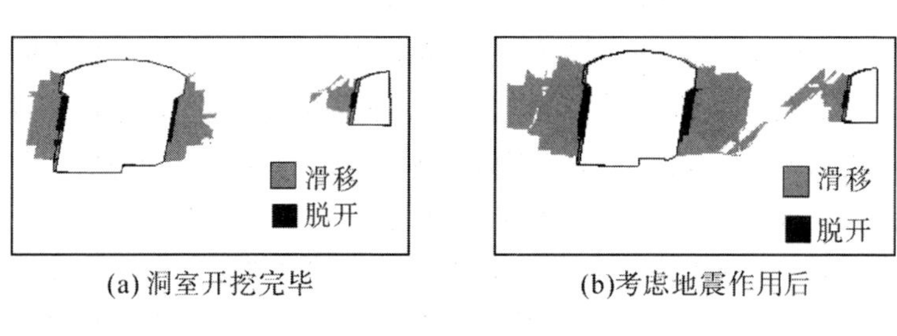

(a) 洞室开挖完毕　　(b)考虑地震作用后

图 6-13　F9 层面状态

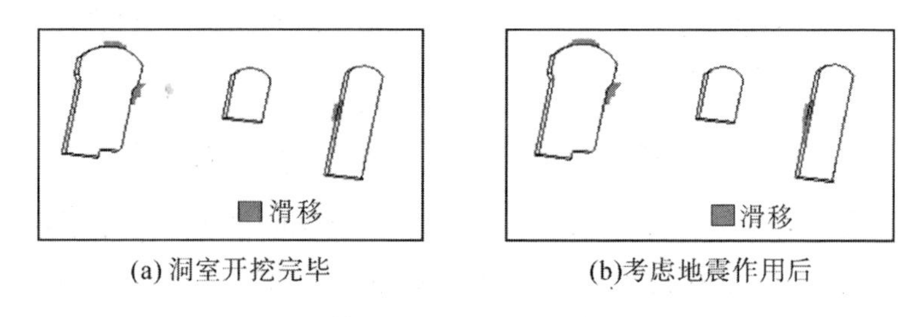

(a) 洞室开挖完毕　　(b)考虑地震作用后

图 6-14　F18 层面状态

考虑地震作用后，断层层面的滑动安全系数在洞周部位都出现了下降。其中，F9 层面内的安全系数小于 1.40 的区域较开挖完毕增加明显(见图 6-15)，其他部位也出现了下降，这表明考虑地震作用会加剧 F9 断层层面受力状态，层面的稳定问题更加突出，应考虑加固层面或增强支护等措施。F18 层面内的安全系数小于 1. 40 的区域虽然没有明显增加(见图 6-16)，但是洞周安全系数的分布规律发生了一定变化，量值在整体上也出现了一定幅度的下降。然而，考虑到地震作用后 F19 断层在洞周绝大部分区域安全系数仍在 2. 2 以上，除在局部考虑加固措施之外，其层面的总体稳定性应仍有保障。

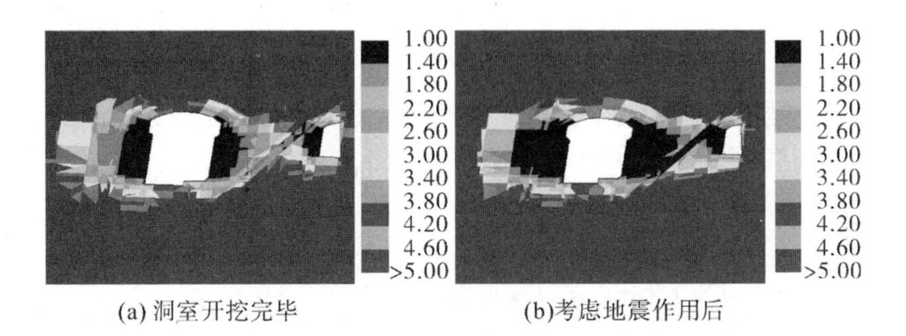

(a) 洞室开挖完毕　　(b)考虑地震作用后

图 6-15　F9 层面滑动安全系数

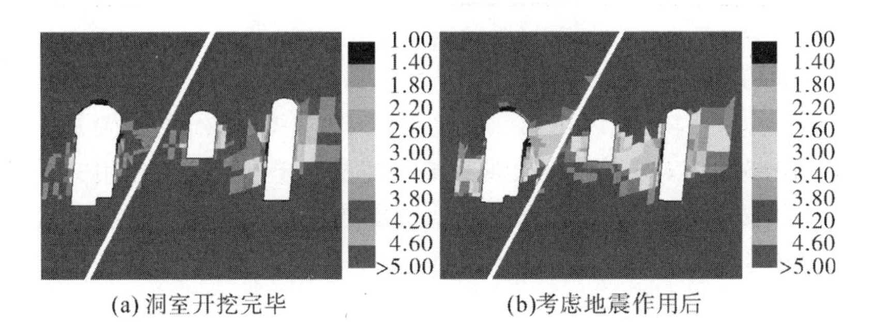

(a) 洞室开挖完毕　　(b)考虑地震作用后

图 6-16　F18 层面滑动安全系数

综上分析可知，考虑地震作用后，洞室被断层切割部位的局部稳定问题更加凸显，但因断层走向不同，地震的影响幅度也不同。实际工程中，应充分重视地震作用对洞室局部稳定特性带来的不利作用，采用合适的措施加固结构面和围岩，保障工程安全。

6. 3. 3. 2　地震作用对地下洞室块体稳定的影响分析

采用 5. 5. 3 小节部分的分析实例，在洞室一次毛洞开挖的计算成果基础上，进一步考虑地震作用对洞室的影响。取地震波的卓越周期 $T_0=0.5$ s，地震烈度以Ⅷ度考虑，根据规范取为0.2 g，计算时折减为0.1 g使用。考虑地震波为竖直向上入射。

表6-2　　不同工况作用的块体安全系数

块体	主动力考虑因素	运动模式	滑动(主动)力/kN	摩擦力/kN	黏聚力/kN	安全系数
B1	仅块体自重	单面滑动	833.8	463.63	742.03	1.44
	开挖作用+块体自重	双面滑动	6760.1	6502.8	1335.5	1.16
	地震作用+开挖作用+块体自重	双面滑动	7014.6	6442.3	1335.5	1.11
B2	仅块体自重	塌落	5967.8	0	0	0
	开挖作用+块体自重	双面滑动	3477.5	844.6	4204.7	1.45
	地震作用+开挖作用+块体自重	双面滑动	3775.3	830.5	4204.7	1.33

可以看出，考虑地震作用后，边墙和顶拱的块体安全系数都出现了一定的下降(见表6-2)，即地震作用对块体的稳定性主要是不利的影响，但对块体稳定性的影响程度要小于洞室开挖作用的影响。从安全系数的计算过程来看，主要是地震荷载增大了滑动力，降低了摩擦力。由于滑动模式没有变化，作用于块体的黏聚力保持不变。

6.3.3.3　小结

可以看出，地震作用影响下，地下洞室断层部位的层面脱开区和滑移区都有一定幅度的增加，层面滑动安全系数也有所降低；洞周块体的安全系数也出现了降低。这表明考虑地震作用后，受到结构面控制的洞室稳定性将受到一定程度的不利影响。

第7章　结论与展望

7.1　结　　论

本书围绕大型地下洞室群地震响应和安全评判中的几个关键问题进行了一系列的研究和探讨。根据文中提出的各种方法，编制了三维弹性有限元动力分析、弹塑性损伤动力有限元分析、实测强震加速度时域优化、地震响应的动力子模型、复杂地质断层快速建模、地质断层结构复合强度准则计算、基于有限元网格的三维块体系统搜索和识别、地下洞室地震响应的波动解计算分析等多个计算程序。所提的各种算法都给出了相应的验证算例和应用实例，证明了所提方法的有效性和可靠性，取得了良好的应用效果。

本书的主要研究成果如下：

(1) 研究了地下洞室赋存岩体在地震荷载作用下的应变率分布规律，在总结归纳岩体在地震荷载作用下的动态响应规律基础上，提出地下洞室地震响应分析的三维弹塑性损伤动力有限元方法，并将该方法应用于汶川地震震中映秀湾水电站地下洞室的震损分析。工程应用实例表明，数值分析成果可信度高，且具备一定的代表性，为震后的加固和修复工作提供了参考。因此，采用三维弹塑性损伤动力有限元方法对地下洞室地震响应问题进行概化和分析是合理可行的。同时，通过对比静力分析与动力分析的围岩破坏区分布规律发现，地震响应分析时，不宜直接套用静力分析依据塑性区深度评判围岩稳定的思路，应结合洞室的动力响应规律和地震荷载时空分布离散性较强的特性，寻找适于评判地震作用影响下地下洞室围岩稳定的方法。

（2）提出了大型地下洞室群地震响应分析的多尺度优化方法。在时域尺度方面，提出动力分析中实测强震加速度时域选取的优化算法，能够有效地缩短实测地震波持时，显著缩短动力计算时间；在空间尺度方面，提出大型地下洞室群地震响应分析的动力子模型法和动力计算模型合理截取范围的确定方法，能够使得洞室结构动力计算模型不建至地表，有效地压缩了动力分析计算量。实例分析不仅验证了算法的有效性，也证明了算法的可靠性，为大型地下洞室群的地震响应提供了一个显著提升分析效率的实现途径。

（3）构建了基于有限元方法的结构面控制型围岩破坏分析体系。该体系从结构面建模到断层结构计算、再到块体识别和块体稳定评价，共由四部分组成。首先，提出了基于单元重构的岩土工程复杂地质断层建模方法，实现了任意分布的复杂地质结构面的有限元快速建模；其次，提出了基于复合强度准则的薄层单元地质断层结构计算方法，实现了含地质断层结构的地下洞室围岩稳定性分析，能够通过计算得到的层面张开、滑移状态和层面滑动安全系数评价地质断层对地下洞室的影响；然后，提出了基于有限元网格的地下洞室群三维复杂块体系统识别算法，能够在考虑地下洞室群复杂临空面组合的基础上，实现对洞周块体的搜索和不稳定块体的识别；最后，提出了考虑层面应力作用的块体稳定性分析方法，能够使块体的稳定性评价考虑周边围岩对其的挤压和剪切作用的影响，更符合地下洞室块体的实际情况。该基于有限元的结构面控制型围岩破坏分析可概括为“结构面建模—薄层单元计算—洞周块体搜索—考虑层面应力的块体稳定性评价”四个步骤，这些工作均在有限元模型基础上完成，形成了一套完整的分析地下洞室结构面控制型围岩破坏的算法体系。算例验证和与实际工程监测资料对比表明：这一套方法较为有效地实现了有限元方法对地质断层滑移和块体失稳评价等结构面控制型围岩破坏分析，为地下洞室围岩稳定分析提供一个新的思路。

（5）提出了基于弹塑性损伤动力有限元的围岩稳定地震响应松动判据，采用围岩松动的概念，推导了围岩出现松动时的损伤系数阈值，可采用弹塑性损伤动力有限元分析计算成果来评价围岩在地震作用后的松动程度。实际算例表明，该判据能够有效地区分洞室围岩在地震过程中受到的不同影响作用。然后，基于围岩地震响应分析的波动解法，探讨了地震作用下地下洞室群的整体稳定性评判方法，并对提出了震后加固措施效果的评价方法；结合结构面控制型围岩破坏的有限元分析方法，研究了地震作用对地下洞室地震断层结构和块体稳定的影响。算例表明，借助洞室整体安全系数的计算，可实现洞室群在不同工况下相对稳定性的定量对比评价，从而论证震后加固措施的必要性，以及加固措施保障洞室群震后长期稳定的充分性。另外，在地震作用影响下，洞室围岩的断层和块体稳定问题更加突出，有必要充分考虑可能的地震作用对其造成的不利影响。

7.2 展　　望

大型地下洞室群的地震响应分析方法和安全评判准则是目前国内外岩石力学和地震工程学领域的研究热点和难点问题，该项课题的研究成果具有重大的理论价值和工程实用意义，具有广阔的应用和发展前景。该课题的研究涉及数学、力学和地震学等多学科问题。本文对这个课题进行研究分析，围绕所涉及的主要科学问题提出了一系列的创新性分析方法，并与工程实践相结合，得到了良好的运用效果。但是，由于问题本身的复杂性，以及硬件条件和作者的精力时间所限，仍然有许多问题值得进一步研究解决：

(1)地震响应分析时的岩体物理力学参数问题。本文进行地震响应分析时，受限于缺乏岩体的实测动态特性资料，岩体的所有物理力学参数均取其静态试验值。根据本书的分析结论，虽然这样取值并没有过分低估岩体在地震荷载作用下的力学性能，可作为一种缺乏实测参数时的权宜处理方法，在动力时程计算中并未考虑岩体力学参数在地震荷载作用下体现出的时变性，因此动力计算成果趋于保守。同时，岩体在地震的重复加卸载作用下，可能出现疲劳破坏，本文采用损伤的概念来描述岩体出现疲劳破坏后的参数劣化，虽然体现了地震荷载对岩体参数的影响，能够定性地反映出岩体材料的疲劳特性，但其中的一些定量表达，如岩体材料参数的定量变化规律尚待试验验证。可以看出，岩体在地震荷载作用下表现出的率相关参数提高和疲劳损伤呈现出矛盾关系。如何在动力计算分析中合理地体现出这一对呈现出矛盾关系的外部效应对岩石力学特性的影响，还有赖于大量的试验数据累积，并在此基础上，对这个问题进行进一步深入研究后所获得的规律性认识。

（2）地下洞室结构面模拟的算法和数量问题。围绕地下洞室结构面控制型围岩破坏的问题，本书提出了一套体系较为完整的分析方法，涉及结构面建模、断层结构计算、块体识别和块体稳定分析等各个环节。这一套算法基于有限元方法，块体的识别和稳定性判断也基于有限元网格模型展开，为结构面控制型的围岩稳定分析提供一个新的途径。但是，由于岩体中结构面规模、形态、力学特性的差异，以及地下洞室与结构面网格相交的任意性，采用数值分析的方法尚不能实现对地质断层结构力学和结构特性的精确刻画。本书也仅采用薄层单元方法对中小型断层、破碎带和软弱夹层等具有一定厚度的2～3级结构面进行了分析，尚未涉及节理、裂隙等4～5级结构面。另外，本书提出的基于有限元网格模型的块体识别方法，将有限元法与块体理论结合，为复杂地质力学赋存环境中的块体稳定分析提供了一个崭新的途径。但是，受到硬件计算能力和算法的限制，目前仅能考虑有限数量（为 10^1～10^2 量级）的结构面进行块搜索和识别，尚无法考虑结构面数量大于 10^2 时的块体搜索，这一问题有待进一步研究。

（3）地震作用过程中结构面的动力响应问题。地下洞室地质断层等结构面在洞室开挖过程中，层面可能呈现闭合、脱开或滑移状态，在各种措施加固下，层面状态可保持稳定。然而，在地震力的重复加卸载作用下，层面状态可能会在闭合、脱开和滑移的状态间交替变化。采用数值分析方法分析时，就需要建立层面的动力响应判据和与之适应的迭代算法，例如何种情况下脱开层面将重新闭合，满足何种条件时层面会进入新的状态。对于这个问题，本书仅针对洞室开挖工况，建立了断层层面的复合强度准则，并借助波动解法，采用等效模拟的思路，用拟静力法分析了层面和块体在地震作用下的稳定性，还尚不能分析这些结构在地震过程中的时程变化规律，该问题有待进一步研究。

参 考 文 献

[1]钱七虎.地下空间开发利用的第四次浪潮及中国的现状、前景和发展战略[A].见:第六次全国岩石力学与工程学术大会论文集[C].北京:中国科学技术出版社,2000:84-89.

[2]Nakada K, Chikahisa H, Kobayashi K, et al. Plan and survey of an underground art museum in Japan, using a large-scale rock cavern [J]. Design and Construction of Civil Structures, 1996, 11(4):431-443.

[3]汪恕诚.试论中国水电发展趋势[J].1999,25(10):1-2.

[4]周大兵.抓住机遇开拓进取为促进水电建设事业更大发展而努力[J].水力发电学报,2000,19(1):Ⅰ-Ⅻ.

[5]王梦恕.21 世纪山岭隧道修建的趋势[J].铁道标准设计,2004,(9):38-40.

[6]索丽生.水利水电建设与生态保护[J].中国水利,2006,(2):11-13.

[7]陈宗基.岩石力学的发展方向[J].岩石力学与工程学报,1990,9(3):175-183.

[8]谢和平,刘夕才,王金安.关于 21 世纪岩石力学发展战略的思考[J].岩土工程学报,1996,18(4):98-102.

[9]Jing L, Hudson J A. Numerical methods in rock mechanics [J]. International Journal of Rock Mechanics and Mining Sciences, 2002, 39(4):409-427.

[10]王思敬.中国岩石力学与工程的世纪成就与历史使命 [J].岩石力学与工程学报,2003,22(6):867-871.

[11]胡聿贤.地震工程学(第二版)[M].北京:地震出版社,2006.

[12]陈厚群,徐泽平,李敏.汶川大地震和大坝抗震安全[J].水利学报,2008,39(10):1158-1167.

[13]黄润秋,李为乐."5·12"汶川大地震触发地质灾害的发育分布规律研究[J].岩石力学与工程学报,2008,27(12):2585-2592.

[14]谢和平,邓建辉,台佳佳,等.汶川大地震灾害与灾区重建的岩土工程问题[J].岩石力学与工程学报,2008,27(9):1781-1791.

[15]汪家林,徐湘涛,汪贤良,等.汶川8.0级地震对紫坪铺左岸坝前堆积体稳定性影响的监测分析[J].岩石力学与工程学报,2009,28(6):1279-1287.

[16]陈国兴,柳春光,邵永健,等.工程结构抗震设计原理[M].北京:中国水利水电出版社,2009.

[17]张少泉.全球处于"地震活跃期"?[N].北京日报,2011,3(16):17.

[18]陈国兴.岩土地震工程学[M].北京:科学出版社,2007.

[19]戴彦德,任东明.从我国社会经济发展所面临的能源问题看可再生能源发展的地位和作用[J].可再生能源,2005,(2):4-8.

[20]彭程,钱钢粮.21世纪中国水电发展前景展望[J].水力发电,2006,32(2):6-10.

[21]郑声安,王仁坤,章建跃,等.汶川地震对岷江上游水电工程的影响[J].水力发电,2008,34(11):5-9.

[22]周建平,杨泽艳,范俊喜,等.汶川地震灾区大中型水电工程震损调查及主要成果[J].水力发电,2009,35(5):1-5.

[23]晏志勇,王斌,周建平,等.汶川地震灾区大中型水电工程震损调查与分析[M].北京:中国水利水电出版社,2009.

[24]闻学泽,张培震,杜方,等.2008年汶川8.0级地震发生的历史与现今地震活动背景[J].地球物理学报,2009,52(2):444-454.

[25]赵瑜,李晓红.深埋隧道施工过程的非线性动力学特性分析[J].重庆大学学报,2008,31(1):110-114.

[26]林育梁.岩土与结构工程中不确定性问题及其分析方法[M].

北京:科学出版社,2009.

[27]向天兵,冯夏庭,陈炳瑞,等. 三向应力状态下单结构面岩石试样破坏机制与真三轴试验研究[J]. 岩土力学,2009,30(10):2908-2918.

[28]张永兴,王桂林,胡居义著. 岩石洞室地基稳定性分析方法与实践[M]. 北京:科学出版社,2005.

[29]朱焕春,Andrieux Patrick,钟辉亚. 节理岩体数值计算方法及其应用(二):工程应用[J]. 岩石力学与工程学报,2005,24(1):89-96.

[30]林皋. 地下结构抗震分析综述(上)[J]. 世界地震工程,1990,6(2):1-10.

[31]林皋. 地下结构抗震分析综述(下)[J]. 世界地震工程,1990,6(3):1-10.

[32]于翔,陈启亮,赵跃堂,等. 地下结构抗震研究方法及其现状[J]. 解放军理工大学学报,2000,1(5):63-69.

[33]Graizer V,Cao T,Shakal A. Data from downhole arrays instrumented by the California strong motion instrumentation program in studies of site amplification effects [A]. In:Proceedings of the 6th International Conference on Seismic Zonation [C]. California:EERI,2000.

[34]Department of Conservation,State of California. Strong Motion Instrumentation Program [EB/OL]. http://www. conservation. ca. gov/cgs/smip/Pages/Index. aspx,2011-2-18.

[35]Komada H,Sawada Y,Aoyama S. Earthquake behavior at underground observed by three dimensional array Seismic observation at Hosokura Mine[R]. 东京:电力中央研究报告,1989.

[36]张玉敏,盛谦,朱泽奇,等. 深度衰减效应对大型地下洞室群强震响应的影响分析[J]. 岩土力学,2010,31(10):3197-3203.

[37]Tzay-Chyn Shin,Ta-liang Teng. An Overview of the 1999 Chi-Chi,Taiwan,Earthquake [J]. Bulletin of the Seismological Society of America,2001,91(5):895-913.

[38] Shui-Beih Yu, Long-Chen Kuo, Ya-Ju Hsu, et al. Preseismic Deformation and Coseismic Displacements Associated with the 1999 Chi-Chi, Taiwan, Earthquake [J]. Bulletin of the Seismological Society of America, 2001, 95(5): 995-1012.

[39] Shin T C, Kuo K W, Lee W H K. A Preliminary Report on the 1999 Chi-Chi (Taiwan) Earthquake [J]. Seismological Research Letters, 2000, 71(1): 24-30.

[40] Hamada H, Kitahara M. Earthquake observation and BIE analysis on dynamic behavior of rock cavern [A]. In: Proceedings of the 5th International Conference on Numerical Method in Geomechanics [C]. Nogoya, Japan, 1985: 1525-1532.

[41] American Society of Civil Engineers. Earthquake damage evaluation and design considerations for underground structures [R]. Los Angeles Section of ASCE, 1974.

[42] Japan Society of Civil Engineers. Earthquake resistant design for civil engineering structure in Japan. JSCE, Tokyo, 1988.

[43] Sharma S, Judd W R. Underground opening damage from earthquakes [J]. Engineering Geology, 1991, 30(3~4): 263-276.

[44] 陈正勋,王泰典,黄灿辉. 山岭隧道受震损害类型与原因之案例研究[J]. 岩石力学与工程学报, 2011, 30(1): 45-57.

[45] 王瑞民,罗奇峰. 阪神地震中地下结构和隧道的破坏现象浅析[J]. 灾害学, 1998, 13(2): 63-66.

[46] 张雨霆,肖明,李玉婕. 汶川地震对映秀湾水电站地下厂房的震害影响及动力响应分析. 岩石力学与工程学报, 2010, 29(增2): 3663-3671.

[47] 李天斌. 汶川特大地震中山岭隧道变形破坏特征及影响因素分析[J]. 工程地质学报, 2008, 16(6): 742-750.

[48] 尚昊,郭志昆,张武刚. 大断面地下结构抗震模型试验[J]. 岩土工程界, 2002, 5(10): 60-64.

[49] 陶连金,王沛霖,边金. 典型地铁车站结构振动台模型试验[J]. 北京工业大学学报, 2006, 32(9): 798-801.

[50]左熹,陈国兴,王志华,等. 近远场地震动作用下地铁车站结构地基液化效应的振动台试验[J]. 2010,31(12):3733-3740.

[51]周林聪,陈龙珠,宫必宁. 地下结构地震模拟振动台试验研究[J]. 地下空间与工程学报,2005,1(2):182-187.

[52]陈国兴,庄海洋,杜修力,等. 土-地铁车站结构动力相互作用大型振动台模型试验研究[J]. 地震工程与工程振动,2007,27(2):171-176.

[53]钱德玲,夏京,卢文胜,等. 支盘桩－土－高层建筑结构振动台试验的研究[J]. 岩石力学与工程学报,2009,28(10):2024-2030.

[54]程绍革,陈善阳. 高层建筑短肢剪力墙结构振动台试验研究[J]. 建筑科学,2000,16(1):12-16.

[55]李国强,周向明,丁翔. 高层建筑钢-混凝土混合结构模型模拟地震振动台试验研究[J]. 建筑结构学报,2001,22(2):2-7.

[56]林皋,梁青槐. 地下结构的抗震设计[J]. 土木工程学报,1996,29(1):15-24.

[57]梁建文,张浩,Lee V W. 地下双洞室在 SV 波入射下动力响应问题解析解[J]. 振动工程学报,2004,17(2):132-140.

[58]梁建文,张浩,Lee V W. 平面 P 波入射下地下洞室群动应力集中问题解析解[J]. 岩土工程学报,2004,26(6):815-819.

[59]阎盛海,王常义. 圆形隧洞双层衬砌在 P 波作用下的动力反应[J]. 大连理工大学学报,1989,29(8):707-714.

[60]叶超,肖明,杨亚玲. 地震作用下大型多岔调压井衬砌结构数值分析[J]. 岩土力学,2008,11(增):21-25.

[61]Zhang Y T, Xiao M. Numerical simulation on anti-seismic capacity of large scale underground cavern complexes under earthquake effect [A]. In: Proceedings of 2009 Second International Conference on Modelling and Simulation[C] Manchester, England, UK: World Academic Union, 2009:90-94.

[62]李建波. 结构-地基动力相互作用的时域数值分析方法研究[D]. 大连:大连理工大学,2005.

[63]隋斌,朱维申,李晓静.地震荷载作用下大型地下洞室群的动态响应模拟[J].岩土工程学报,2008,30(12):1877-1882.

[64]王如宾,徐卫亚,石崇,等.高地震烈度区岩体地下洞室动力响应分析[J].岩石力学与工程学报,2009,28(3):568-575.

[65]王涛,熊将,郭武详,等.地震荷载作用下地下厂房围岩稳定的离散元计算方法研究[J].长江科学院院报,2009,26(12):58-62.

[66]黄胜,陈卫忠,杨建平,等.地下工程地震动力响应及抗震研究[J].岩石力学与工程学报,2009,28(3):483-490.

[67]张志国,肖明,张雨霆,等.大型地下洞室三维弹塑性损伤动力有限元分析[J].岩石力学与工程学报,2010,29(5):982-989.

[68]张志国,肖明,陈俊涛.大型地下洞室地震灾变过程三维动力有限元模拟[J].岩石力学与工程学报,2011,30(3):509-523.

[69]JTJ 225-98 水运工程抗震设计规范[S].厦门:厦门大学出版社,2004.

[70]JTJ 004-89.公路工程抗震设计规范[S].北京:人民交通出版社,1990.

[71]GB50111-2006.铁路工程抗震设计规范[S].北京:中国计划出版社,2006.

[72]水电工程地下厂房设计导则[R].中国水电顾问集团成都勘测设计研究院,2010.

[73]张林波.并行计算导论[M].清华大学出版社,2006.

[74]张汝清.并行计算结构力学的发展和展望[J].力学进展,1994,24(4):511-517.

[75]张永彬,唐春安,梁正召,等.岩石破裂过程分析系统并行计算方法研究[J].2006,25(9):1795-1801.

[76]张友良,冯夏庭.岩土工程百万以上自由度有限元并行计算[J].岩土力学,2007,28(4):684-688.

[77]曹露芬,金先龙,吴惠明.施工中隧道与运输车辆动态耦合的并行计算方法[J].上海交通大学学报,2010,44(11):1534-1538.

[78]冯夏庭,李邵军.岩土力学并行计算方法研究进展[J].岩石力

学与工程学报,2001,20(增1):875-878.

[79]Feng X T,Li S J,Zhang Y L. Visual parallel computing in intelligent rock and soil mechanics [A]. In:Proceedings of the 2001 ISRM International Symposium- the 2nd Asian Rock Mechanics Symposium [C]. Beijing,2004:487-490.

[80]安红刚,冯夏庭,李邵军. 大型洞室群稳定性与优化的并行进化神经网络并行有限元方法研究-第一部分:理论模型[J]. 岩石力学与工程学报,2003,22(5):706-710.

[81]安红刚,冯夏庭,李邵军. 大型洞室群稳定性与优化的并行进化神经网络并行有限元方法研究-第二部分:实例研究[J]. 岩石力学与工程学报,2003,22(10):1640-1645.

[82]茹忠亮,冯夏庭,李洪东,等. 大型地下工程三维弹塑性并行有限元分析[J]. 岩石力学与工程学报,2006,25(6):1141-1146.

[83]刘耀儒,周维垣,杨强,等. 三维有限元并行计算及其工程应用[J]. 岩石力学与工程学报,2005,24(14):2434-2438.

[84]杜晔华,胡云进,姚懿伦,等. 二维有自由面渗流分析的有限元并行计算[J]. 水力发电学报,2006,25(3):116-120.

[85]吴余生,陈胜宏. 并行组合模拟退火算法在边坡稳定分析中的应用[J]. 岩土力学,2006,27(9):1554-1558.

[86]郑虹,冯夏庭,陈祖煜. 岩石力学室内试验 ISRM 建议方法的标准化和数字化[J]. 岩石力学与工程学报,2010,29(12):2456-2468.

[87]GB/T 50266-99 工程岩体试验方法标准[S]. 北京:中国计划出版社,1999.

[88]Barton N,Lien R,Lunde J. Engineering classification of rock masses for design of the tunnel support [J]. Rock Mechanics and Rock Engineering,1974,6(4):189-236.

[89]Zhu W S,Zhang Q B,Zhu H H,et al. Large-scale geomechanical model testing of an underground cavern group in a true three-dimensional (3-D) stress state [J]. Canadian Geotechnical Journal,2010,47(9):935-946.

[90] Zhu W S, Li Y, Li S C, et al. Quasi-three-dimensional physical model tests on a cavern complex under high in-situ stresses [J]. International Journal of Rock Mechanics and Mining Sciences, 2011, 48(2):199-209.

[91] 杨志法,尚彦军,刘英. 关于岩土工程类比法的研究[J]. 工程地质学报,1997,5(4):299-305.

[92] 金峰,胡卫,张楚汉,等. 基于工程类比的小湾拱坝安全评价[J]. 岩石力学与工程学报,2008,27(10):2027-2033.

[93] 杨林德,朱合华,冯紫良等. 岩土工程问题的反演理论与工程实践[M]. 北京:科学出版社,1996.

[94] 靳晓光,王兰生,李晓红. 地下工程围岩二次应力场的现场测试与监测[J]. 岩石力学与工程学报,2002,21(5):651-653.

[95] Naylor D J, Pande GN, Simpson B, et al. Finite elements in geotechnical engineering. Swansea, UK: Pineridge Press, 1981.

[96] 孙钧,汪炳槛. 地下结构有限元法解析[M]. 上海:同济大学出版社,1988.

[97] 张练,丁秀丽,付敬. 清江水布垭地下厂房围岩稳定三维数值分析,2003,24(增):120-123.

[98] 左双英,肖明. 高地应力区水电站地下厂房分期开挖围岩稳定分析[J]. 水电能源科学,2010,28(5):88-91.

[99] 邬凯,盛谦,张勇慧. 大岗山水电站地下洞室群施工过程数值模拟分析[J]. 水力发电,2009,35(7):20-23.

[100] 李树忱,李术才,朱维申,等. 能量耗散弹性损伤本构方程及其在围岩稳定分析中的应用[J]. 2005,24(15):2646-2653.

[101] 杨典森,陈卫忠,杨为民,等. 龙滩地下洞室群围岩稳定性分析[J]. 2004,25(3):391-395.

[102] 金长宇,张春生,冯夏庭. 错动带对超大型地下洞室群围岩稳定影响研究[J]. 岩土力学,2010,31(4):1283-1288.

[103] 徐彬,闫娜,李宁. 软弱夹层对交叉洞稳定性的影响分析[J]. 地下空间与工程学报,2009,5(5):946-951.

[104] 许宝田,钱七虎,阎长虹,等. 多层软弱夹层边坡岩体稳定性及

加固分析[J]. 岩石力学与工程学报,2009,28(9):3959-3964.

[105]任光明,聂德新,米德才,等. 软弱层带夹泥物理力学特征的仿真研究[J]. 工程地质学报,1999,7(1):65-71.

[106]彭琦,王俤剀,邓建辉,等. 地下厂房围岩变形特征分析[J]. 岩石力学与工程学报,2007,26(12):2583-2587.

[107]孙翔. 四车道公路隧道的施工力学研究[D]. 重庆:重庆大学,2004.

[108]剑万禧. 巷道围岩稳定性的判据及岩石分类[J]. 工程地质学报,1999,7(1):20-24.

[109]朱维申,孙爱华,王文涛,等. 大型洞室群高边墙位移预测和围岩稳定性判别方法[J]. 岩石力学与工程学报,2007,26(9):1729-1736.

[110]张乾兵,朱维申,孙林峰,等. 水电站洞群模型试验中位移量测方法的研究[J]. 水利学报,2010,41(9):1087-1093.

[111]李晓红,夏彬伟,李丹,等. 深埋隧道层状围岩变形特征分析[J]. 岩土力学,2010,31(4):1163-1167.

[112]张志国,肖明. 地下洞室监测位移场的反演和围岩稳定评判分析[J]. 岩石力学与工程学报,2009,28(4):813-818.

[113] Golser J, Mussger K. The new Austrian tunneling method (NATM), contractual aspects[A]. In: Proceedings of International Tunnel Symposium [C]. Tokyo, 1987.

[114]代高飞,应松,夏才初,等. 高速公路隧道新奥法施工监控量测[J]. 重庆大学学报(自然科学版),2004,27(2):132-135.

[115]崔玖江. 隧道与地下工程修建技术[M]. 北京:科学出版社,2005.

[116]刘正树,杨勇. 溪洛渡电站泄洪洞开挖变形数值模拟与监测分析[J]. 人民长江,2010,41(9):45-48.

[117]李晓红. 隧道新奥法及其监控量测技术[M]. 北京:科学出版社,2002.

[118]朱伯芳. 有限单元法原理与应用(第三版)[M]. 北京:中国水利水电出版社,知识产权出版社,2009.

[119]傅永华.有限元分析基础[M].武汉:武汉大学出版社,2003.

[120]范钦珊,陈建平.理论力学(第二版)[M].北京:高等教育出版社,2010.

[121]王勖成.有限单元法[M].北京:清华大学出版社,2003.

[122]刘晶波,杜修力.结构动力学[M].北京:机械工业出版社,2005.

[123]周云.黏滞阻尼减震结构设计[M].武汉:武汉理工大学出版社,2006.

[124]陈育民,徐鼎平.FLAC/FLAC3D 基础与工程实例[M].北京:中国水利水电出版社,2009.

[125]Aleterman Z S,Karal F C. Propagation of elastic waves in layered media by finite difference methods [J]. Bulletin of the Seismological Society of America. ,1968,58:367-398.

[126] Lysmer J, Kuhlemeyer R L. Finite dynamic model for infinite media [J]. Journal of the Engineering Mechanics Division, ASCE, 95(EM4):869-877.

[127]Deeks A J,Randolph M F. Axisymmetric time-domain transmitting boundaries [J]. Journal of Engineering Mechanics, ASCE, 1994, 120(1):25-42.

[128]杜修力.局部解耦的时域波动分析方法[M].世界地震工程,2000,16(3):22-26.

[129]刘晶波,吕彦东.结构-地基动力相互作用问题分析的一种直接方法[J].土木工程学报,1998,31(3):55-64.

[130]刘晶波,李彬.三维黏弹性静-动力统一人工边界[J].中国科学(E辑),2005,35(9):966-980.

[131]刘晶波,王振宇,杜修力等.波动问题中的三维时域黏弹性人工边界[J].工程力学,2005,22(6):46-51.

[132]赵密,杜修力.时间卷积的局部高阶弹簧-阻尼-质量模型[J].工程力学,2009,26(5):8-18.

[133]Liu J B,Du Y X,Du X L,et al. 3D viscous-spring artificial boundary in time domain. Earthquake Engineering and Engineering Vi-

bration,2006,5(1):93-102.

[134]廖振鹏,黄孔亮,杨柏坡等.暂态波透射边界[J].中国科学(A辑),1984,14(6):556-564.

[135]廖振鹏.法向透射边界条件[J].中国科学(E辑),1996,26(2):185-192.

[136]Liao Z P. Normal transmitting boundary conditions [J]. Science in China (Series E),1996,39(3):244-254.

[137]Clayton R,Engquist B. Absorbing boundary conditions for wave-equation migration [J]. Geophysics,1980,45(5):895-904.

[138]Engquist B,Majda A. Radiation boundary conditions for acoustic and elastic wave calculations. Communications on Pure and Applied Mathematics,1979,32(3):313-357.

[139] Itasca Consulting Group, Inc. FLAC3D users manual. (version 3.0)[R]. Minneapolis:Itasca Consulting Group,Inc. ,2005.

[140]Klar A,Frydman S. Three-dimensional analysis of lateral pile response using two-dimensional explicit numerical scheme [J]. Journal of Geotechnical and Geoenvironmental Engineering,2002,128(9):775-784.

[141]杜修力,赵密,王进廷.近场波动模拟的应力人工边界条件[J].力学学报,2006,38(1):49-56.

[142]刘晶波,谷音,杜义欣.一致黏弹性人工边界及黏弹性边界单元[J].岩土工程学报,2006,28(9):1070-1075.

[143]王振宇.大型结构-地基系统动力反应计算理论及其应用研究[D].北京:清华大学,2002.

[144]谷音,刘晶波,杜义欣.三维一致黏弹性人工边界及等效黏弹性边界单元[J].工程力学,2007,24(12):31-37.

[145]刘晶波,杜义欣,闫秋实.黏弹性人工边界及地震动输入在通用有限元软件中的实现[J].防灾减灾工程学报,2007,27(增):37-42.

[146]杜修力.工程波动理论与方法[M].北京:科学出版社,2009.

[147]赵建锋,杜修力,韩强,等.外源波动问题数值模拟的一种实现

方式[J]. 工程力学,2007,24(4):52-58.

[148]杜修力,赵密. 基于黏弹性边界的拱坝地震反应分析方法[J]. 水利学报,2006,37(9):1063-1069.

[149]Newmark N M. A method of computation for structural dynamics [J]. Journal of the Engineering Mechanics Division, ASCE, 1959, 85(EM3):67-94.

[150]Parlett B N, Jensen P S, Erickson T. Lanczos algorithm applied to modal analysis of very large structures [M]. Belvoir, virginia, USA: Defense Technical Information Center, 1985.

[151]Vukazich S M. Nonlinear dynamic response of frames using Lanczos modal analysis [M]., Davis, California, USA: University of California, Davis, 1993.

[152]Lamb H. On the propagation of tremors over the surface of an elastic solid [J]. Philosophical Transactions of the Royal Society of London, 1904, 203:1-42.

[153]杨桂通,张善元. 弹性动力学[M]. 北京:中国铁道出版社,1988.

[154]CECS 160—2004 建筑工程抗震性态设计通则(试用)[S]. 北京:中国计划出版社,2004.

[155]谢礼立,马玉宏,翟长海. 基于性态的抗震设防与设计地震动[M]. 北京:科学出版社,2009.

[156]黄朝光,彭大文. 人工合成地震波的研究[J]. 福州大学学报(自然科学版),1996,(8):82-88.

[157]GB 17741-2005 工程场地地震安全性评价技术规范[S]. 北京:中国标准出版社,2005.

[158]Kuhlemeyer R L, Lysmer J. Finite element method accuracy for wave propagation problems [J]. Journal of the Soil Mechanics and Foundations Division, ASCE, 1973, 99(5):421-427.

[159]Trifunac M D. Fourier amplitude spectra of strong motion acceleration: extension to high and low frequencies [J]. Earthquake Engineering and Structural Dynamics, 1994, 23(4):389-411.

[160] Trujillo A L, Carter A L. A new approach to the integration of accelerometer data [J]. Earthquake Engineering and Structural Dynamics, 1982, 10(4): 529-535.

[161] DL 5073-2000 水工建筑物抗震设计规范[S]. 北京:中国电力出版社,2006.

[162] 熊堃,何蕴龙,张艳锋. "5·12"汶川大地震时冶勒大坝实测动力反应[J]. 岩土工程学报,2008,30(10):1575-1580.

[163] 牟永光. 地震数据处理方法[M]. 北京:石油工业出版社,2007.

[164] 吴绵拔,刘远惠. 中等应变速率对岩石力学特性的影响[J]. 岩土力学,1980,1(1):51-58.

[165] 李夕兵,左宇军,马春德. 中应变速率下动静组合加载岩石的本构模型[J]. 岩石力学与工程学报,2006,25(5):865-874.

[166] 尚嘉兰,沈乐天,赵宇辉,等. Bukit Timah 花岗岩的动态本构关系[J]. 岩石力学与工程学报,1998,17(6):634-641.

[167] 刘剑飞,胡时胜,胡元育,等. 花岗岩的动态压缩实验和力学性能研究[J]. 岩石力学与工程学报,2000,19(5):618-621.

[168] 张华,陆峰. $10^1 \sim 10^2$ s^{-1}应变率下花岗岩动态性能试验研究[J]. 岩土力学,2009,30(增):29-32.

[169] 李海波,赵坚,李俊如,等. 三轴情况下花岗岩动态力学特性的实验研究[J]. 爆炸与冲击,2004,24(5):470-474.

[170] 钱七虎,戚承志. 岩石、岩体的动力强度与动力破坏准则[J]. 同济大学学报(自然科学版),2008,36(12):1599-1605.

[171] 钱七虎,王明洋. 岩土中的冲击爆炸效应[M]. 北京:国防工业出版社,2010.

[172] Grady D E. Shock waveproperties of brittle solids[A]. In: Schmidt Sed. Shock Compression of Condensed matters [C]. New York, USA: AIP Press, 1996: 9-20.

[173] 陈健云,李静,林皋. 基于速率相关混凝土损伤模型的高拱坝地震响应分析[J]. 土木工程学报,2003,36(10):46-50.

[174] Bindiganavile V S. Dynamic fracture toughness of fiber reinforced

concrete [D]. Doctoral Dissertation of University of British Columbia, Vancouver, Canada, 2003.

[175]孙建运,李国强. 动力荷载作用下固体材料本构模型研究的进展[J]. 四川建筑科学研究,2006,32(5):144-149.

[176]林皋,陈健云,肖诗云. 混凝土的动力特性与拱坝的非线性地震响应[J]. 水利学报,2003,34(6):30-36.

[177]肖诗云,林皋,逯静洲,等. 应变率对混凝土抗压特性的影响[J]. 哈尔滨建筑大学学报,2002,35(5):35-39.

[178]肖诗云,林皋,王哲,等. 应变率对混凝土抗拉特性影响[J]. 大连理工大学学报,2001,41(6):721-725.

[179]张玉敏. 大型地下洞室群地震响应特征研究[J]. 中国科学院研究生院博士学位论文,2010.

[180]葛修润. 周期荷载下岩石大型三轴试件的变形和强度特性研究[J]. 岩土力学,1987,8(2):11-19.

[181]葛修润,卢应发. 循环荷载作用下岩石疲劳破坏和不可逆变形问题的探讨[J]. 岩土工程学报,1992,14(3):56-60.

[182]葛修润,蒋宇,卢允德,等. 周期荷载作用下岩石疲劳变形特性试验研究[J]. 岩石力学与工程学报,2003,22(10):1581-1585.

[183]高玮. 岩石力学[M]. 北京:北京大学出版社,2010.

[184]李树春,许江,陶云奇,等. 岩石低周疲劳损伤模型与损伤变量表达方法[J]. 岩土力学,2009,30(6):1611-1615.

[185]Al-gadhib A H, Baluchm H, Shaanlan, et al. Damage model for monotonic and fatigue response of high strength concrete[J]. International Journal of Damage Mechanics, 2000, 9(1):57-78.

[186]肖建清,丁德馨,蒋复量,等. 岩石疲劳损伤模型的参数估计方法研究[J]. 岩土力学,2009,30(6):1635-1638.

[187]潘华,邱洪兴. 基于损伤力学的混凝土疲劳损伤模型[J]. 东南大学学报(自然科学版),2006,36(4):605-608.

[188]鞠庆海,吴绵拔. 岩石材料的三轴压缩动力特性的实验研究[J]. 岩土工程学报,1993,15(3):72-80.

[189] Chong K P, Hoyt P M, Smith J W, et al. Effects of strain rage on oil shale fracturing [J]. International Journal of Rock Mechanics and Mining Sciences, 1980, 17:35-43.

[190] 耿乃光,郝晋升,李纪汉,等. 岩石动态杨氏模量的对比测量研究[A]. 第二届岩石动力学学术会议文集[C]. 武汉:武汉测绘科技大学出版社,1990.

[191] 沈明荣. 岩体力学[M]. 上海:同济大学出版社,2006.

[192] 王思敬,吴志勇,董万里,等. 水电工程岩体的弹性波测试[A]. 见:中国科学院地质研究所,岩体工程地质力学问题(三)[M]. 北京:科学出版社,1980.

[193] 林英松,葛洪魁,王顺昌. 岩石动静力学参数的试验研究[J]. 岩石力学与工程学报,1998,17(2):216-222.

[194] 朱泽奇,盛 谦,冷先伦,等. 大岗山花岗岩动态力学特性的试验研究[J]. 岩石力学与工程学报,2010,29(增2):3469-3474.

[195] 20世纪岩石强度理论的发展—纪念Mohr-Coulumb强度理论100周年[J]. 岩石力学与工程学报,2000,19(5):545-550.

[196] 张学言. 岩土塑性力学[M]. 北京:人民交通出版社,1993.

[197] 俞茂宏,彭一江. 强度理论百年总结[J]. 力学进展,2004,34(4):529-560.

[198] Hoek E, Brown E T. Empirical strength criterion for rock masses [J]. Journal of Geotechnical Engineering Division, ASCE, 1980, 106(GT9):1013-1035.

[199] Hoek E, Brown E T. The Hoek-Brown failure criterion-a 1988 update [A]. Toronto: Proceedings of 15th Canadian Rock Mechanics Symposium [C], 1988:31-38.

[200] Hoek E, Torres C C, Corkum B. Hoek-Brown failure criterion-2002 edition [A]. Toronto: Proceedings of the North American Rock Mechanics Society Meeting [C], 2002, 1:267-273.

[201] 俞茂宏,何丽南,宋凌宇. 双剪强度理论及推广[J]. 中国科学,1985,28(12):1113-1120.

[202] 俞茂宏. 双剪理论及其应用[M]. 北京:科学出版社,1998.

[203] Zienkiewicz O C, Pande G N. Some useful forms of isotropic yield surface for soil and rock mechanics [A]. In: Gudehus G,. Finite Elements in Geomechnaics [C]. London: John Wiley & Sons Ltd, 1977: 179-190.

[204] Chen W F, Baldi G Y. Soil plasticity: Theory and implementation [M]. Amsterdam: Elsevier Science Publishers, 1985.

[205] Liu Y, Maniatty A M, Antes H. Investigation of a Zienkiewicz-Pande yield surface and an elastic-viscoplastic boundary element formulation [J]. Engineering Analysis with Boundary Elements, 2000, 24(2): 207-211.

[206] 肖明, 张志国, 陈俊涛, 等. 不同屈服条件对地下洞室围岩稳定影响研究[J]. 地下空间与工程学报, 2008, 4(4): 635-639.

[207] 刘小明, 李焯芬. 脆性岩石损伤力学分析与岩爆损伤能量指数[J]. 岩石力学与工程学报, 1997, 16(2): 140-147.

[208] 谢和平. 岩石混凝土损伤力学[M]. 北京: 中国矿业大学出版社, 1990.

[209] 过镇海, 张秀琴. 混凝土受拉应力-应变全曲线的试验研究[J]. 建筑结构学报, 1988, 9(4): 45-53.

[210] 肖明. 地下高压岔管洞室稳定及衬砌损伤开裂分析[J]. 1995, 28(6): 594-599.

[211] 谢和平, 陈忠辉. 岩石力学[M]. 北京: 科学出版社, 2004.

[212] 肖明. 地下洞室围岩稳定与支护数值分析方法研究[D]. 武汉大学博士学位论文, 2002.

[213] 陈生水, 霍家平, 章为民. “5·12”汶川地震对紫坪铺混凝土面板坝的影响及原因分析[J]. 岩土工程学报, 2008, 30(6): 795-781.

[214] GB18306—2001 中国地震动参数区划图[S]. 北京: 中国标准出版社, 2001.

[215] 清华大学, 西南交通大学, 重庆大学, 等. 汶川地震建筑震害分析及设计对策[M]. 北京: 中国建筑工业出版社, 2009.

[216] Xiaojun Li, Zhenghua Zhou, Moh Huang, et al. Preliminary analy-

sis of strong-motion recordings from the Magnitude 8.0 Wenchuan, China, earthquake of 12 May 2008[J]. Seismological Research Letters, 2008, 79(6): 844-854.

[217] 肖 明. 地下洞室隐式锚杆柱单元的三维弹塑性有限元分析[J]. 岩土工程学报, 1992, 14(5): 20-26.

[218] 谢礼立, 张晓志. 地震动记录持时与工程持时[J]. 地震工程与工程振动, 1988, 8(1): 31-38.

[219] 谢礼立, 周雍年. 一个新的地震动持续时间的定义[J]. 地震工程与工程振动, 1984, 4(2): 27-35.

[220] Xie L L, Zhang X Z. Engineering duration of strong motion and its effect on seismic damage [A]. In: Proceedings of the Ninth World Conference on Earthquake Engineering, Tokyo-Kyoto, Japan, 1988: 23-27.

[221] Trifunac M D, Brady A G. A study on the duration of strong earthquake ground motion[J]. Bulletin of the Seismological Society of America, 1975, 65(3): 581-626.

[222] Boggess A, Narcowich F. A first course in wavelets with Fourier analysis [M]. Beijing: Publishing House of Electronics Industry, 2010.

[223] 李夕兵, 凌同华, 张义平. 爆破震动信号分析理论与技术[M]. 北京: 科学出版社, 2009.

[224] 王宏禹, 邱天爽, 陈喆. 非平稳随机信号分析与处理(第二版)[M]. 北京: 国防工业出版社, 2008.

[225] Huang N E, Shen Z, Long S R, et al. The empirical mode decomposition and the Hilbert spectrum for nonlinear and nonstationary time series analysis [J]. Proceedings of Royal Society London A, 1998, A454: 903-995.

[226] 公茂盛, 谢礼立. 结构地震反应记录的 HHT 分析[J]. 西安建筑科技大学学报(自然科学版), 2006, 38(4): 450-454.

[227] 李夕兵, 张义平, 刘志祥等. 爆破震动信号的小波分析与 HHT 变换[J]. 爆炸与冲击, 2005, 25(6): 528-535.

[228]张义平,李夕兵,赵国彦等.爆破震动信号的时频分析[J].岩土工程学报,2005,27(12):1472-1477.

[229]Kizhner S, Flatley T P, Huang N E, et al. On the Hilbert-Huang transform data processing system development [A]. In: Proceedings of IEEE Aerospace Conference, 2004.

[230]Huang N E, Shen Z, Long S R. A new view of nonlinear water waves: the Hilbert Spectrum [J]. Annual Review of Fluid Mechanics, 1991, 31: 417.

[231]楼梦麟,黄天立.正交化经验模式分解方法[J],同济大学学报(自然科学版),2007,35(3):293-298.

[232]GB50011-2001.建筑抗震设计规范[S].北京:中国建筑工业出版社,2001.

[233]郝敏,谢礼立,徐龙军.关于地震烈度物理标准研究的若干思考[J].地震学报,2005,27(2):203-234.

[234]Riddell R, Garcia E J. Hysteretic energy spectrum and damage control [J]. Earthquake Engineering and Structural Dynamics, 2001, 30(12): 1791-1816.

[235]Sucuoglu H, Nurtug A. Earthquake ground motion characteristics and seismic energy dissipation. Earthquake Engineering and Structural Dynamics, 1995, 24(9): 1195-1213.

[236]Nuttli O W. The relation of sustained maximum ground acceleration and velocity to earthquake intensity and magnitude[R]. Miscellaneous Paper S-71-1, U. S. Army Corps of Engineers, Waterways Experiment Station, Vicksburg, Mississippi.

[237]Housner G W. Spectrum intensities of strong motion earthquakes [A]. In: Proceedings of the Symposium on Earthquake and Blast Effects on Structures, California, 1952.

[238]Arias A. A measure of earthquake intensity [A]. In: Seismic Design of Nuclear Power Plants [M]. Cambridge, Massachusetts: MIT Press, 1970.

[239]Sarma S K, Yang K S. An evaluation of strong motion records and

a new parameter A95 [J]. Earthquake Engineering and Structural Dynamics,1987,15(1):119-132.

[240]Benjamin J R. A criterion for determining exceedance of the operating basis earthquake [R]. EPRI Report NP-5930,Electric Power Research Institute,California,US.

[241]Kramer S L. Geotechnical earthquake engineering [M]. US:Prentice Hall,1996.

[242]Housner G W,Jennings P C. Generation of artificial earthquakes. Journal of the Engineering Mechanics Division,1964,90(EM1):113-150.

[243] Ohsaki Y. On the significance of phase content in earthquake ground motions [J]. Earthquake Engineering and Structural Dynamics,1979,17(5):427-439.

[244]王俊铭. 符合设计谱人工地震之相位角对楼板反应谱之影响[D]. 国立中央大学(中国台湾),硕士论文,2000.

[245]Husid R L. Analisis de Terremotos:Analisis General[A]. In:Revista del ID1EM,Santiago Chile,1969,volume 8(1):21-42.

[246]叶裕明,刘春山,沈火明,等. ANSYS 土木工程应用实例[M]. 北京:中国水利水电出版社,2005.

[247]郑永兰,肖明. 复杂地下洞室群三维有限元网格剖分在 CAD 中的实现[J]. 岩石力学与工程学报,2004,23(增 2):4988-4992.

[248]廖振鹏. 工程波动理论导论[M]. 北京:科学出版社,2002:49-59.

[249]解振涛,张俊发,田勇,等. 地面地震动时程向地层深处反演研究[J]. 西安理工大学学报,2007,23(4):418-421.

[250]胡进军,谢礼立. 地下地震动频谱特点研究[J]. 地震工程与工程振动,2004,24(6):1-8.

[251]徐龙军,谢礼立,胡进军. 地下地震动工程特性分析[J]. 岩土工程学报,2006,28(9):1106-1111.

[252]张雨霆,肖明,刘嫦娥. 三维有限元任意截面的插值和剖分计

算方法[J]. 武汉大学学报(工学版),2008,41(2):37-41.
[253]王永岩. 动态子结构方法理论及应用[M]. 北京:科学出版社,1999.
[254]Hurty W C. Vibration of structure systems by component mode synthesis [J]. Journal of Engineering Mechanics Division, ASCE, 1960,86(4):51-69.
[255]Gladwell G M L. Brach mode analysis of vibrating systems [J]. Journal of Sound and Vibration,1964,1(1):41-59.
[256]杨阳,肖明. 地下洞室动力计算模型合理截取范围研究[J]. 中国农村水利水电,2011,(1):111-114.
[257]于学馥,郑颖人,刘怀恒,等. 地下工程围岩稳定分析[M]. 北京:煤炭工业出版社,1983.
[258]赵海军,马凤山,李国庆等. 断层上下盘开挖引起岩移的断层效应[J]. 岩土工程学报:2008,30(9):1372-1375.
[259]张志强,李宁,陈方方等. 不同分布距离的软弱夹层对洞室稳定性的影响研究[J]. 岩土力学,2007,28(7):1363-1368.
[260]朱维申,阮彦晟,李晓静等. 断层附近应力分布的异常和对隧洞稳定性的影响[J]. 地下空间与工程学报:2008,4(4):685-689.
[261]王祥秋,杨林德,高文华. 含软弱夹层层状围岩地下洞室平面非线性有限元分析[J]. 岩土工程学报:2002,24(6):729-732.
[262]苏超. 巨型地下洞室群有限元计算的数字化建模[J]. 水力发电,2005,31(9):25-26.
[263]陈俊涛,肖明,郑永兰. 用 Open GL 开发地下结构工程三维有限元图形系统[J]. 岩石力学与工程学报:2006,25(5):1015-1020.
[264]彭文斌. FLAC3D 实用教程[M]. 北京:机械工业出版社,2007.
[265]廖秋林,曾钱帮,刘彤等. 基于 ANSYS 平台复杂地质体 FLAC3D 模型的自动生成[J]. 岩石力学与工程学报:2005,24(3):1010-1013.
[266]段乐斋. 水利水电工程地下建筑物设计手册[M]. 成都:四川

科学技术出版社,1993.
[267]汪礼顺. 多节点等参单元形态函数的确定[J]. 工程力学,1987,4(1):11-22.
[268]Newton R E. Degeneration of brick-type isoparametric elements [J]. International Journal for Numerical Methods in Engineering, 1973,7(4):579-581.
[269]薛飞. 有限元等参单元退化模式研究[J]. 武汉大学学报(工学版),2006,39(1):58-62.
[270]Smith I M,Griffiths D V. 有限元方法编程(第三版)[M]. 北京:电子工业出版社,2003.
[271]邬爱清,张奇华. 岩石块体理论中三维随机块体几何搜索[J]. 水利学报,2005,36(4):426-432.
[272]崔银祥,聂德新,陈强. 某电站大型地下洞室群主变洞确定性块体稳定性评价[J]. 工程地质学报,2005,13(2):212-217.
[273]刘锦华,吕祖珩. 块体理论在工程岩体稳定分析中的应用[M]. 北京:水力电力出版社,1988.
[274]郭映忠. 节理边坡的稳定性评价[J]. 地球与环境:2005,33(增):1-6.
[275]盛谦,黄正加,邬爱清. 三峡工程地下厂房随机块体稳定性分析[J]. 岩土力学,2002,23(6):747-749.
[276]王在泉,华安增. 确定边坡潜在画面的块体理论方法及稳定性分析[J]. 工程地质学报:1999,7(1):40-45.
[277]Yu Q, Murakami O, Ohnishi Y, et al. Analysis system for rock slope key-block [A]. In:Proceedings of the Japan Symposium on Rock Mechanics [C]. Japan,2001(11):683-688.
[278]于青春,薛果夫,陈德基. 裂隙岩体一般块体理论[M]. 北京:中国水利水电出版社,2007.
[279]Yu Q, Ohnishi Y, Chen D. A generalized procedure to identify three-dimensional rock blocks around complex excavations [J]. International Journal for Numerical and Analytical Methods in Geomechanics,2009,33:355-375.

[280]周维垣.高等岩石力学[M].北京:水利电力出版社,1990.

[281]于永江,张哲,王来贵,等.深部岩体原型巷道围岩松动圈形成机理数值试验研究[J].力学与实践,2008,30(6):64-67.

[282]Martino J B,Chandler N A. Excavation-induced damage studies at the Underground Research Laboratory [J]. International Journal of Rock Mechanics and Mining Sciences,2004,41:1413-1426.

[283]Sheng Q,Yue Z Q,Lee C F,et al. Estimating the excavation disturbed zone in the permanent shiplock slopes of the Three Gorges Project,China [J]. International Journal of Rock Mechanics and Mining Sciences,2002,39:165-184.

[284]董方庭.巷道围岩松动圈支护理论与应用技术[M].北京:煤炭工业出版社,2001.

[285]贾颖绚,宋宏伟.巷道围岩松动圈测试技术与探讨[J].西部探矿工程,2004,(10):148-150.

[286]肖明,张雨霆,陈俊涛,等.地下洞室开挖爆破围岩松动圈的数值分析计算[J].岩土力学,2010,31(8):2613-2619.

[287]戴 俊.岩石动力学特性与爆破理论[M].北京:冶金工业出版社,2002.

[288]DL/T 5389-2007.水工建筑物岩石基础开挖工程施工技术规范[S].北京:中国电力出版社,2007.

[289]张文煊,卢文波.龙滩水电站地下厂房开挖爆破损伤范围评价[J].工程爆破,2008,14(2):1-7.

[290]曹善安.地下结构力学[M].大连:大连工学院出版社,1987.

[291]江权,冯夏庭,向天兵.基于强度折减原理的地下洞室群整体安全系数计算方法探讨[J].岩土力学,2009,30(8):2483-2488.

[292]Zienkiewicz O C. ,Humpheson C,Lewis R W. Associatedand non-associated visco-plasticity and plasticity in soil mechanics[J]. Geotechnique,1975,25(4):671-689.

[293]郑颖人,赵尚毅.有限元强度折减法在土坡与岩坡中的应用[J].岩石力学与工程学报,2004,19(10):3381-3388.

[294]杨臻,郑颖人,张红,等.岩质隧洞围岩稳定性分析与强度参数的探讨[J].地下空间与工程学报,2009,5(2):282-300.
[295]徐志英.岩石力学[M].北京:水利电力出版社,1986.
[296]叶建庆,苏金蓉,陈慧.汶川8.0级地震动卓越周期分析[J].地震研究,2008,31(增):498-504.
[297]GB50011-2001,建筑抗震设计规范(2008年版)[S].北京:中国建筑工业出版社,2001.
[298]朱维申,李术才,程峰.能量耗散模型在大型地下洞群施工顺序优化分析中的应用[J].岩土工程学报,2001,23(5):333-336.

攻博期间发表的论文及科研成果目录

主持基金课题

2009年1月~2010年12月，主持“大型地下洞室群抗震分析方法与安全评判准则研究”课题. 武汉大学优秀博士学位论文培育基金，批准号：2008-17.

发表学术论文

一、第一作者发表论文

[1] A new methodology for block identification and its application in a large scale underground cavern complex. **Tunnelling and Underground Space Technology**, 2010, 25 (2): 168-180. (**SCIE, EI** Compendex)

[2] Seismic damage analysis of underground caverns subjected to strong earthquake and assessment of post-earthquake reinforcement measures. **Disaster Advances**, 2010, 3(4): 127-132. (SCIE)

[3] 基于单元重构的岩土工程复杂地质断层建模方法. 岩石力学与工程学报, 2009, 28(9): 1848-1855. (**EI** Compendex)

[4] 地下洞室开挖爆破围岩松动圈的数值分析计算. 岩土力学, 2010, 31(8): 2613-2619 (**EI** Compendex. 导师第一、本人第二)

[5] 地震作用下地下洞室群整体安全系数计算与震后加固效果评价. 四川大学学报(工程科学版), 2010, 42(5): 217-223. (**EI** Compendex)

[6] 汶川地震对映秀湾水电站地下厂房的震害影响及动力响应分析. 岩石力学与工程学报, 2010, 29(增2): 3663-3671. (**EI** Com-

pendex)
[7]高地震烈度区水电站地下厂房结构震损机理分析. 四川大学学报(工程科学版),2011,43(1):70~76.(**EI** Compendex)
[8]大型地下洞室群地震响应分析的动力子模型法. 岩石力学与工程学报,2011,30(增2).(**EI** Compendex)
[9]动力分析实测强震加速度时域选取的优化算法. 华中科技大学学报(自然科学版),2011,39(11).(**EI** Compendex)
[10] FEM-based reinforcement design of surge shaft. Proceedings of 2009 Asia-Pacific Power and Energy Engineering Conference, Wuhan, China. (**EI** Compendex)
[11] Development of reinforcement design system for lining structures based on OpenGL. Proceedings of 11th IEEE International Conference on Computer-Aided Design and Computer Graphics, Huangshan. (**EI** Compendex)
[12] Numerical simulation on structural stability of different types of surge shaft. Proceedings of 2009 Second International Conference on Information and Computing Science, Manchester, England, UK. (**EI** Compendex)
[13] Design optimization of anchor support system in large scale underground engineering based on finite element analysis. Proceedings of 2009 Second International Conference on Intelligent Computation Technology and Automation. Zhangjiajie. (**EI** Compendex)
[14] Numerical simulation on anti-seismic capacity of large scale underground cavern complexes under earthquake effect. Proceedings of 2009 Second International Conference on Modelling and Simulation, Manchester, England, UK. (**EI** Compendex)
[15]三维有限元任意截面剖分和插值计算方法. 武汉大学学报(工学版),2008,41(2):37-40.
[16]三维空间离散点数据场的插值方法. 武汉大学学报(工学版),2008,41(4):38-41.
[17]深埋地下洞室群轴线方位合理布置的计算分析. 武汉大学学报

（工学版）,2009,42(3):38-41.

二、其他论文

[18]张志国,肖 明,张雨霆,左双英.大型地下洞室三维弹塑性损伤动力有限元分析.岩石力学与工程学报,2010,29(5):982-989.(**EI** Compendex)

[19]Zhang Zhiguo,Xiao Ming,Zhang Yuting. Hybrid gauss points integration method for explicit dynamic FEM analysis of hydropower enderground caverns. Proceedings of 2011 Asia-Pacific Power and Energy Engineering Conference,Wuhan,China.(EI Compendex)

[20]汤福平,肖 明,张雨霆.基于破坏接近度的围岩稳定性研究.中国农村水利水电,2009,(4):87-90.

[21]Chen Juntao,Xiao Ming,Zhang Yuting. A parallel factorization algorithm for stiffness matrix with variable bandwidth storage based on threadpool. Proceedings of First International Conference on Information Technology in Geo-Engineering,Shanghai,China,2010.

参与和完成的主要科研项目

一、参与2011年湖北省科技进步奖申报工作

2010年3月~2011年5月 参与《复杂地下洞室群围岩稳定控制研究及工程应用》研究成果的报告撰写和鉴定材料准备等工作（个人排名第五）

二、参与国家科研基金课题研究

[1]2008年1月~2011年6月:参与“大型地下洞室群地震灾变机理与过程研究”课题.国家自然科学基金重大研究计划,批准号:90715042.

[2]2008年6月~2011年5月:参与“复杂条件下水利水电工程高陡边坡、超大洞室安全及监测关键技术”课题.国家十一五科技支撑计划,批准号:2008BAB29B01.

三、参与和完成多个重点工程项目科研

[1]地下洞室群施工围岩稳定分析:鲁地拉、卡里巴、两河口、溪洛渡、阿海等。

[2]引水隧洞衬砌结构受力和配筋分析:功果桥、小湾、岗曲河、公伯峡等。

[3]水电站下闸蓄水阶段导流洞封堵结构与衬砌稳定复核分析:金安桥、毛尔盖等。

[4]地下工程地震响应分析与安全评判:两河口、映秀湾等。

参加学术交流与实践

[1]2009 年 3 月 参加亚太电力与能源国际会议,武汉:张贴海报交流。报告题目:FEM-based reinforcement design of surge shaft-Illustrated with a case study of Xiaowan hydropower plant.

[2]2009 年 8 月 参加第 11 届 IEEE 计算机辅助设计与图形学国际会议,黄山:做分会场报告。报告题目:Development of reinforcement design system for lining structures based on OpenGL.

[3]2010 年 9 月 参加金安桥水电站下闸蓄水设计专题报告及下闸封堵施工措施咨询会议,丽江:做项目汇报。汇报题目:金安桥下闸蓄水导流洞结构稳定复核研究.

[4]2010 年 10 月 参加第 1 届灾害防治技术与管理国际研讨会,重庆:做分会场报告。报告题目:Seismic damage analysis of underground caverns subjected to strong earthquake and assessment of post-earthquake reinforcement measures.

[5]2010 年 11 月 参加清华大学第 253 期博士生学术论坛,北京:做分会场报告。报告题目:高地震烈度区水电站地下洞室震损机理分析.

[6]2011 年 4 月 参加 2011 全国水利专业研究生弘禹论坛,武汉:做分会场报告。报告题目:大型地下洞室群地震响应的优化分析方法.

编制多组程序

[1]地下洞室三维有限元计算动力分析程序

[2]复杂地质断层快速建模程序

[3]地下洞室复杂块体系统搜索程序

[4]实测强震加速度时域选取的优化程序
[5]三维有限元任意截面的剖分和插值程序
[6]衬砌结构内力计算程序程序

获得荣誉

[1]武汉大学优秀毕业研究生:2011 届
[2]武汉大学优秀研究生标兵:2010 年度
[3]武汉大学第四届研究生十大学术之星:2010 年度
[4]中国科学院专项奖学金:2010 年度
[5]武汉大学甲等奖学金,优秀研究生:2007 年度、2009 年度、2010 年度
[6]水利水电学院优秀党支部书记:2008 年度
[7]光华专项奖学金:2007 年度

致　　谢

一本博士论文，串联起读博五年来的学术历程和研究轨迹；而行文于此的致谢，却承载着论文作者必将长久珍存的感恩和铭谢。

衷心感谢我的导师肖明教授。初见导师，是在本科时的“地下空间与结构概论”选修课上，肖老师授课思路清晰、论证逻辑严密、讲述旁征博引，给我留下了深刻的印象，也激发了我对地下工程问题的研究兴趣。其后，我师从肖老师开始了研究生生涯。导师学识渊博、视野开阔、治学严谨、经验丰富、品格高尚、心态乐观，读博五年，在导师循循善诱地指导下，我不但积累了学术知识、锻炼了专业能力，而且陶冶了性格和思想，这些必将成为让我受用终身的宝贵财富。本书从选题到研究实践的展开、再到论文的撰写和定稿，每一个环节都凝聚了导师的智慧。跟随导师的脚步，我从黑水河畔的涓涓细流，到金沙江边的水拍云崖，从气势恢宏的溪洛渡地下空间，到举世瞩目的南水北调穿黄隧洞，始终如一地践行着“读万卷书、行万里路”的求知真谛。沿着导师的指引，我也即将踏上新的征途，师恩难忘，导师的教诲和祝福必将成为学生不断前行的指路明灯，照耀未来人生之路、见证点滴成长历程。祝愿导师身体康健，青春常在，永远幸福安宁。

特别感谢父亲母亲在我多年求学历程中默默的支持、辛劳的付出和无微不至的关心。为了让我有更好的成长和受教育的环境，你们 27 年来的操劳含辛茹苦，27 年来的付出无怨无悔，而今儿子终于学有所成，无论今后何时、身处何地，你们的牵挂和嘱托都是我最宝贵的珍藏——这是心中永远的家。

感谢学校为我提供了从本科到博士的不断深造之机会，感谢研究生院为本书研究提供的资助，感谢学院领导和辅导员老师在学业以及生活上的支持。愿武汉大学继宏图、续发展、建伟业；愿水利水电学院蒸蒸日上，捷报频传。

感谢课题组的陈俊涛老师，陈老师为人和蔼、待人诚恳、诲人不倦，不论在宏观方向把握上还是细节技术操作中，都给我以极大的指导和帮助，让我在困顿和迷惑中看到新的曙光，愿陈老师如日东升，事业大展。感谢已经走上工作岗位的傅志浩、郭凌云、叶超和倪绍虎师兄在研究和生活上的指导和关心，感谢左双英师姐，同门卞康、冀健红、范国邦、周正凡，以及张志国、刘嫦娥、汤福平、熊兆平、邹红英、刘会波、杨亚玲、刘钢、王继伟、董正中、来颖、孙华来、韩金明、李玉婕、杨阳、熊清蓉、曹继学和胡田清等众位同师受业的师弟师妹们，大家在此相聚、相识、相知，使地下工程课题组成为一个团结奋进、斗志昂扬和活泼欢乐的集体，在这样轻松的环境中学习和生活，使我的求学生涯充实而愉悦。

感谢同窗好友熊堃、花俊杰、刘波和李响等 2008 级博士班和 2006 级硕士 5 班的全体同学，感谢本科 02 级水电 1 班的同学和 5307 的兄弟们。当年，是缘分让我们从天南海北来到武汉大学，在相互关心和支持中愉快地学习成长。虽然大学时光只是人生漫漫长途之一站，虽然今后我们还会有新的身份和新的生活，但不论世易时移，总会心怀一份曾经的感激、保有那么一缕与青春有关的记忆，汇聚在东湖水边、珞珈山下，流向未来。

变与不变，我的九年武大。2002 年金秋，我背着行囊、怀揣对大学生活的无限向往，来到武大；2011 年盛夏，我将收拾心情，心怀感激和不舍离开校园，开启新的人生阶段。历经珞樱九重开落、见证校园数度更新、体味同学几许聚离，我变了，也没有变：变的是不断增长的年龄和阅历；不变的是始终乐观的心态和拼搏的意志；变的是日益丰富的知识和技能，不变的是仍然热切的求知渴望；变的是越来越清晰的未来图景之勾勒，不变的是依旧疾驰而迈向前方的脚步。感谢自己多年来对学业的信念、坚持和执著，感谢自己在各种困境中的不放弃、不抛弃，虽然偶有困惑，纵使难免坎坷，但是最终毅然决然地选择继续前行。走完二十一载求学之路，我不会陶醉于现今一点点收获，因为明天又是未来，更远的明天还有更多的期待。我将一如既往地全力以赴，用全身心的投入去迎接新的挑战。

论文付梓在即，抚笔掩卷沉思，不禁感慨良多，往事多少回味。谨以此文，献给所有关心我的人，愿这些文字能送上一份简单而诚挚的心声：谢谢。

张雨霆

2011 年 5 月于武汉大学

武汉大学优秀博士学位论文文库

已出版：

- 基于双耳线索的移动音频编码研究／陈水仙　著
- 多帧影像超分辨率复原重建关键技术研究／谢伟　著
- Copula函数理论在多变量水文分析计算中的应用研究／陈璐　著
- 大型地下洞室群地震响应与结构面控制型围岩稳定研究／张雨霆　著
- 迷走神经诱发心房颤动的电生理和离子通道基础研究／赵庆彦　著
- 心房颤动的自主神经机制研究／鲁志兵　著
- 氧化应激状态下维持黑素小体蛋白低免疫原性的分子机制研究／刘小明　著
- 实流形在复流形中的全纯不变量／尹万科　著
- MITA介导的细胞抗病毒反应信号转导及其调节机制／钟波　著
- 图书馆数字资源选择标准研究／唐琼　著
- 年龄结构变动与经济增长：理论模型与政策建议／李魁　著
- 积极一般预防理论研究／陈金林　著
- 海洋石油开发环境污染法律救济机制研究／高翔　著
  —— 以美国墨西哥湾漏油事故和我国渤海湾漏油事故为视角
- 中国共产党人政治忠诚观研究／徐霞　著
- 现代汉语属性名词语义特征研究／许艳平　著
- 论马克思的时间概念／熊进　著
- 晚明江南诗学研究／张清河　著